Illustrator 中文版

入门、精通与实战

刘莹 王红蕾 王德超 编著

电子工业出版社
Publishing House of Electronics Industry
北京·BEIJING

图书在版编目（CIP）数据

Illustrator中文版入门、精通与实战 / 刘莹，王红蕾，王德超编著. —北京：电子工业出版社，2024.3
ISBN 978-7-121-47427-9

Ⅰ. ①I… Ⅱ. ①刘… ②王… ③王… Ⅲ. ①图形软件 Ⅳ. ①TP391.412

中国国家版本馆CIP数据核字（2024）第048928号

责任编辑：高　鹏　　特约编辑：刘红涛
印　　刷：三河市鑫金马印装有限公司
装　　订：三河市鑫金马印装有限公司
出版发行：电子工业出版社
　　　　　北京市海淀区万寿路173信箱　　　　邮编：100036
开　　本：787×1092　1/16　　印张：21.75　　字数：626.4千字
版　　次：2024年3月第1版
印　　次：2024年3月第1次印刷
定　　价：79.00元

凡所购买电子工业出版社图书有缺损问题，请向购买书店调换。若书店售缺，请与本社发行部联系，联系及邮购电话：（010）88254888，88258888。

质量投诉请发邮件至 zlts@phei.com.cn，盗版侵权举报请发邮件至dbqq@phei.com.cn。

本书咨询联系方式：（010）88254161～88254167转1897。

首先十分感谢你翻开这本书，只要你读下去就会有一个不错的感觉。相信这本书会把你带到 Illustrator 的奇妙世界。或许你曾经为寻找一本技术全面、案例丰富的计算机图书而苦恼，或许你因担心自己是否能做出书中的案例效果而犹豫，或许你正为买一本入门教材而仔细挑选，或许你正在为自己进步太慢而缺少信心……

本书正是一本优秀的实训学习用书。本书采用理论结合实战的方式编写，兼具实战技巧和应用理论，随书附赠所有案例的源文件、素材、视频教程和教学 PPT。视频教程可以让读者在类似看电影的轻松状态下了解案例的具体制作过程，结合源文件和素材能使读者更快速地提高设计水平。

作者编写本书的初衷是兼顾理论与实践，所以在内容编排上通过理论与案例相结合的形式来展现每章的知识点，让读者能够真正做到在完成案例的同时掌握软件的功能。本书的案例中包含实战目的、技术要点、视频位置、操作步骤等内容，从而大大地丰富了一个案例的知识点。

Illustrator 2022 是 Adobe 公司推出的一款功能强大的矢量应用软件，可以用来绘制插画、制作海报、设计网页等。它既可以用来处理矢量图形，也可以用来处理位图。

本书特点

本书内容由浅入深，每一章的内容都丰富多彩，力争运用大量的案例涵盖 Illustrator 的主要知识点。

本书具有以下特点：

❑ 内容全面，几乎涵盖了 Illustrator 的主要知识点。本书由具有丰富教学经验的设计师编写，从平面设计的一般流程入手，逐步引导读者学习软件的功能和各种设计技能。

❑ 语言通俗易懂，前后呼应，以适当的篇幅、易读懂的语言来讲解每一项功能、每一个精通案例和综合实战，让读者学习起来更加轻松，阅读起来更加容易。

❑ 书中对于很多重要工具、重要命令都精心制作了精通案例，让读者在不知不觉中学习到专业应用案例的制作方法和流程，书中还设计了很多技巧提示，恰到好处地对读者进行点拨，到了一定程度后，读者就可以自己动手、自由发挥，制作出相应的专业案例效果。

❑ 注重技巧的归纳和总结，使读者更容易理解和掌握知识点，从而方便记忆，进而能够举一反三。

❑ 多媒体视频教学，让读者学习起来轻松方便，使读者很容易记住其中的知识点。本书配有所有上机实战和综合案例的视频教程、源文件、素材和教学 PPT。

本书读者对象

本书主要面向初、中级读者。对软件每个功能的讲解都从必备的基础操作开始，以前没有接触过 Illustrator 的读者无须参照其他书籍即可轻松入门，接触过 Illustrator 的读者同样可以从中快速了解 Illustrator 的各种功能和知识点，自如地踏上新的台阶。

本书由刘莹、王红蕾和王德超编著，其他要感谢的人员有曹培强、陆沁、吴国新、时延辉、刘东美、刘绍婕、尚彤、张叔阳、葛久平、殷晓峰、谷鹏、胡渤、赵頔、张猛、齐新、王海鹏、刘爱华、张杰、张凝、王君赫、潘磊、周荣、周莉、金雨、陆鑫、付强、刘智梅、陈美蓉、马丽、付兴龙等。

读者服务

读者在阅读本书的过程中如果遇到问题，可以关注"有艺"公众号，通过公众号与我们取得联系。此外，通过关注"有艺"公众号，还可以获取更多的新书资讯、书单推荐、优惠活动等相关信息。

扫一扫关注"有艺"

资源下载方法：关注"有艺"公众号，在"有艺学堂"的"资源下载"中获取下载链接。如果遇到无法下载的情况，那么可以通过如下3种方式与我们取得联系。

（1）关注"有艺"公众号，通过"读者反馈"功能提交相关信息。

（2）请发邮件至art@phei.com.cn，邮件标题命名方式：资源下载+书名。

（3）读者服务热线：（010）88254161~88254167转1897。

投稿、团购合作：请发邮件至art@phei.com.cn。

视频教学

随书附赠实操教学视频，扫描每一章章首的二维码可在线观看相应章节的视频。

CHAPTER 1

初识 Illustrator 1

1.1　初识 Illustrator 2

1.2　学习 Illustrator 应该了解的
　　　图像知识 2

　　　1.2.1　矢量图 2

　　　1.2.2　位图 2

　　　1.2.3　色彩模式 3

1.3　Illustrator 可以参与的工作 4

1.4　Illustrator 的操作界面 6

1.5　Illustrator 的基本操作 8

　　　1.5.1　新建文档 8

　　　1.5.2　打开文档 9

　　　1.5.3　置入素材 10

　　　1.5.4　导出图像 10

　　　1.5.5　导出为 PDF 10

　　　1.5.6　保存文档 11

　　　1.5.7　关闭文档 11

1.6　精通 Illustrator 的基本
　　　操作 12

　　　1.6.1　置入素材 12

　　　1.6.2　导出图像 13

1.7　视图调整 15

1.8　Illustrator 的辅助功能 16

　　　1.8.1　标尺的使用 16

　　　1.8.2　参考线的使用 17

　　　1.8.3　网格的使用 18

　　　1.8.4　自动对齐功能 19

　　　1.8.5　管理多页面 20

　　　1.8.6　更改屏幕模式 21

1.9　Illustrator 辅助功能高效
　　　操作 22

　　　1.9.1　设置标尺参数 22

　　　1.9.2　设置参考线 23

CHAPTER 2

线与曲线的绘制工具 25

2.1　路径基础知识 26

　　　2.1.1　认识路径 26

　　　2.1.2　认识锚点 26

　　　2.1.3　认识方向线和方向点 27

2.2　线条工具的使用 28

　　　2.2.1　直线段工具 28

　　　2.2.2　弧形工具 28

　　　2.2.3　螺旋线工具 30

2.3　通过"弧形工具""螺旋线
　　　工具"绘制装饰画 30

2.4　使用"钢笔工具"绘制及
　　　编辑路径 33

　　　2.2.1　接续直线与曲线 34

　　　2.2.2　使用"钢笔工具"绘制封闭
　　　　　　路径 34

　　　2.2.3　添加与删除锚点 34

2.5　在直线上接续曲线 35

2.6　曲率工具 36

2.7　铅笔工具 37

2.8　综合实战：绘制卡通小
　　　布偶 39

CHAPTER 3

几何图形的绘制 43

3.1　矩形工具 44

CONTENTS

3.2　椭圆工具 45

3.3　通过"矩形工具""椭圆工具"
　　绘制卡通外星人 46

3.4　圆角矩形工具 48

3.5　多边形工具 49

3.6　星形工具 50

3.7　通过"多边形工具""星形
　　工具"绘制五角星 51

3.8　光晕工具 53

3.9　矩形网格工具 54

3.10　极坐标网格工具 56

3.11　Shaper 工具 58

3.12　综合实战：绘制指示牌 59

CHAPTER 4
对象的选取与编辑 63

4.1　对象的选取 64

　　4.1.1　选取对象 64

　　4.1.2　直接选择工具 65

　　4.1.3　编组选择工具 66

　　4.1.4　魔棒工具 66

　　4.1.5　套索工具 67

　　4.1.6　选取菜单命令 67

4.2　选择对象的高效操作 68

　　4.2.1　选择除当前对象外的所有
　　　　　对象 69

　　4.2.2　使用"套索工具"选取部分
　　　　　区域 69

4.3　常用的编辑命令 70

4.4　编辑对象的高效操作 74

　　4.4.1　精确移动选择的对象 75

　　4.4.2　通过移动锚点来调整路径
　　　　　形状 76

4.5　对象本身的变换 77

　　4.5.1　旋转对象 77

4.5.2　倾斜对象 79

4.5.3　镜像对象 80

4.5.4　缩放对象 81

4.5.5　分别变换 82

4.5.6　再次变换 83

4.5.7　通过"变换"面板进行
　　　　操作 83

4.6　对象变换的高效操作 84

　　4.6.1　精确旋转 76° 并进行复制 84

　　4.6.2　镜像复制 85

4.7　综合实战：扇子的制作 86

CHAPTER 5
对象的填充及调整 89

5.1　编辑颜色的相关面板 90

　　5.1.1　"颜色"面板 90

　　5.1.2　"颜色"面板的弹出菜单 91

　　5.1.3　"颜色"面板的应用 93

　　5.1.4　"色板"面板 93

　　5.1.5　通过属性栏管理颜色 96

　　5.1.6　通过工具箱管理颜色 96

　　5.1.7　通过"颜色参考"面板快速
　　　　　寻找合适的颜色 97

5.2　高效调整对象的填充颜色 98

　　5.2.1　为图形填充颜色与描边 98

　　5.2.2　管理颜色 100

　　5.2.3　管理描边 102

5.3　单色填充 103

5.4　通过工具箱快速进行单色
　　填充 103

5.5　渐变填充 105

5.6　高效调整对象的渐变色
　　填充 106

　　5.6.1　为图形填充黄绿渐变色 106

　　5.6.2　为图形填充黄绿黄渐变色 108

CONTENTS

5.6.3 为图形填充任意形状的
渐变色 109
5.6.4 改变渐变角度 110
5.6.5 改变长宽比 111
5.7 透明填充 112
5.7.1 混合模式 112
5.7.2 设置透明度 113
5.7.3 创建蒙版 114
5.7.4 编辑蒙版 114
5.8 透明蒙版 115
5.8.1 为图形对象添加渐变透明
蒙版 115
5.8.2 编辑透明蒙版 116
5.9 实时上色 117
5.10 实时上色高效操作 118
5.10.1 创建实时上色组 118
5.10.2 在实时上色组中添加新
路径 119
5.11 形状生成器工具 120
5.12 使用"形状生成器工具"
制作卡通面具 121
5.13 图案填充 123
5.14 图案填充高效操作 124
5.14.1 将整体图像定义为图案 ... 124
5.14.2 将图像局部定义为图案 ... 125
5.15 渐变网格填充 127
5.15.1 创建渐变网格填充 127
5.15.2 编辑渐变网格填充 128
5.16 综合实战：绘制卡通属相马
并填充颜色 130

CHAPTER 6
对象管理及修整 134
6.1 对象的管理 135
6.1.1 对象的群组 135

6.1.2 对象的隐藏与显示 136
6.1.3 对象锁定与解锁 136
6.1.4 对齐与分布 137
6.1.5 调整对象的顺序 139
6.2 高效管理对象 140
6.2.1 将对象移动至最上方 140
6.2.2 将对象向前移动一层 141
6.3 路径的操作 142
6.3.1 路径的平均化 142
6.3.2 路径的简化 143
6.3.3 轮廓化描边 143
6.3.4 路径的偏移 144
6.4 通过轮廓化描边制作新的
对象描边 145
6.5 外观 146
6.6 为正圆图形添加 3 个描边
效果 149
6.7 对象的扩展 150
6.7.1 扩展 150
6.7.1 扩展外观 150
6.8 路径查找器 151
6.8.1 形状模式 151
6.8.2 路径查找器 153
6.9 综合实战：通过"路径查找器"
面板制作扳手 154

CHAPTER 7
图形编修工具的使用 158
7.1 平滑工具 159
7.2 路径橡皮擦工具 159
7.3 将不封闭的路径一分为二 159
7.4 连接工具 160
7.5 橡皮擦工具 160
7.6 剪刀工具 162
7.7 将圆角矩形分成两半 162

CONTENTS

7.8 美工刀工具 163

7.9 宽度工具 163

7.10 使用"宽度工具"调整路径
后再旋转成花纹 164

7.11 变形工具 166

7.12 旋转扭曲工具 167

7.13 收缩工具 168

7.14 膨胀工具 168

7.15 扇贝工具 169

7.16 晶格化工具 169

7.17 褶皱工具 170

7.18 封套扭曲 171

  7.18.1 封套选项 171

  7.18.2 用变形建立 172

  7.18.3 用网格建立 172

  7.18.4 用顶层对象建立 173

7.19 综合实战：绘制黑头
猫咪 174

CHAPTER 8

艺术工具的使用 177

8.1 画笔 178

  8.1.1 "画笔"面板 178

  8.1.2 画笔工具 179

  8.1.3 应用画笔样式 180

8.2 画笔的新建与编辑 181

8.3 新建与编辑画笔高效操作 182

  8.3.1 自定义书法画笔 182

  8.3.2 自定义散点画笔 184

  8.3.3 自定义图案画笔 186

  8.3.4 自定义毛刷画笔 189

  8.3.5 自定义艺术画笔 190

  8.3.6 编辑画笔 192

8.4 斑点画笔工具 193

8.5 符号 194

8.5.1 "符号"面板 194

8.5.2 新建符号 196

8.6 创建新符号 197

8.7 符号工具 198

  8.7.1 符号喷枪工具 198

  8.7.2 符号移位器工具 199

  8.7.3 符号紧缩器工具 200

  8.7.4 符号缩放器工具 201

  8.7.5 符号旋转器工具 202

  8.7.6 符号着色器工具 202

  8.7.7 符号滤色器工具 203

  8.7.8 符号样式器工具 203

8.8 混合效果 204

  8.8.1 通过工具创建混合效果 ... 204

  8.8.2 通过命令创建混合效果 ... 204

  8.8.3 使用"混合工具"控制
混合方向 205

  8.8.4 混合对象的编辑 205

  8.8.5 混合选项 207

  8.8.6 替换混合轴 208

  8.8.7 反向混合轴 208

  8.8.8 反向堆叠 208

  8.8.9 释放 209

  8.8.10 混合效果的扩展 209

8.9 综合实战：通过"混合"命令
制作绚丽线条蝴蝶 209

CHAPTER 9

文本编辑 213

9.1 文本工具 214

  9.1.1 美术文本的输入 214

  9.1.2 段落文本的输入 214

  9.1.3 区域文本的创建 215

  9.1.4 路径文本的创建 215

9.2 文本的编辑 216

9.2.1　美术文本的编辑 216
9.2.2　段落文本的编辑 217
9.2.3　编辑区域文本 218
9.2.4　编辑路径文本 219
9.3　文本编辑的高效操作 221
9.3.1　美术文本的选择 221
9.3.2　设置单个美术文本的大小和
　　　颜色 222
9.3.3　段落文本的选择 223
9.3.4　变换段落文本 224
9.3.5　调整区域外框 225
9.3.6　设置区域文本内边距 226
9.3.7　串接文本 227
9.3.8　调整路径文本位置 228
9.3.9　调整路径文本方向 229
9.4　字符与段落的调整 230
9.4.1　"字符"面板 230
9.4.2　"段落"面板 232
9.5　文本的渐变填充 234
9.6　为文本填充渐变色 234
9.7　综合实战：通过路径偏移制作
　　描边字 236

CHAPTER 10
认识图层及样式 240
10.1　图层 241
10.1.1　"图层"面板 241
10.1.2　图层分类 242
10.1.3　图层的顺序调整 242
10.1.4　将子图层内容释放到
　　　　图层中 243
10.1.5　为图层重新命名 243
10.1.6　选择图层内容及选择图形
　　　　对应的图层 244
10.1.7　合并图层 244

10.1.8　拼合图层 245
10.2　改变图层顺序 245
10.3　剪切蒙版 247
10.4　图形样式 248
10.5　自定义图形样式 251
10.6　综合实战：通过创建剪切
　　蒙版和应用图形样式制作
　　极限运动广告 253

CHAPTER 11
效果应用 257
11.1　"效果"菜单 258
11.2　文档栅格效果设置及栅格化
　　应用 258
11.3　3D 效果 259
11.3.1　凸出和斜角 259
11.3.2　绕转 264
11.3.3　旋转 266
11.4　创建贴图 266
11.5　转换为形状 267
11.6　扭曲与变换 268
11.7　风格化 271
11.7.1　内发光 271
11.7.2　圆角 272
11.7.3　外发光 272
11.7.4　投影 273
11.7.5　涂抹 274
11.7.6　羽化 274
11.8　效果画廊 275
11.9　"像素化"滤镜组 276
11.10　"扭曲"滤镜组 276
11.11　"模糊"滤镜组 277
11.12　"画笔描边"滤镜组 277
11.13　"素描"滤镜组 278
11.14　"纹理"滤镜组 278

CONTENTS

11.15 "艺术效果" 滤镜组 279

11.16 "风格化" 滤镜组 279

11.17 综合实战：神秘的海底
世界 279

11.18 综合实战：倒影效果 282

CHAPTER 12
图表应用 286

12.1 图表的创建 287

12.2 创建图表的高效操作 288

12.2.1 创建图表 288

12.2.2 改变图表中的柱形颜色 290

12.3 图表类型的编辑 291

12.3.1 编辑图表选项 291

12.3.2 调整数据轴 294

12.3.3 调整类别轴 296

12.4 重新编辑图表数据 296

12.5 自定义图表 297

12.6 综合实战：为图表设置
背景 298

CHAPTER 13
综合实战 300

13.1 LOGO 301

13.2 名片 304

13.3 太阳伞 307

13.4 桌旗 309

13.5 一次性纸杯 312

13.6 药片包装 319

13.7 天气预报控件 323

13.8 UI 按钮 327

13.9 UI 超市小票 330

CHAPTER 1

初识 Illustrator

本章导读

Illustrator 2022 在绘制矢量图形和图像处理方面是之前的版本无法比拟的，当前版本能够更好地满足用户的需要。设计师和商业用户在使用 Illustrator 2022 时会发现它的便利性已经达到了一个空前的高度。

学习要点

- ☑ 初识 Illustrator
- ☑ 学习 Illustrator 应该了解的图像知识
- ☑ Illustrator 可以参与的工作
- ☑ Illustrator 的操作界面
- ☑ Illustrator 的基本操作

扫码看视频

1.1 初识 Illustrator

Illustrator 是由美国 Adobe 公司推出的一款功能强大的平面设计软件，是集图形设计、文字编辑、排版于一体的大型矢量图形制作软件，也是在平面设计方面比较受欢迎的软件之一。使用 Illustrator 可以轻松地进行广告设计、产品包装造型设计、封面设计、网页设计、印刷排版等工作，并且可以将制作好的矢量图形转换为不同格式的文件，如 TIF、JPG、PSD、EPS、BMP 等。

1.2 学习 Illustrator 应该了解的图像知识

在学习 Illustrator 2022 的各项功能之前，可以先了解关于图像方面的基础知识，为后面的学习打下基础。

1.2.1 矢量图

所谓矢量图，就是由一些以数学方式描述的直线和曲线，以及由曲线围成的色块组成的面向对象的绘图图像，如使用 Illustrator、CorelDRAW 等软件绘制的图形。它们的基本组成单元是点和路径，路径至少由两个点组成，每个点的调节柄可以用来控制相邻线段的形状和长度。无论使用放大镜放大多少倍，它的边缘始终是平滑的，尤其适用于企业标志设计，如商业信纸、招贴广告等，即使是一个较小的电子文件，也可以随意放大或缩小，而效果一样清晰。它们的质量高低与分辨率的高低无关，在分辨率高低不同的输出设备上显示的效果没有差别。

矢量图形中的元素叫作对象，每个对象都是独立的，具有各自的属性，如颜色、形状、轮廓、大小、位置等。由于矢量图形与分辨率无关，所以无论怎样改变图形的大小，都不会影响其清晰度和平滑度，如图 1-1 所示。

图 1-1　放大矢量图

注意：

　　对矢量图形进行任意缩放时都不会影响其分辨率。矢量图形的缺点是不能表现色彩丰富的自然景观和色调丰富的图像。

1.2.2 位图

位图图像也叫作点阵图，是由许多不同色彩的像素组成的。与矢量图形相比，位图图像可以更逼真地表现自然界的景物。此外，位图图像与分辨率有关，当放大位图图像时，位图中的像素增加，图像的线条将会显得参差不齐，这是像素被重新分配到网格中的缘故。此时可以看到构成位图图像的无数个单色块，因此放大位图或在比图像本身分辨率低的输出设备上显示位图时，将丢失其中的细节，并会呈现出锯齿形状，如图1-2所示。

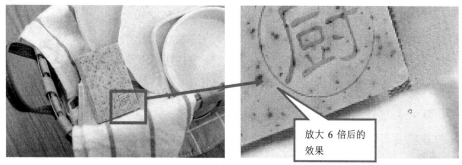

图 1-2　放大 6 倍后的效果

1.2.3　色彩模式

在 Illustrator 中有多种色彩模式，不同的色彩模式对颜色有着不同的要求。下面来讲解 Illustrator 中的几种色彩模式。

（1）RGB 色彩模式

RGB 是一种以三原色（R 为红色，G 为绿色，B 为蓝色）为基础的加光混色系统，RGB 色彩模式也称光源色彩模式，原因是 RGB 色彩模式能够产生和太阳光一样的颜色，在 Illustrator 中，RGB 颜色使用范围比较广。一般来说，RGB 颜色只用于屏幕显示，不用于印刷。

计算机显示器用的就是 RGB 色彩模式。在 RGB 色彩模式中，每一个像素由 25 位数据表示。其中，RGB 三原色各用了 8 位。因此，这 3 种颜色各具有 256 个亮度级，能表示 256 种不同浓度的色调，用 0～255 之间的整数来表示。3 种颜色叠加就能生成 1 677 万种色彩，足以表现我们身边五彩缤纷的世界。

（2）CMYK 色彩模式

CMYK 色彩模式是一种印刷模式，与 RGB 色彩模式不同的是，RGB 属于加色模式，而 CMYK 属于减色模式。在 CMYK 中，C 为青色，M 为洋红，Y 为黄色，K 为黑色。这 4 种颜色都是以百分比的形式进行描述的，每一种颜色所占的百分比可以从 0 到 100%，百分比越高，它的颜色就越暗。

利用 CMYK 色彩模式，大多数打印机可以打印全色或四色文档，Illustrator 和其他应用程序把四色分解成模板，每种模板对应一种颜色。然后打印机按比率一层叠一层地打印全部色彩，最终得到用户想要的色彩。

通常 CMYK 色彩模式用于印刷机、色彩打印校正机、热升华打印机、全色海报打印机或专门打印机的文档。Illustrator 中调色板的色彩就是用 CMYK 值来定义的。

（3）HSB 色彩模式

从物理学上讲，一般颜色需要具有色度、饱和度和亮度 3 个要素。色度（Hue）表示颜色的面貌特质，是区别种类的必要名称，如绿色、红色、黄色等；饱和度（Saturation）表示颜色纯度的高低，表明一种颜色中含有白色或黑色成分的多少；亮度（Brightness）表示颜色的明暗强度关系，HSB 色彩模式便是基于此种物理关系制定的色彩标准。

在 HSB 色彩模式中，如果饱和度为 0，那么所表现出的颜色将是灰色；如果亮度为 0，那么所表现出的颜色是黑色。

（4）HLS 色彩模式

HLS 色彩模式可以看成对 HSB 色彩模式的扩展，它是由色度（Hue）、光度（Lightness）和饱和度（Satruation）3 个要素组成的。色度决定颜色的面貌特质；光度决定颜色光线的强度；饱和度表示颜色纯度的高低。在 HLS 色彩模式中，色度可设置的色彩数值范围为 0～360；光度可设置的强度数值范围为 0～100；饱和度可设置的数值范围为 0～100。如果光度数值为 100，那么表现出的颜色将会是白色；如果光度数值为 0，那么所表现出的颜色将会是黑色。

（5）Lab 色彩模式

Lab 色彩模式常被用于图像或图形在不同色彩模式之间转换，通过它可以将各种色彩模式在不同系统或平台之间进行转换，因为该色彩模式是独立于设备的色彩模式。L（Lightness）代表亮度的强弱，它的数值范围为 0～100；a 代表从绿色到红色的光谱变化，数值范围为 -128～127；b 代表从蓝色到黄色的光谱变化，数值范围为-128～127。

（6）灰度模式

灰度（Grayscale）模式一般只用于灰度和黑白色中。在灰度模式中，只存在灰度。也就是说，在灰度模式中只有亮度是唯一能够影响灰度图像的因素。在灰度模式中，每一个像素用 8 位数据表示，因此只有 256 个亮度级，能表示 256 种不同浓度的色调。当灰度值为 0 时，生成的颜色是黑色；当灰度值为 255 时，生成的颜色是白色。

1.3　Illustrator 可以参与的工作

Illustrator 2022 是一款功能强大的绘图软件，利用它具体能做什么呢？Illustrator 2022 可以用于矢量图的绘制、广告设计、文字处理、图像编辑、网页设计、图像的高质量输出等。

1. 绘制矢量图

Illustrator 2022 最主要的功能就是绘制矢量图，作为一款专业的矢量图绘制软件，Illustrator 2022 拥有强大的绘图功能，读者可以通过软件中的绘图工具来绘制理想的图形，并对其进行编辑、排列等操作，最终得到一幅精美的作品，如图 1-3 所示。

图 1-3 运用 Illustrator 2022 绘制的矢量卡通图

2. 广告设计

Illustrator 2022 可以用于设计各类广告宣传图像，包括平面广告、新闻插图、标志设计、海报招贴等。广告设计是由广告的主题、创意、语言文字、形象、衬托等 5 个要素构成的组合安排。广告设计的最终目的就是通过广告来吸引观众的眼球，如图 1-4 所示。

图 1-4 运用 Illustrator 设计的广告

3. 文字处理

虽然 Illustrator 2022 是一款处理矢量图形的软件，但其处理文字的功能也很强大，可以用来制作非常漂亮的文字艺术效果。在 Illustrator 2022 中，输入文字有两种方法：一种是输入美术文本；另一种是输入段落文本。所以使用 Illustrator 2022 不仅能对单个文字进行处理，而且能对整段文字进行处理，如图 1-5 所示。

图 1-5 使用 Illustrator 2022 处理文字的效果

4. 位图编辑

Illustrator 2022 除了可以用来处理矢量图，还可以用来处理位图。在"效果"菜单中的"Photoshop 效果"不仅能为位图添加效果，还可以对矢量图直接应用此效果，如图 1-6 所示。

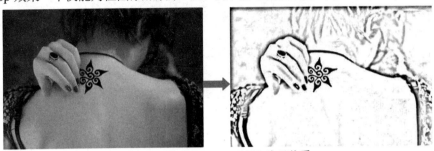

图 1-6 使用 Illustrator 2022 处理位图

5. 网页设计

通常来讲，可以利用位图软件或矢量软件设计制作网页。位图处理软件首选 Photoshop，矢量图处理软件可以选择 Illustrator、CorelDRAW，除此之外，也可以通过排版软件 InDesign 来对使用矢量软件设计的网页进行设计，如图 1-7 所示。

图 1-7 网页设计

6. 高质量输出

用户要想将自己非常喜欢的作品变成一幅精美的作品供人欣赏，就要将其进行打印输出。在 Illustrator 2022 中，输出图像文件可以使用多种方式。可以将作品转换为其他应用程序支持的图像文件类型，也可以将其发布到因特网上，使更多人通过网络来欣赏该作品，还可以将作品打印到指定的媒介（如贺卡、不干胶、杯子等）上。

1.4 Illustrator 的操作界面

在使用 Illustrator 2022 软件进行操作之前，应该先了解 Illustrator 2022 的操作界面，如图 1-8 所示。

图 1-8　Illustrator 2022 的操作界面

操作界面中各部分的功能如下。

- 标题栏：当非最大化显示操作时，标题栏位于整个窗口的顶端，用于显示当前应用程序的名称、相应功能的快捷方式图标、相应功能对应工作区的快速设置，以及用于控制文件窗口显示大小的最小化、最大化（还原窗口）、关闭等几个快捷按钮。

- 菜单栏：在默认情况下，菜单栏位于标题栏下方，它是由"文件""编辑""对象""文字""选择""效果""视图""窗口""帮助" 9 个菜单组成的，包含操作过程中需要的所有命令，单击可弹出下拉列表。

- 属性栏（选项栏）：位于菜单栏下方，选择不同工具时会显示该工具对应的属性栏（选项栏）。

- 工具箱：默认位于软件界面的左边，绘图与编辑工具都被放置在工具箱中。有些工具按钮的右下方有一个小黑三角形，表示该按钮下还隐含着一列同类按钮。如果选择某个工具，那么直接单击即可。

技巧：

在 Illustrator 2022 中，工具箱的底部有一个"编辑工具栏"按钮 •••，单击后会弹出 Illustrator 2022 中的所有工具，此时只要选择一个工具并将其直接拖动到工具箱中，就可以将此工具固定在工具箱中，将不常用的工具拖动到弹出的列表中，就会将此工具在工具箱中清除。

- 工作窗口：用于显示当前打开文件的名称、颜色模式等信息。

- 状态栏：用于显示当前文件的显示百分比和一些编辑信息，如文档大小、当前工具等。

- 面板组：默认位于界面右侧，将常用的面板集合到一起。

1.5 Illustrator 的基本操作

在使用 Illustrator 2022 开始工作之前，必须了解如何新建文件、打开文件、置入素材，以及对完成的作品进行存储等操作。

1.5.1 新建文档

选择"文件">"新建"菜单命令或按【Ctrl+N】组合键，打开如图 1-9 所示的"新建文档"对话框。

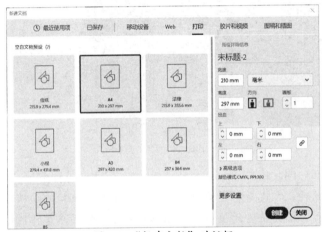

图 1-9 "新建文档"对话框

"新建文档"对话框中各选项的含义如下。

- 最近使用项：单击此按钮，会在其下方显示最近新建的文档。
- 已保存：单击此按钮，会在其下方显示最近使用已经保存的内容。
- 移动设备：单击此按钮，会在其下方显示 14 种移动设备的尺寸。
- Web：单击此按钮，会在其下方显示用于网页的尺寸文档。
- 打印：单击此按钮，会在其下方显示 7 种常用的用于打印的文档尺寸。
- 胶片和视频：单击此按钮，会在其下方显示 16 种常用的视频和胶片尺寸文档。
- 图稿和插图：单击此按钮，会在其下方显示 15 种常用的用于设计的文档尺寸。
- 空白文档预设：用来快速显示已选不同类型的文档尺寸。
- 预设详细信息：用来设置当前文档的名称。
- 宽度/高度：用来设置新建文档的宽度与高度。
- 方向：可以将设置的文档以横幅或直幅的形式显示，也就是将"宽度""高度"互换。
- 画板：用来设置新建文档画板的数量。
- 出血：如果印刷画面超出出血线，那么在裁切的时候即使有一点偏差也不会让印出来的东西作废。

- 高级选项：用来设置"颜色模式""栅格效果""预览模式"。
- 颜色模式：用来指定新建文档的颜色模式。如果用于印刷的平面设计，那么一般选择 CMYK 模式；如果用于网页设计，那么应该选择 RGB 模式。
- 栅格效果：用来设置为栅格图形添加特效时的特效解析度，值越大，解析度越高，图像所占空间越大，图像越清晰。
- 预览模式：用来设置文档的显示视图模式。可以选择默认值、像素和叠印，一般选择默认值。
- 更多设置：单击此按钮，会弹出"更多设置"对话框，如图 1-10 所示。在该对话框中设置相应参数，可以创建比较理想的文档。

各项参数设置完毕后，直接单击"确定"按钮，系统便会自动新建一个空白文档，如图 1-11 所示。

图 1-10 "更多设置"对话框

图 1-11 新建的空白文档

1.5.2 打开文档

使用"打开"命令可以将存储的文件，或者可以用于该软件的图片在软件中打开。选择"文件">"打开"菜单命令或按【Ctrl+O】组合键，打开如图 1-12 所示的"打开"对话框，在该对话框中可以选择需要打开的 AI 文档素材。

图 1-12 "打开"对话框

技巧：
在"打开"对话框中，双击选择的文档，可以直接打开该文档。

选择文档后，直接单击"打开"按钮，系统便会将刚才选择的文档打开，如图 1-13 所示。

图 1-13　打开的文档

技巧：

在高版本的 Illustrator 中可以打开低版本的 AI 文件，但在低版本的 Illustrator 中不能打开高版本的 AI 文件。因此，在保存文件时选择相应的低版本即可。

技巧：

安装 Illustrator 后，系统自动识别 .ai 格式的文件。在 .ai 格式的文件上双击，无论 Illustrator 是否启动，都可以用 Illustrator 打开该文件。

1.5.3　置入素材

在使用 Illustrator 绘图或编辑图形时，有时需要从外部导入非 .ai 格式的图片文件。因为在 Illustrator 中不能直接打开位图图像，下面将通过实例来讲解导入非 .ai 格式的外部图片的方法。

1.5.4　导出图像

在 Illustrator 中，用户可以将绘制完成的或打开的矢量图存储为多种图像格式，这就需要使用"导出"命令。

1.5.5　导出为 PDF

在 Illustrator 中，不仅能将设计制作的作品导出为图片，还可以将其快速生成 PDF 文档，更加便于浏览。方法是选择"文件" > "脚本" > "将文档存储为 PDF"菜单命令，选择文件夹后，单击"确定"按钮，即可快速导出，如图 1-14 所示。

图 1-14　导出为 PDF

1.5.6　保存文档

读者在使用 Illustrator 完成一件作品后，需要对作品进行保存，以此来留存自己的工作成果。文档的保存有如下几种不同的方式。

（1）直接保存

选择"文件">"保存"菜单命令或按【Ctrl+S】组合键，如果所绘制的作品从没有保存过，那么会打开"存储为"对话框，在该对话框的"文件名"文本框中输入所需文件名，即可将其保存。

（2）另存

选择"文件">"存储为"菜单命令，可以将当前图像文件保存到另外一个文件夹中，也可以更改当前文件名称或改变图像格式等。

> 技巧：
>
> 通过按【Ctrl+Alt+S】组合键，可以在"存储为"对话框中的"文件名"右侧的文本框中用新名称保存文档。

1.5.7　关闭文档

对于不需要的文档，可以通过"关闭"命令将其关闭。选择"文件">"关闭"菜单命令，或者单击标题栏右侧的"×"按钮。

> 技巧：
>
> 在关闭文档时，如果文档没有任何改动，那么将直接关闭文档。如果对文档进行了修改，那么将打开如图 1-15 所示的对话框。单击"是"按钮，保存文档的修改，并关闭文档；单击"否"按钮，将关闭文档，不保存文档的修改；单击"取消"按钮，将取消文档的关闭操作。

图 1-15　Adobe Illustrator 对话框

技巧：

在对 Illustrator 进行操作时，有时会打开多个文件，如果要一次将所有文件都关闭，就要使用"全部关闭"命令。在文件名称上单击鼠标右键，在弹出的快捷菜单中选择"全部关闭"命令，即可将打开的所有文件全部关闭，此功能为用户节省了很多时间。

1.6 精通 Illustrator 的基本操作

在 Illustrator 2022 中，不仅可以打开 AI 格式的文档，进行相应的绘制和编辑，还可以将其他格式的图片以"置入"的方式在此文档中进行操作。对于 Illustrator 2022 中 AI 格式的文档，可以将其导出为其他格式的图片或文档。

1.6.1 置入素材

精通目的：

掌握置入非 AI 格式图片的方法。

技术要点：

● "置入"命令的使用

● 嵌入图片

视频位置：（视频/第 1 章/1.6.1 置入素材）扫描二维码快速观看视频

操作步骤

① 选择"文件">"新建"菜单命令，新建一个空白文件。

② 选择"文件">"置入"菜单命令或按【Shift+Ctrl+P】组合键，打开"置入"对话框，如图 1-16 所示。

图 1-16 "置入"对话框

③ 选择"海底世界"素材后,单击"置入"按钮,在页面中单击,即可将素材置入当前文档,如图 1-17 所示。

图 1-17 置入素材

技巧:

在 Illustrator 中导入图片有两种方法:一种是单击置入图片,图片将保持原来的大小,单击的位置为图片左上角所在的位置;另一种是用鼠标拖动置入图片,根据拖动出的矩形框的大小重新设置图片的大小,如图 1-18 所示。

图 1-18 用鼠标拖动置入图片

④ 在属性栏中单击"嵌入"按钮,将素材嵌入当前文档,如图 1-19 所示。

图 1-19 嵌素材

技巧:

在默认情况下,置入的图像以链接的方式在文档中显示。以这种方式置入图像,优点是置入图像后本文档占用空间不会变大,缺点是图片丢失后在文档中置入图像的显示效果也会大大降低,甚至看不清楚。如果想让置入的素材与文档保持一致,那么只需在属性栏中单击"嵌入"按钮,将素材嵌入当前文档即可。

1.6.2 导出图像

精通目的:

掌握将 AI 文档导出为其他格式的方法。

技术要点：

● "导出"命令的使用

视频位置：（视频/第 1 章/1.6.2 导出图像）扫描二维码快速观看视频

操作步骤

① 选择"文件">"打开"菜单命令或按【Ctrl+O】组合键，打开一幅.ai 格式的文档，如图 1-20 所示。

② 选择"文件">"导出">"导出为"菜单命令，打开"导出"对话框，在该对话框中选择需要导出的图像的路径，在下方输入文件名并选择保存类型，如图 1-21 所示。

图 1-20　打开的文档

图 1-21　"导出"对话框

③ 单击"导出"按钮后，打开"Photoshop 导出选项"对话框，在其中可以更改图像大小和图像的分辨率等，如图 1-22 所示。

"Photoshop 导出选项"对话框中各选项的含义如下。

● 颜色模型：用来设置导出的颜色模式，包括 CMYK、RGB 和灰色。

● 分辨率：用来设置导出图像的解析度。

● 平面化图像：用来将导出的图像合并为一个图层。

● 写入图层：用来将在.ai 格式的文档中编辑的图形单独以图层的形式显示在 PSD 文件中。

图 1-22　"Photoshop 导出选项"对话框

● 保留文本可编辑性：勾选该复选框，当前文本的属性会出现在 PSD 文件中。

● 最大可编辑性：勾选该复选框，可以最大化地与 PSD 文件中编辑的内容相吻合。

● 消除锯齿：用来对文字或图像边缘进行平滑处理。

● 嵌入 ICC 配置文件：用来对当前文档的颜色进行嵌入。

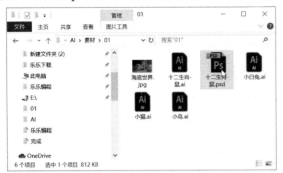

④　单击"确定"按钮，完成导出，如图 1-23 所示。

⑤　使用 Photoshop 打开导出的文档，在"图层"面板中可以看到图层，如图 1-24 所示。

图 1-23　导出的位图　　　　　　　图 1-24　图层

技巧：

　　选择"文件">"导出">"导出为多种屏幕所用格式"菜单命令，打开"导出为多种屏幕所用格式"对话框，在其中设置"缩放""后缀""格式"等参数后，会将当前的文档导出为 iOS、Android 系统所用格式的不同大小的图像，如图 1-25 所示。

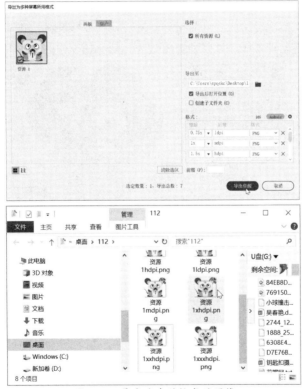

图 1-25　导出为多种格式的图像

1.7　视图调整

　　在图形的绘制过程中，为了快速地浏览或工作，可以在编辑过程中以适当的方式查看效果或调整视图比例，有效地管理和控制视图。Illustrator 2022 为了满足用户的需求，在"视图"菜单中提供了多种图形的查看方式和视图显示方式。

视图的查看方式主要包括"轮廓""GPU预览""叠印预览""像素预览"，同一张图的不同预览方式如图 1-26 所示。

视图的显示方式主要包括"放大""缩小""画板适合窗口大小""全部适合窗口大小""实际大小"。

图 1-26　同一张图的不同预览方式

要在包含单个或多个画板的文档中导航，还有一种方法是使用"导航器"面板。如果当前处于放大视图下，用户希望在窗口中看到文档的全部内容，那么使用"导航器"面板是非常不错的选择。选择"窗口">"导航器"菜单命令，打开"导航器"面板，此时可以在"导航器"面板中看到文档的全部内容，该面板中的红色方框代表当前文档窗口的显示范围，如图 1-27 所示。

图 1-27　"导航器"面板

1.8　Illustrator 的辅助功能

在使用 Illustrator 2022 软件绘制和编辑图形时，经常会使用页面标尺或参考线，以便更精确地绘制和编辑图形。

1.8.1　标尺的使用

选择"视图">"标尺">"显示标尺或隐藏标尺"菜单命令，可以显示或隐藏 Illustrator 2022 的标尺。标尺包括水平标尺和垂直标尺，如图 1-28 所示。

图 1-28　Illustrator 2022 的标尺

1.8.2　参考线的使用

在使用 Illustrator 2022 绘制图形时，有时会借助参考线来完成操作，参考线是可以帮助用户排列、对齐对象的直线。参考线包括水平参考线和垂直参考线，可以放置在页面中的任何位置。在 Illustrator 2022 中，参考线是以虚线的形式显示的，在打印时它是不显示的，如图 1-29 所示。

图 1-29　Illustrator 2022 中的参考线

技巧：

在 Illustrator 2022 中，除了标准参考线，还有智能参考线。选择"视图">"智能参考线"菜单命令，可以启动智能参考线功能。当在文档中移动对象时，智能参考线便会起作用，如图 1-30 所示。

图 1-30　智能参考线

1.8.3　网格的使用

在 Illustrator 2022 中，网格是由一连串水平和垂直的细线纵横交叉构成的，用于辅助捕捉、排列对象等。选择"视图">"显示网格"菜单命令，可以在文档中显示网格，如图 1-31 所示。

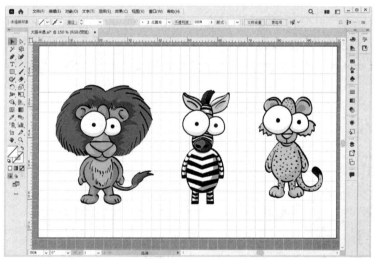

图 1-31　显示网格

用户可以在"首选项"对话框中对网格的相关参数进行设置。在 Illustrator 2022 中，网格包含文档表格、基线网格和像素网格。选择"编辑">"首选项">"参考线和网格"菜单命令，在打开的对话框中可以设置"参考线"与"网格"的"颜色"和"样式"，如图 1-32 所示。

设置网格的颜色为红色后，得到的网格效果如图 1-33 所示。

技巧：

按【Ctrl+"】组合键可以快速在显示网格和隐藏网格之间转换。

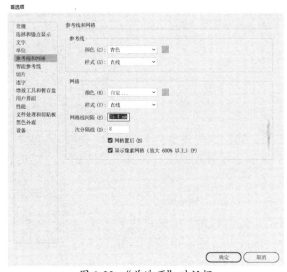

图 1-32 "首选项"对话框

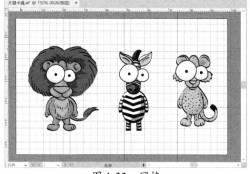

图 1-33 网格

1.8.4 自动对齐功能

Illustrator 2022 为用户提供了自动对齐功能。所谓自动对齐，是指用户在绘制图形和排列对象时，自动向网格、点和像素进行吸附对齐。

- 对齐网格：选择"视图"＞"对齐网格"菜单命令，即可执行"对齐网格"操作，拖动对象时，与网格相交时会自动停顿一下。
- 对齐像素：选择"视图"＞"对齐像素"菜单命令，即可执行"对齐像素"操作。对齐像素可以分为如下 3 种。绘制时对齐像素：绘制路径时，将其与距离最近的像素网格对齐；移动时对齐像素：移动选中的图稿，将其与距离最近的像素网格对齐；缩放时对齐像素：定界框的边缘将在缩放时对齐像素网格。
- 对齐点：选择"视图"＞"对齐点"菜单命令，即可启用对齐点功能。启用该功能后，在移动图形时，锚点会自动对齐。当使用"选择工具"移动图形时，鼠标指针为黑色的实心箭头，当靠近锚点时，鼠标指针将变成空心的白箭头，表示已经和点对齐了。鼠标指针的变化如图 1-34 所示。

图 1-34 对齐点

1.8.5 管理多页面

Illustrator 2022 软件不仅可以用来绘制图形，还可以用来进行制作名片、排列版面等一系列操作，这就需要建立多个页面，并对多个页面进行管理。它有两种管理方法，一种是通过导航器来进行管理，如图 1-35 所示。

导航器中各选项的含义如下。

● "首项"按钮 ◄◄：单击此按钮，可以快速返回到多个页面中的第一页。

● "上一项"按钮 ◄：单击此按钮，可以进入当前页面中的上一页。

● "面板导航"下拉列表框 2 ▼：单击右侧的向下按钮，可以打开下拉列表，在其中可以看到页面，选择数字后可以快速进入对应的页面。

● "下一项"按钮 ►：单击此按钮，可以进入当前页面中的下一页。

● "末项"按钮 ►►：单击此按钮，可以快速返回到多个页面中的最后一页。

另一种是运用"画板"面板来进行管理，选择"窗口">"画板"菜单命令，打开"画板"面板，在其中可以对多个页面进行管理，如图 1-36 所示。

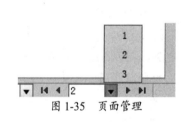

图 1-35　页面管理

图 1-36　"画板"面板

"画板"面板中各选项的含义如下。

● 名称：在画板名称上双击，可以快速进入对应的页面。

● "重新排列所有画板"按钮 ⚡：单击此按钮，可以打开"重新排列所有画板"对话框，在其中可以重新设置版面（按行设置或按列设置），更改版面顺序（从左向右或从右向左），设置列数、间距等，如图 1-37 所示。

● ↑ ↓：单击此按钮，可以改变面板中的顺序，如图 1-38 所示。

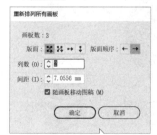

图 1-37　"重新排列所有画板"对话框

图 1-38　"画板"面板

- "新建画板"按钮 ⊞：单击此按钮，可以新建一个画板。
- "删除画板"按钮 🗑：单击此按钮，可以将当前选择的画板删除。

1.8.6　更改屏幕模式

用户在 Illustrator 2022 中编辑文档时可以根据自己的需求，随时改变屏幕模式。在工具箱底部单击"更改屏幕"按钮，可以在弹出的列表中选择屏幕模式。当选择"演示文稿模式"或"全屏模式"选项时，按【Esc】键可以回到正常屏幕模式，如图 1-39 所示。

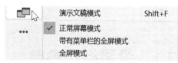

图 1-39　屏幕模式

"屏幕模式"列表中各选项的含义如下（之前讲解过的功能将不再讲解）。

- 演示文稿模式：该模式会以演示文稿的方式显示当前文档内容，如图 1-40 所示。
- 正常屏幕模式：系统默认的屏幕模式，在这种模式下系统会显示标题栏、菜单栏、工作窗口等，如图 1-41 所示。

图 1-40　演示文稿模式

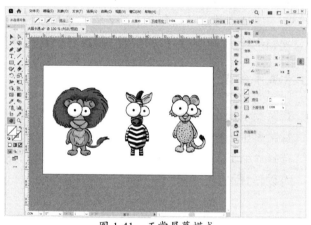

图 1-41　正常屏幕模式

- 带有菜单栏的全屏模式：该模式会显示一个带有菜单栏的全屏模式，不显示标题栏，如图 1-42 所示。
- 全屏模式：该模式会显示一个不含标题栏、菜单栏、工具箱、面板的全屏窗口，如图 1-43 所示。

图 1-42　带有菜单栏的全屏模式

图 1-43　全屏模式

1.9　Illustrator 辅助功能高效操作

在使用 Illustrator 2022 软件绘制图形时，并非只用工具和命令就能高效地完成工作，在使用软件时，充分利用辅助工具绝对可以为用户节省大量的时间，同时也会让用户的设计更加精准。

1.9.1　设置标尺参数

精通目的：

掌握文档标尺参数的设置方法。

技术要点：

● 　在标尺上单击鼠标右键进行快速设置

● 　通过"首选项"命令来设置标尺单位

视频位置：（视频/第 1 章/1.9.1 设置标尺参数）扫描二维码快速观看视频

操作步骤

① 在文档中按【Ctrl+R】组合键调出标尺，在标尺的任意位置单击鼠标右键，在弹出的快捷菜单中选择相应的命令，可以快速改变标尺单位，如图 1-44 所示。

② 选择"编辑">"首选项">"单位"菜单命令，打开"首选项"对话框，在此对话框中可以设置单位，如图 1-45 所示。

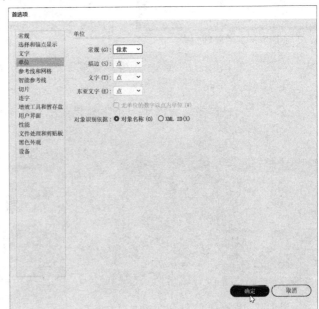

图 1-44　快捷菜单　　　　　　　　　　图 1-45　"首选项"对话框

③　将"单位"改为"像素"后，单击"确定"按钮，此时会将工作页面的标尺按"像素"进行显示，如图 1-46 所示。

图 1-46　以"像素"显示

技巧：

　　如果用户需要更为精确的定位，那么可以在标尺交叉的位置按住鼠标左键将其拖动到绘图区域，此时系统会将该位置作为标尺的零起点，如图 1-47 所示。

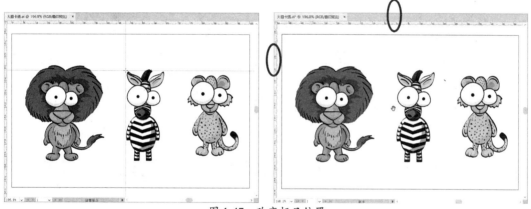

图 1-47　改变标尺位置

提示：

　　如果用户要使标尺回到最初的位置，那么只需在标尺相交的位置双击即可。

1.9.2　设置参考线

精通目的：

掌握在文档中设置参考线的方法。

技术要点：

● 在标尺上向文档中拖动，创建参考线
● 将绘制的路径创建成参考线
● 智能参考线的使用

视频位置：（视频/第 1 章/1.9.2 设置参考线）扫描二维码快速观看视频

操作步骤

在对参考线进行设置时，通常有如下 3 种方法。

方法一：将鼠标指针放置在水平或垂直标尺上，按住鼠标左键向页面内拖动，在合适的位置松开鼠标就可以得到一条参考线。

方法二：在文档中绘制路径后，选择"视图">"参考线">"创建参考线"菜单命令，可以将绘制的路径转换为参考线，如图 1-48 所示。

> **技巧：**
> 将绘制的路径创建成参考线后，选择"视图">"参考线">"释放参考线"菜单命令，可以将参考线转换为路径。

> **技巧：**
> 如果要显示或隐藏参考线，那么只需选择"视图">"参考线">"显示或隐藏参考线"菜单命令即可。

方法三：选择"视图">"智能参考线"菜单命令，可以启用智能参考线，此时将图形移动到另一个图形上时，会自动显示智能参考线，如图 1-49 所示。

图 1-48　创建参考线

图 1-49　智能参考线

> **提示：**
> 如果用户不再需要页面中的参考线，那么只需单击插入的参考线，然后按【Delete】键，即可将参考线删除。

CHAPTER 2

线与曲线的绘制工具

本章导读

在日常生活中，使用绘图工具，如直尺、圆规等，可以很容易地绘制直线、曲线。那么在 Illustrator 2022 中，如何绘制直线和曲线呢？从本章开始，将具体讲解线条与曲线工具的应用。

学习要点

- ☑ 路径基础知识
- ☑ 线条工具的使用
- ☑ 使用"钢笔工具"绘制及编辑路径
- ☑ 曲率工具
- ☑ 铅笔工具
- ☑ 综合实战

扫码看视频

2.1 路径基础知识

任何一种矢量绘图软件绘图都是建立在对路径和节点的操作基础之上的,Illustrator 最吸引人之处就在于它能够把非常简单的、常用的几何图形组合起来并进行色彩处理,生成具有奇妙形状和丰富色彩的图形。任何矢量图形都离不开路径和节点。本节重点介绍 Illustrator 2022 中的各种路径及各种锚点。

2.1.1 认识路径

在 Illustrator 2022 中绘制的路径,由一条或多条直线或曲线线段组成。每条线段的起点和终点都有锚点标记。路径可以是闭合的,也可以是开放的,并具有不同的端点,还可以是多个路径组成的复合路径。

(1) 闭合路径

闭合路径是指起点与终点重合的路径,可以是圆形、星形、多边形等,如图 2-1 所示。

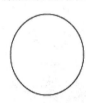

图 2-1　闭合路径

(2) 开放路径

开放路径是指终点与起点没有重合的曲线或图形。如果要对其进行填充,那么可以默认在起点与终点之间绘制一条连接线,如图 2-2 所示。

图 2-2　开放路径

(3) 复合路径

复合路径是一种较为复杂的路径对象,它是由两个或多个开放或封闭的路径组成的,可以通过选择"对象">"复合路径">"建立"菜单命令来制作复合路径,也可以利用"对象">"复合路径">"释放"菜单命令将复合路径释放。

2.1.2 认识锚点

在 Illustrator 2022 中的锚点也叫节点,是用来调整路径形状的重要组成部分,移动锚点位置就可以改变路径的形状,如图 2-3 所示。

在 Illustrator 2022 中，按属性可将锚点分为"平滑点" 和"尖角点" 两种，如图 2-4 所示。

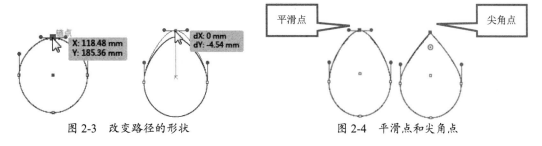

图 2-3 改变路径的形状 　　　　图 2-4 平滑点和尖角点

（1）平滑点

Illustrator 2022 中的曲线对象，使用最多的锚点就是平滑点。平滑点不会突然改变方向，在平滑点某一侧或两侧将出现控制柄，并且控制柄是独立的，可以单独操作以改变路径曲线，有时平滑点的一侧是直线，另一侧是曲线。

（2）尖角点

在 Illustrator 2022 中，角点是指能够使通过它的路径的方向发生突然改变的锚点。如果在锚点上两条直线相交成一个明显的角度，那么这种锚点就叫作尖角点。尖角点的两侧没有控制柄。

2.1.3　认识方向线和方向点

当选择连接曲线段的锚点或曲线段本身时，连接线段的锚点会显示由方向线构成的方向手柄。方向线的角度和长度决定曲线段的形状和大小。移动方向点将改变曲线形状。方向线不会出现在最终的输出结果中，如图 2-5 所示。

图 2-5 方向线和方向点

平滑点始终有两条方向线，这两条方向线作为一个直线单元一起移动。当在平滑点上移动方向线时，将同时调整该点两侧的曲线段，以保持该锚点处的曲线连续。

相比之下，角点可以有两条、一条或者没有方向线，具体取决于它分别连接两条、一条还是没有连接曲线段。角点方向线通过使用不同的角度来保持拐角。当移动角点上的方向线时，只调整与该方向线位于角点同侧的曲线，如图 2-6 所示。

图 2-6 角点调整

2.2 线条工具的使用

在 Illustrator 2022 中，每个线条工具都有属于自己的线性属性，可以绘制线条的工具包括 "直线段工具" ✐、"弧形工具" ◠ 和 "螺旋线工具" ◎。

2.2.1 直线段工具

"直线段工具" ✐是 Illustrator 中用来绘制直线的工具，具体的绘制方法可以分为拖动绘制和精确绘制两种。

（1）拖动绘制

选择工具箱中的 "直线段工具" ✐，在页面中按住鼠标左键向对角处拖动，松开鼠标后即可绘制一条直线段，如图 2-7 所示。

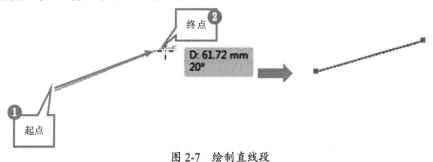

图 2-7　绘制直线段

> **技巧：**
> 在使用 "直线段工具" ✐绘制直线的过程中，按【Shift】键可以绘制一条水平或垂直的直线段，改变角度时绘制的直线段会以 45° 为夹角进行增减来确定绘制的直线段的角度；按【Alt】键可以以单击点为中心向两端进行延伸绘制直线段。

（2）精确绘制

选择工具箱中的 "直线段工具" ✐后，在页面空白处单击，系统会打开如图 2-8 所示的 "直线段工具选项" 对话框，设置 "长度" 和 "角度" 后，单击 "确定" 按钮，即可绘制精确的直线段。

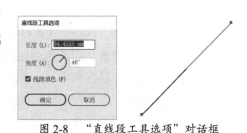

图 2-8　"直线段工具选项" 对话框

2.2.2 弧形工具

"弧形工具" ◠是 Illustrator 中一个用来绘制任意弧形和弧线的工具，使用方法与 "直线段工具" ✐相类似，具体的绘制方法可以分为拖动绘制和精确绘制两种。

（1）拖动绘制

选择工具箱中的"弧形工具" 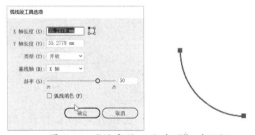，在页面中按住鼠标左键随意拖动，松开鼠标后即可绘制一条弧线，如图 2-9 所示。

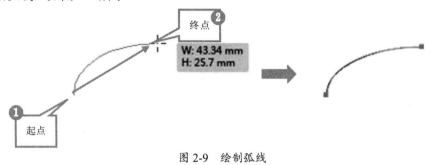

图 2-9 绘制弧线

（2）精确绘制

选择工具箱中的"弧形工具" 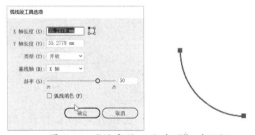后，在页面空白处单击，打开如图 2-10 所示的"弧线段工具选项"对话框。设置各项参数后，单击"确定"按钮，即可绘制精确的弧线段。

图 2-10 "弧线段工具选项"对话框

"弧线段工具选项"对话框中各选项的含义如下。

- X 轴长度：在其文本框中输入弧形水平长度值。
- Y 轴长度：在其文本框中输入弧形垂直长度值。
- 基准点 ：用来设置弧线的基准点。
- 类型：在其下拉列表中设置弧形为开放路径或封闭路径。
- 基线轴：在其下拉列表中选择弧形方向，指定 X 轴（水平）或 Y 轴（垂直）基准线。
- 斜率：用来指定弧形斜度的方向，负值偏向"凹"方，正值偏向"凸"方，也可以通过直接拖动下方的滑块来确定斜率。
- 弧线填色：勾选此复选框后，绘制的弧线将自动填充颜色。

2.2.3　螺旋线工具

"螺旋线工具" 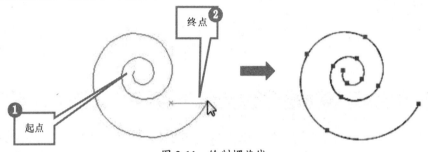是 Illustrator 中一个用来绘制螺旋状图形的工具，包括拖动绘制和精确绘制两种方法。

（1）拖动绘制

选择工具箱中的"螺旋线工具"，在页面中按住鼠标左键随意拖动，松开鼠标后即可绘制一条螺旋线，如图 2-11 所示。

图 2-11　绘制螺旋线

（2）精确绘制

选择工具箱中的"螺旋线工具" 后，在页面空白处单击，打开如图 2-12 所示的"螺旋线"对话框。设置各项参数后，单击"确定"按钮，即可绘制精确的螺旋线。

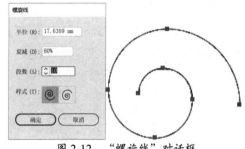

"螺旋线"对话框中各选项含义如下。

- 半径：用来设置螺旋线的半径。
- 衰减：用来设置螺旋线间距的衰减比例。
- 段数：用来设置组成螺旋线弧线的个数。
- 样式：用来设置绘制螺旋线的方向，包括开口向上和开口向下。

图 2-12　"螺旋线"对话框

2.3　通过"弧形工具""螺旋线工具"绘制装饰画

精通目的：

掌握"弧形工具"的使用方法。

技术要点：

- 使用"弧形工具"绘制弧线
- 复制弧线
- 群组弧线

- 设置弧线宽度
- 使用"螺旋线工具"绘制螺旋线
- 插入符号

视频位置：（视频/第 2 章/2.3 通过"弧形工具""螺旋线工具"绘制装饰画）扫描二维码快速观看视频

操作步骤

① 新建空白文档，在工具箱中选择"弧形工具" 。在页面中单击，打开"弧线段工具选项"对话框，设置"斜率"为-78，其他参数不用设置，如图 2-13 所示。

② 设置完毕后，单击"确定"按钮，将"描边"设置为红色，在页面中选择一点后向左上角拖动，再按住【～】键向右拖动绘制花朵，如图 2-14 所示。

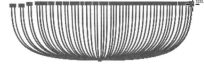

图 2-13　设置斜率　　　　　　图 2-14　绘制花朵

③ 框选花朵，按住【Alt】键后向另一处移动，松开鼠标后会复制出一个副本，如图 2-15 所示。

④ 按【Ctrl+G】组合键，进行编组，拖动控制点将副本缩小并将其移动到花朵底部，效果如图 2-16 所示。

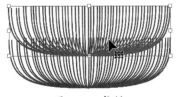

图 2-15　复制　　　　　　　图 2-16　调整大小并移动

⑤ 使用"选择工具"选择顶部控制点将其拉高，效果如图 2-17 所示。

⑥ 使用"弧形工具"在花朵底部向下垂直拖动，绘制一条弧线，效果如图 2-18 所示。

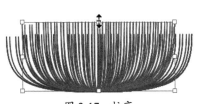

图 2-17　拉高　　　　　　　图 2-18　绘制弧线

⑦ 在属性栏中设置"描边粗细"为 3pt，效果如图 2-19 所示。

⑧ 在工具箱中选择"螺旋线工具" ，在页面中单击，打开"螺旋线"对话框，其中的参数设置如图 2-20 所示。

图 2-19 调整粗细 　　　　图 2-20 设置螺旋线参数

⑨ 在属性栏中设置"描边粗细"为 1pt，在页面中选择一点后绘制螺旋线，再按住【～】键向左上角拖动绘制多条螺旋线，如图 2-21 所示。

⑩ 选择"对象">"变换">"镜像"菜单命令，打开"镜像"对话框，选中"垂直"单选按钮，其他参数保持不变，如图 2-22 所示。

图 2-21 绘制螺旋线 　　　　图 2-22 镜像设置

⑪ 设置完毕后，单击"复制"按钮，镜像复制出一个副本。将副本向右移动，再将图形全部选中并移动到花朵根茎上，效果如图 2-23 所示。

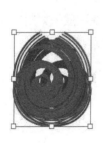
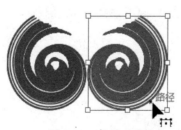

图 2-23 复制后移动

⑫ 按住【Alt】键向下移动，复制出一个副本。将副本缩小，设置"描边粗细"为 0.2pt，效果如图 2-24 所示。

⑬ 选择"窗口">"符号库">"自然"菜单命令，打开"自然"面板，如图 2-25 所示。

⑭ 在"自然"面板中选择蝴蝶符号，将其拖动到花朵上并调整大小和位置，效果如图 2-26 所示。

图 2-24　复制并缩小

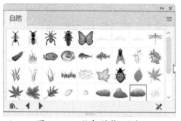

图 2-25　"自然"面板

⑮ 在"自然"面板中选择石头符号，将其拖动到花朵根茎处并调整大小和位置。至此，本实战案例制作完毕，最终效果如图 2-27 所示。

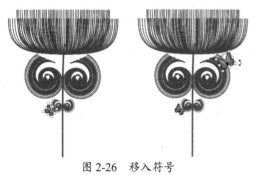

图 2-26　移入符号

图 2-27　最终效果

2.4　使用"钢笔工具"绘制及编辑路径

"钢笔工具" 是 Illustrator 2022 中的一个专门用来绘制直线与曲线的工具，还能在绘制过程中添加和删除节点。方法是选择"钢笔工具" ，再在页面中单击，移动到另一位置后再次单击，即可绘制直线，到第二点按住鼠标左键拖动会得到一条与前一点形成的曲线，按回车键完成绘制，如图 2-28 所示。

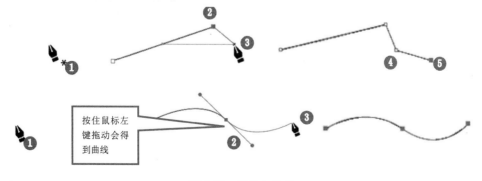

图 2-28　线段与曲线

技巧：

　　如果想结束路径的绘制，那么按住【Ctrl】键的同时在路径以外的空白处单击，即可取消绘制。在绘制直线时，按住【Shift】键的同时单击，可以绘制水平、垂直或成 45°角的直线。在绘制过程中，按住空格键可以移动锚点的位置，按住【Alt】键，可以将两个控制柄分离为独立的控制柄。

2.2.1　接续直线与曲线

　　使用"钢笔工具"在页面中绘制一条直线段后，将鼠标指针移动到线段的末端节点上，此时鼠标指针变为形状，如图 2-29 所示，单击会将新线段与之前的线段末端相连接，向另外方向拖动鼠标并单击，即可创建一个新的锚点，以此类推，可以绘制连续的直线段，如图 2-30 所示。

　　图 2-29　连接锚点　　　　　　　　　　　　图 2-30　绘制第二条线段

　　接续曲线的方法与接续直线的方法是一样的，只是在绘制时需要按曲线的方式进行绘制。

2.2.2　使用"钢笔工具"绘制封闭路径

　　使用"钢笔工具"在页面中绘制多条线段或曲线时，当终点与起点相交时，鼠标指针变为形状此时单击会完成封闭路径的创建，如图 2-31 所示。

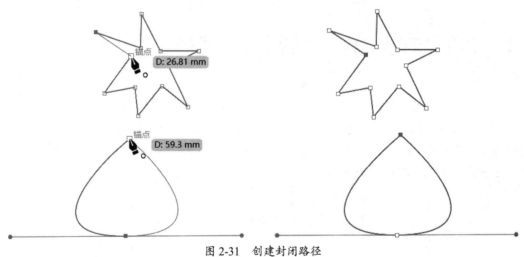

图 2-31　创建封闭路径

2.2.3　添加与删除锚点

　　使用"钢笔工具"在已经绘制的路径上单击，当选择点不是锚点时，鼠标指针变为形状，单击，系统会自动在此处添加一个锚点，如图 2-32 所示。当单击点正好处于锚点上时，系统会自动将此处的锚点删除，如图 2-33 所示。

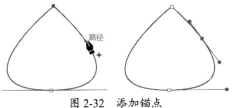

图 2-32　添加锚点　　　　　　　　图 2-33　删除锚点

2.5　在直线上接续曲线

精通目的：

掌握在直线上继续绘制曲线的方法。

技术要点：

● "直线段工具"的使用方法

● "钢笔工具"的使用方法

视频位置：（视频/第 2 章/2.5 在直线上接续曲线）扫描二维码快速观看视频

操作步骤

① 新建空白文档，在工具箱中选择"直线段工具" ，在页面中选择一个起点后按住鼠标左键向另一处拖动，绘制一条斜线，如图 2-34 所示。

② 在工具箱中选择"钢笔工具" ，将鼠标指针移动到斜线的末端锚点上，此时会发现鼠标指针变为 形状，如图 2-35 所示。

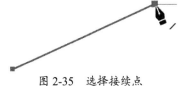

图 2-34　绘制直线段　　　　　　　　图 2-35　选择接续点

③ 单击，当鼠标指针变为 形状时，拖动鼠标到另一点，如图 2-36 所示。

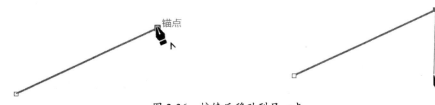

图 2-36　接续后移动到另一点

④ 按住鼠标左键向右下角拖动，创建曲线，如图 2-37 所示。

⑤ 曲线创建完毕后，按回车键完成曲线的接续，如图 2-38 所示。

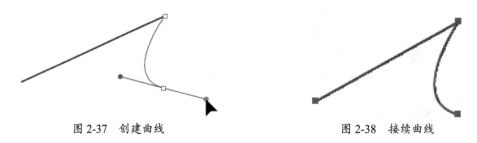

图 2-37　创建曲线　　　　　　　　　　图 2-38　接续曲线

2.6　曲率工具

使用"曲率工具" 可以简化路径，使绘图变得简单、直观。使用此工具，用户可以创建、切换、编辑、添加或删除平滑点或角点，无须在不同的工具之间来回切换，即可快速、准确地处理路径，如图 2-39 所示。要结束绘制只需按【Esc】键即可。

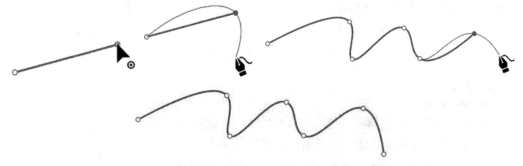

图 2-39　使用"曲率工具"创建路径

在页面中设置两个点，然后查看橡皮筋预览，系统会根据鼠标指针悬停位置显示生成路径的形状。使用鼠标拖放某个点，或者单击可以创建一个平滑点，如图 2-40 所示。要创建角点，可双击或者在单击的同时按【Alt】键，如图 2-41 所示。

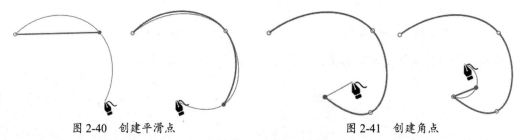

图 2-40　创建平滑点　　　　　　　　　　图 2-41　创建角点

技巧:

在默认情况下，工具中的橡皮筋功能已打开。要关闭该功能，可使用"首选项"对话框设置：选择"编辑" > "首选项"菜单命令，在"选择和锚点显示"选项卡中启用橡皮筋功能即可。

2.7　铅笔工具

使用"铅笔工具" ✏️ 可以绘制闭合
路径或非闭合路径，就像使用铅笔在纸张
上绘图一样。绘图时，通过 Illustrator 2022
可以创建锚点并将其放在路径上。绘制完
毕后，还可以调整这些锚点，如图 2-42
所示。

图 2-42　绘制铅笔路径

1. 设置"铅笔工具"参数

使用"铅笔工具" ✏️ 还可以通过设置它的"保真
度""编辑所选路径"来调整工具的绘制参数。在工具
箱中双击"铅笔工具" ✏️，即可打开"铅笔工具选项"
对话框，如图 2-43 所示。

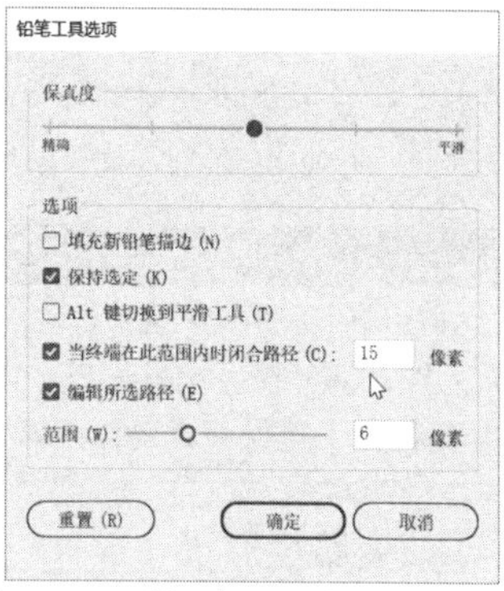

"铅笔工具选项"对话框中各选项的含义如下。

- 保真度：用来设置在使用"铅笔工具" ✏️ 绘
  制曲线时路径上各点的精确度，值越小，所绘
  曲线越粗糙；值越大，路径越平滑且越简单，
  取值范围为 0.5～20 像素。

图 2-43　"铅笔工具选项"对话框

- 填充新铅笔描边：勾选该复选框，在使用"铅
  笔工具" ✏️ 绘制图形时，系统会根据当前填充颜色为铅笔绘制的图形填色。
- 保持选定：勾选该复选框，将使用"铅笔工具" ✏️ 绘制的曲线处于选中状态。
- Alt 键切换到平滑工具：使用"铅笔工具" ✏️ 绘制曲线时，按住【Alt】键，会自
  动将"铅笔工具" ✏️ 切换为"平滑工具" ✏️。
- 当终端在此范围内时闭合路径：使用"铅笔工具" ✏️ 绘制曲线时，如果起点和终
  点在设置的范围内，那么松开鼠标会自动创建封闭路径。
- 编辑所选路径：勾选该复选框，则可编辑选中的曲线路径，可使用"铅笔工具"
  ✏️ 来改变现有选中的路径，并可在"范围"文本框中设置编辑范围。当"铅笔
  工具" ✏️ 与该路径之间的距离接近设置的数值时，即可对路径进行编辑、修改。

2. 绘制开放路径

在工具箱中选择"铅笔工具" ✏️，在页面中选择起始点，当鼠标指针变为 ✏️ 形状时，
在页面中按住鼠标左键拖动，得到所需路径后，松开鼠标即可得到一条开放的路径，如图
2-44 所示。

图 2-44　使用 "铅笔工具" 绘制开放路径

3. 绘制封闭路径

在工具箱中选择 "铅笔工具" ，在页面中选择起始点，当鼠标指针变为 形状时，在页面中按住鼠标左键拖动，将终点拖动到起点，当鼠标指针变为 形状时，松开鼠标即可得到一条封闭的路径，如图 2-45 所示。

图 2-45　使用 "铅笔工具" 绘制封闭路径

> **技巧：**
>
> 在绘制封闭路径的过程中，必须先绘制再按【Alt】键。当绘制完成后，要先释放鼠标再释放【Alt】键，这也是大部分辅助键的使用技巧。需要特别注意的是，如果此时 "铅笔工具" 并没有返回到起点位置，在中途按【Alt】键并释放鼠标，那么系统会沿起点与当前铅笔位置自动连接一条线将其封闭。

4. 改变路径形状

用户如果对绘制的路径不满意，那么可以使用 "铅笔工具" 来快速修改绘制的路径。首先要确认路径处于选中状态，将鼠标指针移动到路径上，当鼠标指针变为 形状时，按住鼠标左键按自己的需要重新绘制图形。绘制完成后，释放鼠标，即可看到路径的修改效果，如图 2-46 所示。

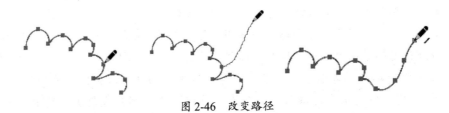

图 2-46　改变路径

5. 将封闭路径转换为开放路径

通过 "铅笔工具" 还可以将封闭路径转换为开放路径。首先选择要修改的封闭路径，使用 "铅笔工具" 在封闭路径上（当鼠标指针变为 形状时）按住鼠标左键向路径的外部或内部拖动。当到达满意的位置后，释放鼠标，即可将封闭路径转换为开放路径，如图 2-47 所示。

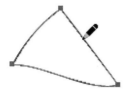

图 2-47　将封闭路径转换为开放路径

6. 将开放路径转换为封闭路径

通过"铅笔工具" 还可以将开放路径转换为封闭路径。首先选择要修改的开放路径（使用"铅笔工具" ），将鼠标指针移动到开放路径的终点上，当鼠标指针变为 形状时，按住鼠标左键向路径的起点处拖动，当鼠标指针变为 形状时，松开鼠标，即可将开放路径转换为封闭路径，如图 2-48 所示。

图 2-48　将开放路径转换为封闭路径

2.8　综合实战：绘制卡通小布偶

实战目的：

掌握"曲线工具"的使用方法。

技术要点：

- "钢笔工具"的使用方法
- "椭圆工具"的使用方法
- 调整顺序的方法
- 复制并镜像的方法
- "直接选择工具"的使用方法

视频位置：（视频/第 2 章/2.8 综合实战：绘制卡通小布偶）扫描二维码快速观看视频

操作步骤

① 新建空白文档，在工具箱中选择"椭圆工具" ，按住【Shift】键在页面中绘制一个正圆，如图 2-49 所示。

② 使用"直接选择工具" 选择上面的锚点并将其向下调整，选择底部的锚点并将其向上拖动，效果如图 2-50 所示。

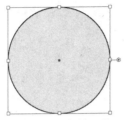

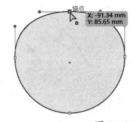

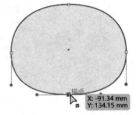

图 2-49　绘制正圆　　　　　　　　　　　图 2-50　调整圆形

③ 使用"选择工具" ▶将调整后的正圆拉高，效果如图 2-51 所示。

④ 使用"钢笔工具" ✐在图形的左上角绘制一个封闭的三角形，将其作为耳朵，效果如图 2-52 所示。

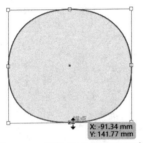

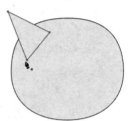

图 2-51　将调整后的正圆拉高　　　　　　图 2-52　绘制封闭图形

⑤ 使用"直接选择工具" ▷选择绘制的图形，向中心拖动圆角控制点，将尖角调整成圆角效果，如图 2-53 所示。

⑥ 按【Ctrl+C】组合键复制，再按【Ctrl+V】组合键粘贴，复制出一个副本，使用"选择工具" ▶拖动控制点将副本缩小，效果如图 2-54 所示。

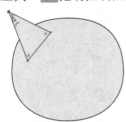

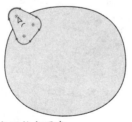

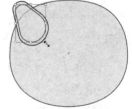

图 2-53　将尖角调整成圆角　　　　　　　图 2-54　复制并缩小副本

⑦ 使用"选择工具" ▶选择两个图形，按【Ctrl+Shift+[】组合键将其放置到底层，效果如图 2-55 所示。

⑧ 使用同样的方法绘制另一只耳朵，效果如图 2-56 所示。

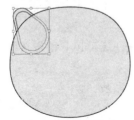

图 2-55　调整顺序　　　　　　　　　　　图 2-56　绘制另一只耳朵

⑨ 使用"钢笔工具" ✍ 绘制一条直线与曲线相结合的线条，设置"描边粗细"为 2pt，将其作为眼睛，效果如图 2-57 所示。

⑩ 使用同样的方法绘制另一条直线与曲线相结合的线条，效果如图 2-58 所示。

图 2-57　绘制线条（1）

图 2-58　绘制线条（2）

⑪ 使用"椭圆工具" ◙ 绘制一个黑色正圆，将其作为鼻子，效果如图 2-59 所示。

⑫ 使用"钢笔工具" ✍ 绘制一条曲线，效果如图 2-60 所示。

图 2-59　绘制正圆

图 2-60　绘制曲线

⑬ 在小动物的脑门上，使用"椭圆工具" ◙ 绘制 3 个灰色的椭圆，效果如图 2-61 所示。

⑭ 使用"椭圆工具" ◙ 在底部绘制两个灰色的椭圆，按【Ctrl+Shift+[】组合键将其放置到底层，效果如图 2-62 所示。

图 2-61　绘制椭圆（1）

图 2-62　绘制椭圆（2）

⑮ 使用"椭圆工具" ◙ 在中间位置绘制一个红色的椭圆，将其作为小动物的嘴巴，效果如图 2-63 所示。

⑯ 使用"钢笔工具" ✍ 在红色椭圆的上部绘制两个白色的封闭三角形，将其作为小动物的牙齿。至此，本综合实战案例制作完毕，效果如图 2-64 所示。

图 2-63　绘制椭圆（3）

图 2-64　最终效果

CHAPTER 3

几何图形的绘制

本章导读

在生活中我们看到的各种形状，其实都是由方形、圆形、多边形等演变而来的，在 Illustrator 2022 中，绘制几何图形的工具被划分到了矩形工具组中，包括该组外面的"矩形网格工具"和"极坐标网格工具"。本章通过理论结合实战的方式来介绍在 Illustrator 2022 中绘制这些基本几何图形的方法。

学习要点

- ☑ 矩形工具
- ☑ 椭圆工具
- ☑ 圆角矩形工具
- ☑ 多边形工具
- ☑ 星形工具
- ☑ 光晕工具
- ☑ 矩形网格工具
- ☑ 极坐标网格工具
- ☑ Shaper 工具

扫码看视频

3.1　矩形工具

"矩形工具" ▣ 是 Illustrator 2022 中一个重要的绘图工具，使用该工具可以在页面中绘制矩形和正方形，有拖动绘制和精确绘制两种方法。

（1）拖动绘制

选择工具箱中的"矩形工具" ▣，在页面中按住鼠标左键向对角处拖动，松开鼠标后即可绘制一个矩形，如图 3-1 所示。

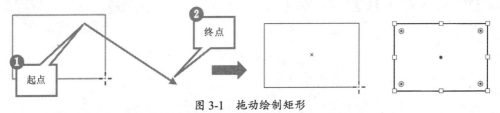

图 3-1　拖动绘制矩形

> **技巧：**
>
> 在使用"矩形工具" ▣ 绘制矩形的过程中，按【Shift】键可以绘制一个正方形；按【Alt】键可以以单击点为中心绘制矩形；按【Shift + Alt】组合键可以以单击点为中心绘制正方形；按住空格键可以移动矩形；按住【～】键可以绘制多个矩形；按住【Alt+～】组合键可以绘制多个以单击点为中心并向两端延伸的矩形。

（2）精确绘制

选择工具箱中的"矩形工具" ▣，在页面空白处单击，打开如图 3-2 所示的"矩形"对话框，设置"宽度"和"高度"后，单击"确定"按钮，即可精确绘制矩形。

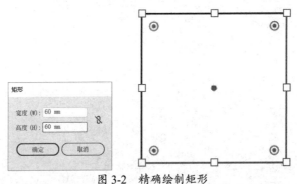

图 3-2　精确绘制矩形

> **技巧：**
>
> 矩形绘制完毕后，单击属性栏中的"形状"按钮，会弹出"形状"下拉列表，在该下拉列表中可以重新设置矩形的大小，还可以旋转矩形、改变边角类型等；在"属性"面板中，单击"变换"选项区域下面的"更多选项"按钮 •••，在弹出的菜单中选择相应命令，也可以重新设置矩形的大小，还可以旋转矩形、改变边角类型等。如图 3-3 所示为设置反向圆角及其效果。

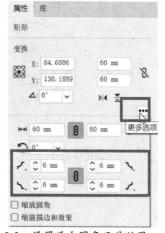
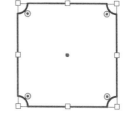

图 3-3　设置反向圆角及其效果

3.2　椭圆工具

"椭圆工具" 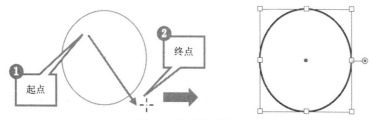 是 Illustrator 中一个重要的绘图工具，使用该工具可以在页面中绘制椭圆和正圆，包括拖动绘制和精确绘制两种方法。

（1）拖动绘制

拖动绘制的方法：选择"椭圆工具" ，在页面中按住鼠标左键向对角处拖动，松开鼠标后即可绘制一个椭圆，如图 3-4 所示。

图 3-4　拖动绘制椭圆

> **技巧：**
> 在使用"椭圆工具" 绘制椭圆的过程中，按【Shift】键可以绘制一个正圆；按【Alt】键可以以单击点为中心绘制椭圆；按【Shift + Alt】组合键可以以单击点为中心绘制正圆；按空格键可以移动椭圆；按【～】键可以绘制多个椭圆；按【Alt+～】组合键可以绘制多个以单击点为中心并向两端延伸的椭圆。

（2）精确绘制

精确绘制的方法：选择工具箱中的"椭圆工具" ，在页面空白处单击，打开如图 3-5 所示的"椭圆"对话框，设置"宽度"和"高度"后，单击"确定"按钮，即可精确绘制椭圆。

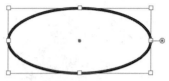

图 3-5 "椭圆"对话框

3.3 通过"矩形工具""椭圆工具"绘制卡通外星人

精通目的：

掌握"矩形工具""椭圆工具"的使用方法。

技术要点：

- 使用"矩形工具"绘制矩形
- 设置圆角
- 使用"椭圆工具"绘制椭圆
- 使用"直接选择工具"调整椭圆形状
- 复制
- 使用"钢笔工具"绘制曲线
- 使用"弧形工具"绘制弧线

视频位置：（视频/第 3 章/3.3 通过"矩形工具""椭圆工具"绘制卡通外星人）扫描二维码快速观看视频

操作步骤

① 新建空白文档，在工具箱中选择"矩形工具"，在页面中选择一个合适位置，按住鼠标左键拖动，松开鼠标后即可在页面中绘制一个矩形，将绘制的矩形填充绿色，效果如图 3-6 所示。

② 单击属性栏中的"形状"按钮，在弹出的"形状"下拉列表中，设置顶部两个"边角"为"圆角"，设置"圆角半径"为 15mm，效果如图 3-7 所示。

图 3-6 绘制矩形并填充   图 3-7 调整圆角

③ 使用"椭圆工具"在矩形内绘制一个白色椭圆，效果如图 3-8 所示。

④ 使用"直接选择工具"向上拖动椭圆顶部的锚点，改变椭圆形状，效果如图 3-9 所示。

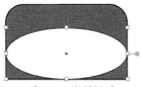

图 3-8　绘制椭圆

图 3-9　改变椭圆形状

⑤ 使用"弧形工具" 在顶部绘制两条弧线，将其作为头发，效果如图 3-10 所示。

图 3-10　绘制弧线

⑥ 使用"椭圆工具" 在调整后的椭圆内部绘制两个椭圆，将其作为眼睛，效果如图 3-11
所示。

图 3-11　绘制椭圆

⑦ 使用"选择工具" 将作为眼睛的两个椭圆一同选取，按住【Alt】键的同时向右侧拖
动，复制出一个副本，单击"属性"面板中的"水平轴翻转"按钮，效果如图 3-12 所示。

图 3-12　复制并进行水平翻转

⑧ 使用"椭圆工具" 绘制两个黑色正圆，将其作为鼻孔，效果如图 3-13 所示。

⑨ 使用"选择工具" 选择后面的矩形，按【Ctrl+C】组合键复制，再按【Ctrl+V】组合
键粘贴，得到一个副本，拖动控制点将其缩小，效果如图 3-14 所示。

图 3-13　绘制正圆　　　　　　　　　　　　图 3-14　复制并缩小

⑩ 使用"直接选择工具" ▷ 拖动中间的圆角控制点，缩小圆角将其作为嘴巴，效果如图 3-15 所示。

⑪ 使用"矩形工具" ▢ 在嘴巴中绘制两个白色矩形，将其作为牙齿，效果如图 3-16 所示。

图 3-15　缩小圆角

图 3-16　绘制矩形

⑫ 选择头部的椭圆，向下拖动的同时按住【Alt】键，复制出一个副本，调整控制点将其缩小，按【Ctrl+Shift+[】组合键将其放置到底层，将其作为卡通小人的身体，效果如图 3-17 所示。

⑬ 使用"椭圆工具" ⬭ 绘制两个黑色正圆作为扣子，效果如图 3-18 所示。

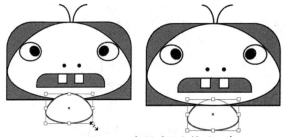
图 3-17　复制并改变排列顺序

图 3-18　绘制正圆

⑭ 使用"钢笔工具" 🖋 绘制一条曲线，效果如图 3-19 所示。

⑮ 复制身体部分，拖动控制点将其缩小，并调整到合适的位置，再复制出 3 个副本，将其作为手和脚。至此，本精通操作案例制作完毕，效果如图 3-20 所示。

图 3-19　绘制曲线

图 3-20　最终效果

3.4　圆角矩形工具

使用"圆角矩形工具" ▢ 可以绘制具有平滑边缘的矩形，包括拖动绘制和精确绘制两种方法。

（1）拖动绘制

拖动绘制的方法：选择"圆角矩形工具" 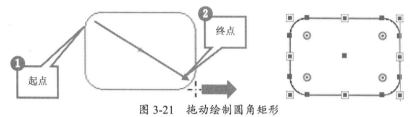，在页面中按住鼠标左键向对角处拖动，松开鼠标后即可绘制一个圆角矩形，如图 3-21 所示。

图 3-21 拖动绘制圆角矩形

技巧：

在使用"圆角矩形工具" 绘制圆角矩形的过程中，按【←】键可以将圆角矩形的半径设置为 0；按【→】键可以将圆角矩形的半径设置为最大；按【↑】键可以将圆角矩形的半径逐渐增大；按【↓】键可以将圆角矩形的半径逐渐减小。

技巧：

在使用"圆角矩形工具" 绘制圆角矩形的过程中，按【Shift】键可以绘制一个圆角正方形；按住【Alt】键绘制时鼠标的起点就是圆角矩形的中心点。

（2）精确绘制

选择工具箱中的"圆角矩形工具" ，在页面空白处单击，打开如图 3-22 所示的"圆角矩形"对话框，设置"宽度""高度""圆角半径"后，单击"确定"按钮，即可精确绘制圆角矩形。

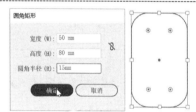

图 3-22 精确绘制圆角矩形

3.5 多边形工具

"多边形工具" 是 Illustrator 2022 中一个重要的绘图工具，使用该工具可以在页面中绘制多边形，包括拖动绘制和精确绘制两种方法。

（1）拖动绘制

拖动绘制的方法：选择"多边形工具" ，在页面中按住鼠标左键向对角处拖动，松开鼠标后即可绘制一个多边形，系统默认的多边形是六边形，如图 3-23 所示。

技巧：

在使用"多边形工具" 绘制多边形的过程中，在页面中改变鼠标位置的同时，多边形的角度也会跟随改变；按【Shift】键并拖动鼠标，无论如何改变鼠标位置，最后都会绘制一个正多边形。按【↑】键可以增加多边形的边数；按【↓】键可以减少多边形的边数。

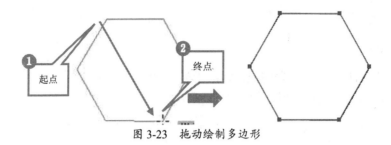

图 3-23　拖动绘制多边形

（2）精确绘制

选择工具箱中的"多边形工具" 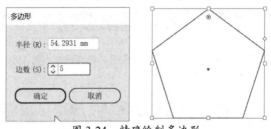，在页面空白处单击，打开如图 3-24 所示的"多边形"对话框，设置"半径"和"边数"后，单击"确定"按钮，即可绘制精确的多边形。

图 3-24　精确绘制多边形

3.6　星形工具

"星形工具" ☆在 Illustrator 2022 中用来绘制星形，包括拖动绘制和精确绘制两种。

（1）拖动绘制

拖动绘制的方法：选择"星形工具" ☆，在页面中按住鼠标左键向对角处拖动，松开鼠标后即可绘制一个星形，系统默认的星形是五角星，如图 3-25 所示。

图 3-25　拖动绘制星形

技巧：

在使用"星形工具" ☆绘制星形的过程中，在页面中改变鼠标位置的同时，星形的角度也会跟随改变；按住【Shift】键并拖动鼠标，无论如何改变鼠标位置，最后都会绘制一个星形。按【↑】键可以增加星形的边数；按【↓】键可以减少星形的边数。

（2）精确绘制

选择工具箱中的“星形工具”，在页面空白处单击，打开如图 3-26 所示的“星形”对话框，设置“半径 1”“半径 2”“角点数”后，单击“确定”按钮，即可绘制精确的星形。

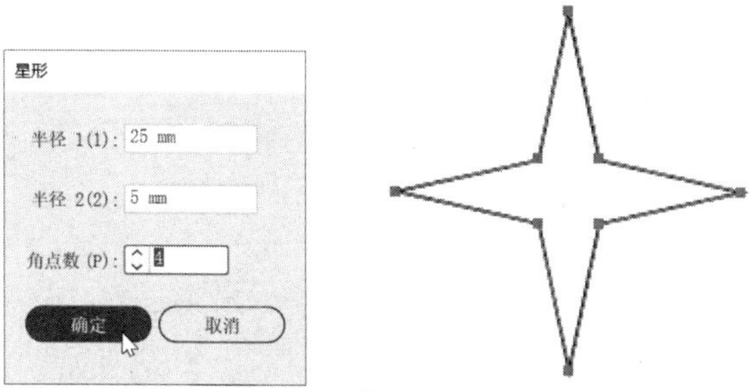

图 3-26　精确绘制星形

技巧：

星形绘制完毕后，使用“直接选择工具”框选星形，拖动调整点，可以改变星形的形状，如图 3-27 所示。

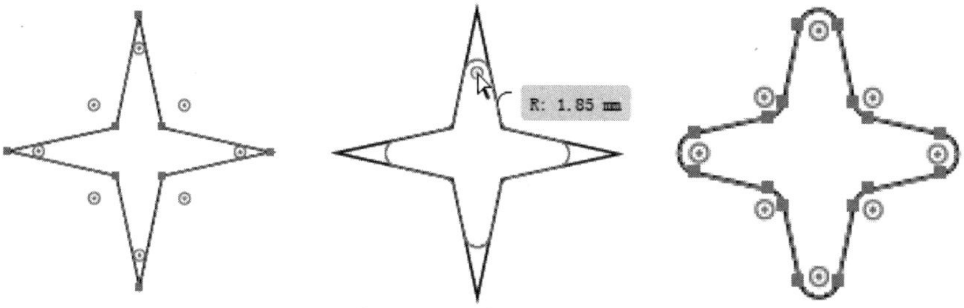

图 3-27　调整星形形状

3.7　通过“多边形工具”“星形工具”绘制五角星

精通目的：

掌握“多边形工具”“星形工具”的使用方法。

技术要点：

- 使用“多边形工具”绘制五边形
- 使用“星形工具”绘制五角星

视频位置：（视频/第 3 章/3.7 通过“多边形工具”“星形工具”绘制五角星）扫描二维码快速观看视频

操作步骤

① 新建空白文档，在工具箱中选择“多边形工具”，在页面空白处单击，打开“多边形”对话框，设置“半径”为 20mm、“边数”为 5。设置完毕后，单击“确定”按钮，在页

面中绘制一个五边形，如图 3-28 所示。

② 五边形绘制完成后，在工具箱中选择"星形工具" ☆，在页面空白处单击，打开"星形"对话框，设置"半径 1"为 20mm、"半径 2"为 10mm、"角点数"为 5。设置完毕后，单击"确定"按钮，此时会在页面中绘制一个五角星，如图 3-29 所示。

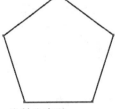

图 3-28　绘制五边形　　　　　　　　　　　　图 3-29　绘制五角星

③ 使用"选择工具" ▶ 框选五边形和五角星，在"属性"面板中单击"水平居中对齐"按钮 ╪ 和"垂直居中对齐"按钮 ╫，将两个图形对齐，效果如图 3-30 所示。

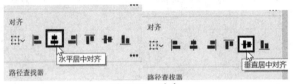

图 3-30　对齐

④ 使用"直线段工具" ／ 在五角星上绘制直线段，效果如图 3-31 所示。

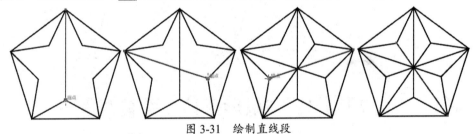

图 3-31　绘制直线段

⑤ 在工具箱中将"填色"设置为"C:4M:61Y:58K:0"，使用"选择工具" ▶ 框选所有对象，再使用"实时上色工具" 🖌 在图形中填色，效果如图 3-32 所示。

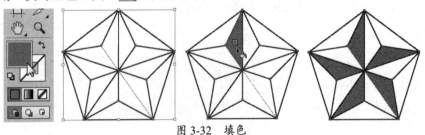

图 3-32　填色

⑥ 在工具箱中将"填色"设置为"C:4M:20Y:36K:0"，使用"选择工具" ▶ 框选所有对象，再使用"实时上色工具" 🖌 在图形中填色，效果如图 3-33 所示。

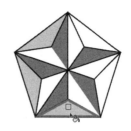

图 3-33　填色

⑦ 使用"实时上色工具" 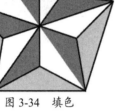 在图形中依次填充颜色，效果如图 3-34 所示。

⑧ 使用"星形工具" 在图形中间位置绘制一个红色的五角星。至此，本精通操作案例制作完毕，最终效果如图 3-35 所示。

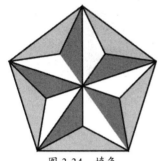
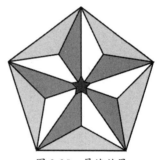

图 3-34　填色　　　　　　　　　　　　　　　图 3-35　最终效果

3.8　光晕工具

使用"光晕工具" 可以模拟相机拍摄时产生的光晕效果，包括拖动绘制和精确绘制两种方法。

（1）拖动绘制

拖动绘制的方法：选择"光晕工具" ，在页面中按住鼠标左键向对角处拖动，绘制光晕效果，达到满意效果后释放鼠标。然后在合适的位置单击，确定光晕的方向，这样就绘制出了光晕，效果如图 3-36 所示。

图 3-36　绘制光晕

技巧：

　　在绘制光晕的过程中，按【↑】或【↓】键，可以增加或减少光晕的射线数量。

（2）精确绘制

选择工具箱中的"光晕工具" ，在页面中合适的位置单击，打开如图 3-37 所示的"光晕工具选项"对话框。设置相关参数后，单击"确定"按钮，即可精确绘制光晕。

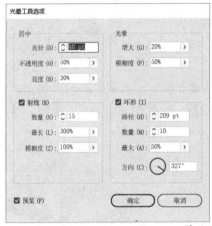

图 3-37　精确绘制光晕

"光晕工具选项"对话框中各选项的含义如下。

● "居中"选项组：用来设置光晕中心的光环。"直径"用来指定光晕中心光环的大小；"不透明度"用来指定光晕中心光环的不透明度，值越小，越透明；"亮度"用来指定光晕中心光环的明亮程度，值越大，光环越亮。

● "光晕"选项组：用来设置光环外部的光晕。"增大"用来指定光晕的大小，值越大，光晕越大；"模糊度"用来指定光晕的羽化柔和程度，值越大，越柔和。

● "射线"选项组：勾选该复选框，可以设置光环周围的光线。"数量"用来指定射线的数目；"最长"用来指定射线的最长值，以此来确定射线的变化范围；"模糊度"用来指定射线的羽化柔和程度，值越大，越柔和。

● "环形"选项组：用来设置外部光环及尾部方向的光环。"路径"用来指定尾部光环的偏移数值；"数量"用来指定光圈的数量；"最大"用来指定光圈的最大值，以此来确定光圈的变化范围；"方向"用来设置光圈的方向，可以直接在文本框中输入数值，也可以拖动其左侧的指针来调整光圈的方向。

3.9　矩形网格工具

使用"矩形网格工具" 可以快速地绘制网格，包括拖动绘制和精确绘制两种方法。

（1）拖动绘制

拖动绘制的方法：选择"矩形网格工具" ，在页面中按住鼠标左键向对角处拖动，松开鼠标后即可绘制一个矩形网格，系统默认的是 6 行 6 列的网格，如图 3-38 所示。

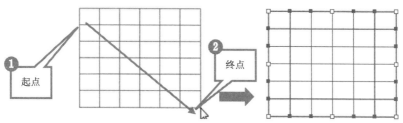

图 3-38　绘制矩形网格

（2）精确绘制

　　选择工具箱中的"矩形网格工具" 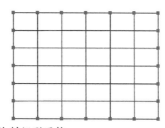，在页面中合适的位置单击，打开如图 3-39 所示的"矩形网格工具选项"对话框。设置相关参数后，单击"确定"按钮，即可精确绘制矩形网格。

图 3-39　精确绘制矩形网格

"矩形网格工具选项"对话框中各选项的含义如下。

● "默认大小"选项组：用来设置网格整体大小。"宽度"用来指定整个网格的宽度；"高度"用来指定整个网格的高度；"基准点" 用来设置绘制网格时的参考点，即确认单击时的起始位置位于网格的哪个角。

● "水平分隔线"选项组：在"数量"文本框中可以输入在网格上、下之间出现的水平分隔线数目；"倾斜"用来决定水平分隔线偏向上方或下方的偏移量，如图 3-40所示。

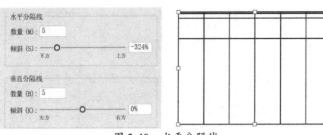

图 3-40　水平分隔线

- "垂直分隔线"选项组：在"数量"文本框中输入在网格左、右之间出现的垂直分隔线数目；"倾斜"用来决定垂直分隔线偏向左方或右方的偏移量，如图 3-41 所示。

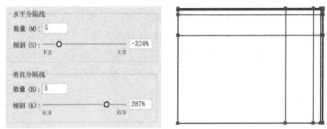

图 3-41　垂直分隔线

- "使用外部矩形作为框架"复选框：勾选该复选框，可以将外部矩形作为框架使用，决定是否用一个矩形对象取代上、下、左、右的线段。
- "填色网格"复选框：勾选该复选框，可以使用当前的填充颜色填满网格线，否则填充颜色就会被设置为"无"。

3.10　极坐标网格工具

使用"极坐标网格工具" ⊛ 可以快速绘制类似统计图表的极坐标网格，具体的绘制方法包括拖动绘制和精确绘制两种。

（1）拖动绘制

拖动绘制的方法：与"矩形网格工具" ▦ 的使用方法相同，选择"极坐标网格工具" ⊛，在页面中按住鼠标左键向对角处拖动，达到满意效果后释放鼠标，即可得到一个默认的极坐标网格，如图 3-42 所示。

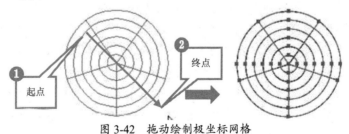

图 3-42　拖动绘制极坐标网格

技巧：

在绘制极坐标网格时，按【Shift】键可以绘制正圆形极坐标网格；按【Alt】键可以绘制以单击点为中心并向两边延伸的网格；按【Shift+ Alt】组合键可以绘制以单击点为中心并向两边延伸的正圆形极坐标网格；按住空格键可以移动极坐标网格。按【↑】或【↓】键，可以增加或删除同心圆分割线；按【→】或【←】键，可以增加或移除径向分割线。按【F】键可以让径向分隔线的对数偏斜值减小 10%，按【V】键可以让径向分隔线的对数偏斜值增加 10%；按【X】键可以让同心圆分隔线的对数偏斜值减小 10%，按【C】键可以让同心圆分隔线的对数偏斜值增加 10%。按【～】键可以绘制多个极坐标网格；按【Alt+～】组合键可以绘制多个以单击点为中心并向两端延伸的极坐标网格。

（2）精确绘制

选择工具箱中的"极坐标网格工具" 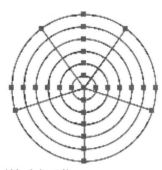，在页面中合适的位置单击，打开如图 3-43 所示的"极坐标网格工具选项"对话框。设置相关参数后，单击"确定"按钮，即可精确绘制极坐标网格。

图 3-43　精确绘制极坐标网格

"极坐标网格工具选项"对话框中各选项的含义如下。

- "默认大小"选项组：用来设置极坐标网格的大小。"宽度"用来指定极坐标网格的宽度；"高度"用来指定极坐标网格的高度；"基准点" 用来设置绘制极坐标网格时的参考点，即确认单击时的起始位置位于极坐标网格的哪个角点位置。
- "同心圆分隔线"选项组：在"数量"文本框中输入在网格中出现的同心圆分隔线数目，然后在"倾斜"文本框中输入向内或向外偏移的数值，以决定同心圆分隔线偏向网格内侧或外侧的偏移量，如图 3-44 所示。

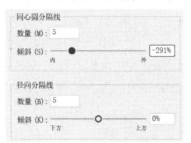
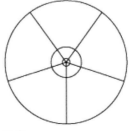

图 3-44　同心圆分隔线

● "径向分隔线"选项组：在"数量"文本框中输入在网格中出现的径向分隔线数目，然后在"倾斜"文本框中输入向下方或向上方偏移的数值，以决定径向分隔线偏向网格顺时针或逆时针方向的偏移量，如图 3-45 所示。

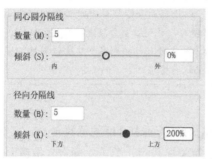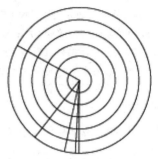

图 3-45　径向分隔线

● "从椭圆形创建复合路径"复选框：勾选该复选框，可以根据椭圆形创建复合路径，将同心圆转换为单独的复合路径，并且每隔一个圆就填色。勾选与不勾选该复选框的填充效果对比如图 3-46 所示。

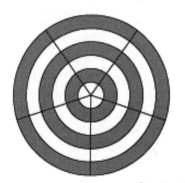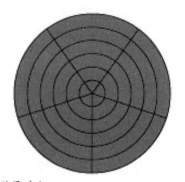

图 3-46　填充效果对比

3.11　Shaper 工具

使用"Shaper 工具" 可以自动识别很多形状，包括圆、矩形、菱形、梯形等，还能自动平滑和绘制直线段，快速规整和美化图像。"Shaper 工具" 有点像我们不借助尺规徒手绘制草图，只不过笔变成了鼠标等输入设备。用户可以自由地草绘一些线条，最好有一点规律性，如大体像卵圆形，或者不精确的矩形、三角形等。这样，"Shaper工具" 会自动对涂鸦的线条进行识别、判断，并将其组织成最接近的几何形状。使用方法是选择"Shaper 工具" ，在绘图页面中按住鼠标左键，按几何图形的大致形状进行拖动，松开鼠标后，系统会自动识别绘制的图形并将其转换为标准图形，如图 3-47所示。

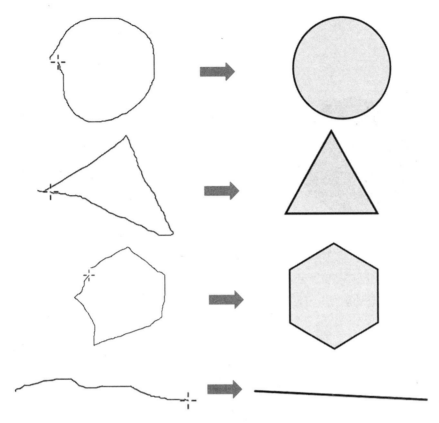

图 3-47　绘制草图后自动识别图形

3.12　综合实战：绘制指示牌

实战目的：

掌握曲线工具和形状工具的使用方法。

技术要点：

● "钢笔工具"的使用方法

● "椭圆工具"的使用方法

● 调整排列顺序

● 复制并镜像

● "直接选择工具"的使用方法

视频位置：（视频/第 3 章/3.12 综合实战：绘制指示牌）扫描二维码快速观看视频

操作步骤

① 新建空白文档，在工具箱中选择"椭圆工具" ，按住【Shift】键在页面中绘制一个黑色正圆，如图 3-48 所示。

② 使用"矩形工具"  在正圆的下方绘制一个黑色的矩形，效果如图 3-49 所示。

图 3-48 绘制正圆　　　　　　　　图 3-49 绘制矩形

③ 使用"圆角矩形工具" 在矩形的边上绘制一个圆角矩形，将圆角矩形进行旋转并调整其位置，效果如图 3-50 所示。

④ 按住【Alt】键拖动圆角矩形，复制出一个副本，再将圆角矩形进行旋转，效果如图 3-51 所示。

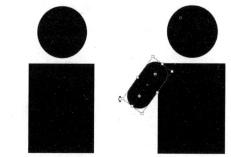

图 3-50 绘制圆角矩形并调整　　　　　　图 3-51 复制圆角矩形并旋转

⑤ 使用"选择工具" 选择两个圆角矩形，按住【Alt】键将其拖动到矩形的另一侧，单击"属性"面板中的"水平轴翻转"按钮，效果如图 3-52 所示。

⑥ 复制矩形，将副本向下移动并将其调矮后，使用"选择工具" 调整圆角控制点，将其调整成圆角矩形，效果如图 3-53 所示。

图 3-52 水平翻转　　　　　　　　　图 3-53 复制矩形并调整

⑦ 复制圆角矩形，并调整位置和旋转角度，效果如图 3-54 所示。

⑧ 框选整个小人，复制出一个副本，调整各个图形元素的位置和旋转角度，效果如图 3-55 所示。

⑨ 使用"椭圆工具" ，在其中的一个小人上绘制一个红色的正圆轮廓，设置"描边粗细"为 20pt，效果如图 3-56 所示。

图 3-54　复制圆角矩形并调整　　　　　　图 3-55　复制整个图形并调整

图 3-56　绘制正圆

⑩ 使用"直线段工具" ⟋ 在红色正圆中绘制一条红色直线，设置"描边粗细"为 40pt，
效果如图 3-57 所示。

图 3-57　绘制直线

⑪ 复制红色正圆轮廓和红色直线，将副本移动到另一个小人上面，效果如图 3-58 所示。

图 3-58　复制红色正圆和红色直线并移动

⑫ 使用"矩形工具" ▢ 在图形的底部绘制两个红色矩形，再在矩形上输入对应的文字。
至此，本综合实战案例制作完毕，最终效果如图 3-59 所示。

图 3-59 最终效果

CHAPTER

对象的选取与编辑

本章导读

Illustrator 2022 提供了强大的对象选取及编辑功能，通过本章的学习，读者可以使用最适合的方式对对象进行选取及编辑操作。

学习要点

- ☑ 对象的选取
- ☑ 对象的编辑

扫码看视频

4.1 对象的选取

在 Illustrator 2022 中选取创建的对象，可以通过一系列工具或者命令来进行。

4.1.1 选取对象

选取对象是 Illustrator 2022 中最常用的功能。在默认情况下，"选择工具" ▶ 位于工具箱的第一个位置，可以用来单选或多选应用工具。在编辑、处理一个对象之前，必须先选取。选取对象有多种方法，读者可以根据自己的不同目的来使用。如果要取消选取，那么在页面的其他位置单击即可。

（1）直接选取

打开一个包含多个对象的文档，如果要选取其中的一个对象，那么可以用直接选取法。在工具箱中选择"选择工具" ▶ 后，在多个对象中的某一个对象上单击，可以直接选取它，此时被选取的对象周围会出现选取框，如图 4-1 所示。

图 4-1　选取对象

（2）选取多个对象

若要同时选取多个对象，则需要按【Shift】键，使用"选择工具" ▶ 分别在需要选取的对象上单击，此时会在选取的多个对象上出现一个选取框，如图 4-2 所示。

图 4-2　选取多个对象（1）

技巧：

如果想把文档中的所有对象一同选取，那么只需选择"选择" > "全部"菜单命令即可；使用"选择工具" ▶ 在多个对象上拖动，创建选取范围后，同样可以选取多个对象，如图 4-3 所示。

图 4-3 选取多个对象（2）

4.1.2 直接选择工具

"直接选择工具"![icon]的使用方法与"选择工具"![icon]类似，但"直接选择工具"![icon]针对的是对象路径的锚点或路径线段，还可以对曲线上的锚点进行编辑。

（1）选取对象或单个锚点

使用"直接选择工具"![icon]可以选取对象，也可以选取锚点或路径，在绘制的图形上单击即可选取对象，此时此对象上的所有锚点都会显示出来，如图 4-4 所示。

> **技巧：**
> 使用"直接选择工具"![icon]在对象上单击选取所有路径的方法，只能应用在已经填充颜色的对象上，如果对对象没有进行填充，就不能应用此方法。

使用"直接选择工具"![icon]在锚点上单击，即可选取对象上的此锚点，此时可以调整锚点的位置和路径的曲度，如图 4-5 所示。

图 4-4 选取对象

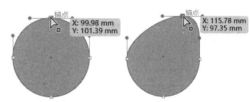

图 4-5 选取锚点

使用"直接选择工具"![icon]在空白处单击，将取消对图形的选取，移动鼠标指针到对象的外围路径上单击，此时会选取此段路径，在路径的两个连接锚点上会出现调节手柄，拖动即可调整此段路径，如图 4-6 所示。

> **技巧：**
> 选择锚点或路径后，在锚点上会出现一个控制手柄，拖动控制点即可调整路径形状，如图 4-7 所示。

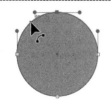
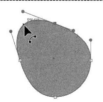

图 4-6 选取路径

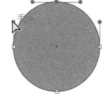
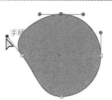

图 4-7 调整手柄

（2）选取多个锚点

使用"直接选择工具"![icon]时，如果想选择对象上的多个锚点，那么可以通过在对象上拖动框选的方法来进行选取，如图 4-8 所示。

> **技巧：**
> 按【Shift】键，使用"直接选择工具" ▷ 在对象的锚点上单击，可以依次选取多个锚点，如图 4-9 所示。

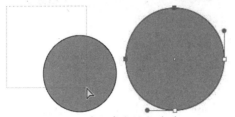
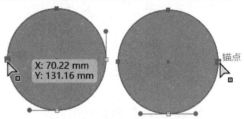

图 4-8　选取多个锚点（1）　　　　　　图 4-9　选取多个锚点（2）

4.1.3　编组选择工具

"编组选择工具" ▷ 主要用来选择群组对象中的单一对象或单一群组。打开一个群组文档，使用"选择工具" ▶ 在对象上单击，会发现选取的是整个群组对象，如图 4-10 所示。

在空白处单击，将取消选取，使用"编组选择工具" ▷ 在对象的单个图形上单击，即可选取此对象中的单个图形，在向外拖动时可以看到只有选择的区域被移动，效果如图 4-11 所示。

图 4-10　选取群组对象

图 4-11　使用"编组选择工具"进行选取

4.1.4　魔棒工具

"魔棒工具" ✨ 用来选取属性相似的对象。"魔棒工具" ✨ 必须与"魔棒"面板一同使用。在工具箱中双击"魔棒工具" ✨ 按钮，即可弹出"魔棒"面板，如图 4-12 所示。单击"双三角图标" ⟐ 可以增减"魔棒"面板的显示内容。

图 4-12　"魔棒"面板

"魔棒"面板中各选项的含义如下（之前讲解过的功能将不再讲解）。

● 填充颜色：勾选此复选框后，使用"魔棒工具" ✨ 可以选取填充颜色相近或相似的图形。

- 容差：用来设置选取范围的大小，数值越大，选取的内容越多。
- 描边颜色：勾选此复选框后，使用"魔棒工具"可以选取描边颜色相近或相似的图形。
- 描边粗细：勾选此复选框后，使用"魔棒工具"可以选取描边宽度相近或相似的图形。
- 不透明度：勾选此复选框后，使用"魔棒工具"可以选取透明度相近或相似的图形。
- 混合模式：勾选此复选框后，使用"魔棒工具"可以选取混合模式相同的图形。

使用"魔棒工具"在对象上单击，可以按"魔棒"面板中设置的内容进行选取。本次以"填充颜色"为选择依据，将鼠标指针移动到对象的蘑菇头上单击，会发现所有与选取区域颜色相近的区域都被选取了，如图 4-13 所示。

图 4-13　使用"魔棒工具"进行选取

4.1.5　套索工具

使用"套索工具"可以在对象上创建不规则的选取范围。使用"套索工具"绘制一个封闭的区域，区域内的锚点、路径及对象将会被全部选中，如图 4-14 所示。

图 4-14　使用"套索工具"进行选取

4.1.6　选取菜单命令

前面讲解了使用工具选择图形的操作方法，并不是所有的选择都必须使用工具来进行，对于特殊的选择任务，可以使用菜单命令来完成。使用菜单命令不仅可以选择具有相同属性的图形对象，还可以选择当前文档中的全部图形对象或图形对象的某个区域，以及利用反转命令快速选择其他图形对象。另外，可以将选择的图形进行存储，使图形的编辑操作更加方便。下面具体讲解"选择"菜单中各项命令的使用方法。

- 全部：选择该命令，可以将当前文档中的所有图形对象选中。其快捷键为【Ctrl +A】，这是一个经常使用的命令。
- 取消选择：选择该命令，可以将当前文档中所选中的图形对象取消选中，相当于使用"选择工具"在文档空白处单击来取消选择。其快捷键为【Shift+Ctrl + A】。
- 重新选择：在默认状态下，该命令处于不可用状态，只有使用过"取消选择"命令，才可以使用该命令，用来重新选择刚取消选择的原图形对象。其快捷键为【Ctrl+6】。
- 反向：选择该命令，可以取消选择当前文档中选中的图形对象，而将没有选中的对象选中。比如，在一个文档中有两部分图形对象 A 和 B，图形对象 B 相对来说比较容易选择，这时就可以直接选择图形对象 B，然后应用"反向"命令选择图形对象 A，同时取消图形对象 B 的选择。
- 上方的下一个对象：在 Illustrator 2022 中，绘制图形的顺序不同，图形的层次也不同。一般来说，后绘制的图形位于先绘制的图形上面。利用该命令可以选择当前选中对象的上一个对象。其快捷键为【Alt+Ctrl+]】。
- 下方的下一个对象：使用该命令可以选择当前选中对象的下一个对象。其快捷键为【Alt+Ctrl+ [】。
- 相同：其子菜单中有多个命令，可以在当前文档中选择具有相同属性的图形对象，其用法与"魔棒"面板相似（可以参考前面的讲解）。
- 对象：其子菜单中有多个命令，可以在当前文档中选择这些特殊的对象，如同一图层上的所有对象、方向手柄、画笔描边、剪切蒙版、游离点、文本对象等。
- 存储所选对象：只有在文档中选择图形对象后，该命令才处于激活状态。其用法类似于编组，只不过在这里是将选择的图形对象作为集合保存起来的。使用"选择工具"进行选择时，其还是独立存在的对象，而不是一个集合。使用该命令后将打开"存储所选对象"对话框，可以为其命名。然后单击"确定"按钮，在"选择"菜单的底部将出现一个新命令，选择该命令即可重新选择该集合。
- 编辑所选对象：只有使用"存储所选对象"命令存储过对象，该命令才可以使用。选择该命令将打开"编辑所选对象"对话框，可以利用该对话框对存储的对象集合重新命名或删除对象集合。

4.2 选择对象的高效操作

在 Illustrator 2022 中对图形对象进行选取时，不仅可以直接选取多个图形对象，还可以对选取以外的内容进行快速选取，以及对对象中图形的局部进行选取。

4.2.1　选择除当前对象外的所有对象

精通目的：

掌握"反向"命令的使用方法。

技术要点：

● 打开素材

● 使用"选择工具"选择其中的一个对象

● 使用"反向"命令反选图形

视频位置：（视频/第 4 章/4.2.1 选择除当前对象外的所有对象）扫描二维码快速观看视频

操作步骤

① 选择"文件">"打开"菜单命令或按【Ctrl+O】组合键，打开附赠的"素材\第 4 章\蘑菇与昆虫"素材，如图 4-15 所示。

② 下面通过命令将除蘑菇外的所有对象全部选取。首先使用"选择工具" ▶ 在蘑菇上单击将其选取，如图 4-16 所示。

③ 选择"选择">"反向"菜单命令，此时可以将除蘑菇外的所有对象全部选取，如图 4-17 所示。

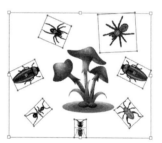

图 4-15　打开素材　　　　图 4-16　选取对象　　　　图 4-17　反选

4.2.2　使用"套索工具"选取部分区域

精通目的：

掌握"套索工具"的使用方法。

技术要点：

● 打开素材

● 使用"套索工具"选取图形的局部

视频位置：（视频/第 4 章/4.2.2 使用"套索工具"选取部分区域）扫描二维码快速观看视频

操作步骤

① 选择"文件">"打开"菜单命令或按【Ctrl+O】组合键，打开附赠的"素材\第4章\火鸡"素材，如图4-18所示。

② 选择工具箱中的"套索工具" ，按住鼠标左键，在火鸡尾巴处的浅黄色区域拖动，创建一个封闭的选区，如图4-19所示。

图4-18　打开文档

图4-19　创建选区

③ 松开鼠标后，系统会自动创建选取内容，如图4-20所示。

④ 选取范围创建完毕后，可以使用"直接选择工具" 将选择区域内的图形进行移动，如图4-21所示。

图4-20　选取

图4-21　移动

技巧：

使用"套索工具" 创建选取范围时，对象即使处于群组中，选取范围内的对象也会被选中。使用"套索工具" 创建选取范围时，按【Shift】键可以选择更多对象；按【Alt】键可以取消选择已经选取的对象。

4.3　常用的编辑命令

在实际工作中，有些编辑命令会被频繁使用，如移动、复制、剪切、粘贴等，而有些编辑命令的使用率则非常低，如锁定、显示与隐藏等。适当使用编辑命令可以大大地提高工作效率。本节将讲解常用的编辑命令。

1. 移动对象

在对对象进行编辑的过程中，需要经常移动对象，可以直接通过使用"选择工具" ![] 拖动的方式来进行移动，也可以通过"移动"命令来进行精准移动。

（1）使用工具移动对象

当使用"选择工具" ![] 移动对象时，被移动的对象可以自由移动。方法是单击工具箱中的"选择工具" ![] 按钮，选中要移动的对象。当鼠标指针变为 ![] 形状时，按住鼠标左键并进行拖动，此时会发现选择的对象会跟随鼠标的移动而改变位置。当被移动的对象被拖动到合适的位置时，只要松开鼠标左键就可以完成对象的移动，如图 4-22 所示。

（2）使用命令精确移动对象

通过"移动"命令可以将选择的对象进行精确移动。选择对象后，选择"对象">"变换">"移动"菜单命令，打开"移动"对话框，在该对话框中设置相关参数后，单击"确定"按钮，即可进行精确移动，如图 4-23 所示。

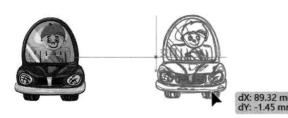

图 4-22　使用工具移动对象

图 4-23　"移动"对话框

"移动"对话框中各选项的含义如下。

- 水平：用来设置对象水平位移的距离，向右移动为正值，向左移动为负值。
- 垂直：用来设置对象垂直位移的距离，向下移动为正值，向上移动为负值。
- 距离：用来设置对象移动的距离，向右、向下为正值，向左、向上为负值。
- 角度：用来设置对象移动的角度。
- "选项"选项组：当对象被填充图案以后，可以通过勾选"变换对象""变换图案"复选框来定义对象移动的部分。
- "预览"复选框：勾选该复选框后，可以实时预览移动后的效果。
- "复制"按钮：单击该按钮，可以保持原对象不动而复制一个移动后的对象。

2. 对象的还原与重做

在使用 Illustrator 2022 编辑对象时，难免会出现错误操作，这时可以通过还原与重做命令来返回到上一步操作状态。

（1）对象的还原

使用"还原移动"命令可以返回到上一步操作状态。用户如果对编辑后的对象仍不满意，那么可以进行多次还原。需要注意的是，这种还原是按操作步骤一步一步还原的。还原的操作方法是选择"编辑">"还原移动"菜单命令，如图 4-24 所示，或者按【Ctrl+Z】组合键。如果需要多次还原，那么只需多次使用该命令即可。

（2）对象的重做

"重做移动"命令是针对"还原移动"命令而言的，使用该命令可以重新恢复还原前的操作状态。需要注意的是，重做也是可以进行多次操作的。重做的操作方法是选择"编辑">"重做移动"菜单命令，如图 4-25 所示，或者按【Shift+Ctrl+Z】组合键。如果需要多次还原，那么只需多次使用该命令即可。

编辑(E) 对象(O) 文字(T) 选择(S) 效果(C) 视	
还原移动(U)	Ctrl+Z
重做(R)	Shift+Ctrl+Z

图 4-24　选择"还原移动"命令

编辑(E) 对象(O) 文字(T) 选择(S) 效果(C) 视	
还原移动(U)	Ctrl+Z
重做移动(R)	Shift+Ctrl+Z

图 4-25　选择"重做移动"命令

提示：

在默认状态下，"重做移动"命令是不可以使用的，只有使用"还原移动"命令后，"重做移动"命令才可以使用，使用了几次"还原移动"命令就可以应用几次"重做移动"命令。

3. 对象的剪切、复制和粘贴

剪切、复制和粘贴都是 Illustrator 2022 中的基础编辑命令，操作非常简单，在实际工作中应用率非常高。

（1）对象的剪切

使用"剪切"命令可以将选中的对象暂时放置到剪贴板中，方便以后的粘贴等操作。与复制不同的是，被剪切的对象在原文件中不被保留。剪切的操作方法：使用"选择工具" ▶ 选择对象，如图 4-26 所示，然后选择"编辑">"剪切"菜单命令，或者按【Ctrl+X】组合键，如图 4-27 所示。使用"剪切"命令后，所选择的对象会在文件中消失，此时代表剪切操作已完成。

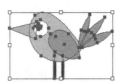

图 4-26　选择对象

编辑(E) 对象(O) 文字(T) 选择(S) 效果(C) 视	
还原移动(U)	Ctrl+Z
重做移动(R)	Shift+Ctrl+Z
剪切(T)	Ctrl+X
复制(C)	Ctrl+C
粘贴(P)	Ctrl+V
贴在前面(F)	Ctrl+F

图 4-27　选择"剪切"命令

（2）对象的复制

使用"复制"命令可以对选中的对象进行复制。与剪切不同的是，被复制的对象在文件中不会消失。"复制"命令也是需要配合"粘贴"命令来使用的。复制的操作方法：使用"选择工具" ▶ 选择对象之后，选择"编辑">"复制"菜单命令，或者按【Ctrl+C】组合键，如图 4-28 所示。

（3）对象的粘贴

"粘贴"命令是配合"剪切""复制"命令来使用的。"粘贴"命令只有在使用"剪切"

或"复制"命令后，才能被应用。Illustrator 2022 提供了 5 种粘贴方式，如图 4-29 所示。

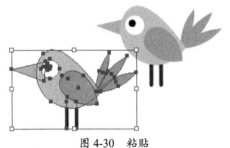

图 4-28　选择"复制"命令

图 4-29　5 种粘贴方式

　　"粘贴"：选择一个对象，选择"剪切"或"复制"命令后，再使用"编辑"和"粘贴"命令，以此种方式粘贴后，系统会自动将"剪切"或"复制"的对象粘贴在原对象附近，如图 4-30 所示。

　　"贴在前面"：此种粘贴是指将使用"复制"命令的对象直接粘贴在原对象的正前方，即两个对象会叠加在一起，被"粘贴"的对象处于选中状态，按方向键可以看到粘贴的对象在原对象的上方，如图 4-31 所示。

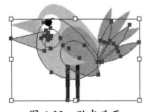

图 4-30　粘贴

图 4-31　贴在前面

　　"贴在后面"：此种粘贴是指将使用"复制"命令的对象直接粘贴在原对象的正后方，即两个对象会叠加在一起，被"粘贴"的对象处于选中状态，按方向键可以看到粘贴的对象在原对象的后方，如图 4-32 所示。

　　"就地粘贴"：此种粘贴是指将使用"剪切"或"复制"命令的对象直接粘贴在原对象的位置，通过复制后粘贴的两个对象会叠加在一起，如果不在同一文件中进行粘贴，那么被粘贴的位置也是原文件中图形所在的位置，如图 4-33 所示。

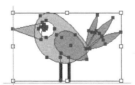

图 4-32　贴在后面

图 4-33　就地粘贴

　　"在所有画板上粘贴"：此种粘贴是指将使用"剪切"或"复制"命令的对象直接粘贴在此文件的所有画板中，如图 4-34 所示。

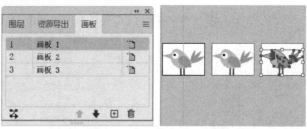

图 4-34　在所有画板上粘贴

提示：
"粘贴"命令不仅可以在原文件中使用，还可以在新建或其他打开的 Illustrator 文件中使用。对象被粘贴进来后处于选中状态。用户可以多次使用"粘贴"命令，将多个对象粘贴进 Illustrator。

技巧：
在 Illustrator 2022 中，还可以通过更快捷的方式进行复制与粘贴，方法是使用"选择工具" ▶ 选择对象，按住【Alt】键的同时拖动鼠标，松开鼠标后系统会自动复制出一个副本。

4. 对象锚点的移动

在使用 Illustrator 2022 绘制图形时，很多图形需要通过移动路径中的锚点来改变路径的形状。

5. 清除对象

在 Illustrator 2022 中编辑对象时，如果不需要某个图形，那么只需选择"编辑">"清除"菜单命令，即可将选中的对象删除，或者选择对象后直接按【Delete】键，可以快速将其删除，如图 4-35 所示。

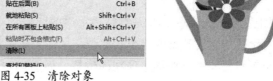

图 4-35　清除对象

4.4　编辑对象的高效操作

在 Illustrator 2022 中，除了对选取对象进行移动、相应的编辑，还可以进行精确的移动，以及通过改变锚点位置来改变图形对象的路径形状。

4.4.1　精确移动选择的对象

精通目的：

掌握"移动"命令的使用方法。

技术要点：

● 打开素材

● 使用"移动"命令移动图形

视频位置：（视频/第 4 章/4.4.1 精确移动选择的对象）扫描二维码快速观看视频

操作步骤

① 选择"文件">"打开"菜单命令或按【Ctrl+O】组合键，打开附赠的"素材\第 4 章\司机"素材，如图 4-36 所示。

② 使用"选择工具" ▶ 选择右面的司机，选择"对象">"变换">"移动"菜单命令，打开"移动"对话框，如图 4-37 所示。

图 4-36　打开素材　　　　　　　　　　　　图 4-37　"移动"对话框

③ 在"移动"对话框中设置相关参数，如图 4-38 所示。

④ 设置完毕后，单击"确定"按钮，此时会将选择的对象向左精确移动 60mm，效果如图 4-39 所示。

图 4-38　设置相关参数　　　　　　　　　　图 4-39　精确移动

图 4-40 快捷菜单

4.4.2 通过移动锚点来调整路径形状

精通目的:

掌握使用"移动工具"编辑锚点的方法。

技术要点:

● 打开素材

● "直接选择工具"的使用方法

视频位置:(视频/第4章/4.4.2通过移动锚点来调整路径形状)扫描二维码快速观看视频

操作步骤

① 选择"文件">"打开"菜单命令或按【Ctrl+O】组合键,打开附赠的"素材\第4章\小猫"素材,如图4-41所示。

② 在工具箱中单击"直接选择工具"按钮 ▷,然后使用"直接选择工具" ▷ 在小猫的尾巴处单击,调出锚点,如图4-42所示。

③ 在最上面的锚点上单击,将其选中,如图4-43所示。

图 4-41 打开素材

图 4-42 调出锚点

图 4-43 选择锚点

④ 选择锚点后，按住鼠标左键进行移动，如图 4-44 所示。

⑤ 松开鼠标，此时可以发现，路径改变后，描边形状也随着改变了。在空白处单击，完成调整，如图 4-45 所示。

图 4-44　移动锚点　　　　　　　　　　图 4-45　改变路径形状

4.5　对象本身的变换

在 Illustrator 2022 中，除了使用工具变换对象，还可以通过"变换"命令来进行旋转、缩放、对称等变换，选择"对象">"变换"菜单命令，弹出"变换"子菜单，如图 4-46 所示。

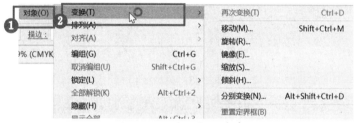

图 4-46　"变换"子菜单

4.5.1　旋转对象

在旋转对象时，可以精确地按照旋转中心点旋转变换对象，也可以通过变换框进行自由旋转，还可以通过"旋转"对话框进行精确的旋转。

（1）直接旋转

在工具箱中选择"选择工具" ▶ 后，选中需要旋转的对象，移动鼠标指针到对象选取框的 4 个角上，当鼠标指针变为 ↰ 形状时，表示此对象已经可以旋转了，此时按住鼠标左键进行拖动，对象就会随着鼠标的移动而进行旋转，松开鼠标即完成旋转，如图 4-47 所示。

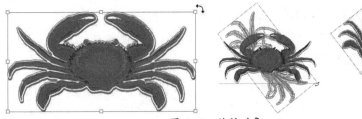

图 4-47　旋转对象

提示：

使用"选择工具" ▶，对对象进行旋转时，旋转的对象只能按照对象默认的旋转中心点进行旋转。

（2）通过"自由变换工具"来旋转

在工具箱中选择"选择工具" ▶后，选中需要旋转的对象，再选择"自由变换工具"，移动鼠标指针到所选对象的选取框上。当鼠标指针变为或形状时，表示此对象已经可以旋转了。此时按住鼠标左键进行拖动，即可将此对象进行旋转，如图 4-48 所示。

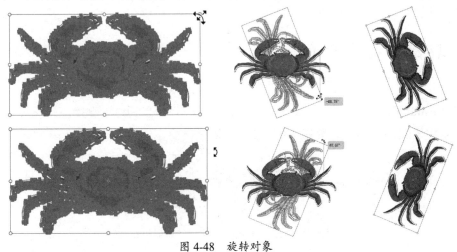

图 4-48　旋转对象

技巧：

使用"自由变换工具"对对象进行旋转时，可以自由改变旋转中心点的位置，之后会按照新的旋转中心点对对象进行旋转，如图 4-49 所示。

旋转中心点

图 4-49　改变旋转中心点

技巧：

使用"自由变换工具"对对象进行旋转时，可以通过限制来将对象以 45°角的倍数进行旋转，如图 4-50 所示。

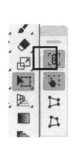

图 4-50　限制旋转

（3）通过"旋转工具"来旋转

在工具箱中选择"选择工具" ▶ 后，选中需要旋转的对象，再选择"旋转工具" ↺，此时按住鼠标左键进行拖动，即可将此对象进行旋转，如图 4-51 所示。

图 4-51　旋转对象

> **提示：**
> 使用"旋转工具" ↺ 对对象进行旋转时，同样可以根据需要改变旋转中心点。

（4）精确旋转

对对象进行精确旋转，可以通过"旋转"对话框来完成。

4.5.2　倾斜对象

倾斜对象，即对选择的对象进行一定角度的倾斜调节，倾斜变换可以通过工具进行自由倾斜，也可以通过"倾斜"对话框进行精确的倾斜调整。

（1）通过"自由变换工具"来倾斜

在工具箱中选择"选择工具" ▶ 后，选中需要倾斜的对象，再选择"自由变换工具" ▦，移动鼠标指针到所选对象的选取框上。当鼠标指针变为 ⬌ 形状时，表示此对象已经可以倾斜了。此时按住鼠标左键进行拖动，即可倾斜此对象，如图 4-52 所示。

图 4-52　倾斜对象

（2）通过"倾斜工具"来倾斜

在工具箱中选择"选择工具" ▶，选中需要旋转的对象。再选择"倾斜工具" ，按住鼠标左键进行拖动，即可倾斜此对象，如图 4-53 所示。

图 4-53　倾斜对象

（3）通过"倾斜"命令来倾斜

在工具箱中选择"选择工具" ▶，选中需要倾斜的对象。选择"对象">"变换">"倾斜"菜单命令，打开"倾斜"对话框，如图 4-54 所示。

"倾斜"对话框中各选项的含义如下。

● 倾斜角度：用来设置对象在轴向上的倾斜角度。
● "轴"选项组：用来确定倾斜时的轴向，可以以"水平""垂直""任意角度"作为倾斜时的轴向。

设置"倾斜角度"为 30°，选中"水平"单选按钮，然后单击"确定"按钮，得到如图 4-55 所示的倾斜效果。

图 4-54　"倾斜"对话框

图 4-55　水平倾斜

4.5.3　镜像对象

镜像对象是指将选择的对象进行水平、倾斜或垂直的镜像变换，可以通过工具进行镜像操作，也可以通过"镜像"对话框进行镜像调整。

（1）通过"镜像工具"来调整镜像

在工具箱中选择"选择工具" ▶，选中需要镜像变换的对象。再选择"镜像工具" ，调整镜像中心点后，按住鼠标左键进行拖动，即可将此对象进行镜像变换，如图 4-56 所示。

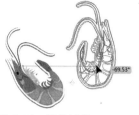

图 4-56　调整镜像

（2）通过"镜像"命令来调整镜像

将对象进行精确镜像变换，可以通过"镜像"对话框来完成。

4.5.4　缩放对象

缩放对象，即将选择的对象进行缩放变换，可以通过工具进行缩放操作，也可以通过"缩放"对话框进行缩放调整。

（1）直接缩放对象

在工具箱中选择"选择工具" ▶，选中需要缩放的对象，移动鼠标指针到对象的选取框上。当鼠标指针变为┗✎形状时，表示此对象已经可以缩放了。此时按住鼠标左键向外拖动，对象就会随着鼠标的移动而放大，松开鼠标即完成缩放，如图 4-57 所示。

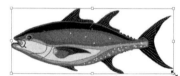

图 4-57　缩放对象（1）

（2）通过"缩放工具"来缩放对象

在工具箱中选择"选择工具" ▶，选中需要缩放变换的对象。再选择"比例缩放工具" ▣，按住鼠标左键进行拖动，即可将此对象进行缩放变换，如图 4-58 所示。

图 4-58　缩放对象（2）

（3）通过"缩放"命令来缩放对象

选择"对象"＞"变换"＞"缩放"菜单命令，打开"比例缩放"对话框，如图 4-59 所示。在该对话框中可以对缩放进行详细设置。

"比例缩放"对话框中各选项的含义如下。

● 等比：选中该单选按钮后，在文本框中输入数值，可以对所选图形进行等比例缩放。当值大于 100% 时，放大对象；当值小于 100% 时，缩小对象。

- 不等比：选中该单选按钮后，可以分别在"水平""垂直"文本框中输入不同的数值，用来编辑对象的长度和宽度。
- 缩放圆角：勾选此复选框，在缩放圆角矩形时可以将圆角进行等比例缩放。
- 比例缩放描边和效果：勾选该复选框，可以对图形的描边粗细和图形的效果进行缩放操作。

选中"不等比"单选按钮，设置"水平"为 50%、"垂直"为 100%，其他参数保持不变，效果如图 4-60 所示。

图 4-59　"比例缩放"对话框

图 4-60　缩放对象（3）

4.5.5　分别变换

通过分别变换功能可以将选择的对象分别进行缩放、位移等调整，选择"对象" > "变换" > "分别变换"菜单命令，打开"分别变换"对话框，如图 4-61 所示。

在"缩放"选项区域设置"水平"为 160%，在"移动"选项区域中设置"水平"为 200mm，勾选"镜像 Y"复选框，其他参数保持不变，效果如图 4-62 所示。

图 4-61　"分别变换"对话框

图 4-62　分别变换

4.5.6　再次变换

通过再次变换功能可以再一次应用上一次的变换设置，选择"对象">"变换">"再次变换"菜单命令或按【Ctrl+D】组合键即可。

4.5.7　通过"变换"面板进行操作

通过"变换"面板可以精确地设置对象的宽度和高度，还可以设置旋转角度、倾斜角度等。选择"窗口">"变换"菜单命令，可以打开"变换"面板，在该面板中设置"旋转" △：为30°，其他参数不变，效果如图4-63所示。

图4-63　"变换"面板

"变换"面板中各选项的含义如下。

- "参考点" ⊞：用来设置变换对象参考中心点的位置。
- "位置"：用来控制当前选择对象在 X 轴和 Y 轴的精确位置。
- "大小"：用来控制当前选择对象的精确大小。
- "约束高度和宽度比例" ⬚：选择此选项后可以将宽度与高度进行等比例缩放。
- "旋转" △：对选取对象的旋转角度进行控制。
- "倾斜" ∕：对选取对象的倾斜角度进行控制。
- "缩放圆角"复选框：用来按比例缩放圆角半径。
- "缩放描边和效果"复选框：用来按变换的类型同时缩放描边和添加的效果。
- 形状属性：此区域可以显示当前选择图形形状的属性设置，可以是矩形、椭圆、多边形等，如图4-64所示。

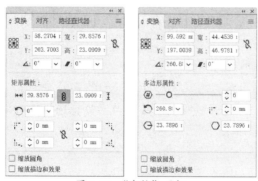

图4-64　"变换"面板

4.6　对象变换的高效操作

在 Illustrator 2022 中，除了进行常规的变换等操作，还可以进行精确设置的变换，比如设置精确角度的旋转、对图形进行镜像复制等操作。

4.6.1　精确旋转 76° 并进行复制

精通目的：

掌握"旋转"对话框的使用方法。

技术要点：

● 打开素材

● "旋转"对话框

视频位置：（视频/第 4 章/4.6.1 精确旋转 76° 并进行复制）扫描二维码快速观看视频

操作步骤

① 选择"文件">"打开"菜单命令或按【Ctrl+O】组合键，打开附赠的"素材\第 4 章\梅花鹿"素材，如图 4-65 所示。

② 使用"选择工具" ▶ 选择梅花鹿，选择"对象">"变换">"旋转"菜单命令，打开"旋转"对话框，如图 4-66 所示。

图 4-65　打开素材

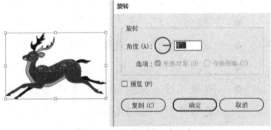

图 4-66　"旋转"对话框

"旋转"对话框中的选项含义如下。

● 角度：用来设置旋转对象的角度。

③ 在"旋转"对话框中设置"角度"为 76°，如图 4-67 所示。

④ 单击"复制"按钮，此时可以发现系统会自动复制选择的对象并对副本进行精确旋转76°，效果如图 4-68 所示。

图 4-67　"旋转"对话框

图 4-68　精确旋转

4.6.2　镜像复制

精通目的：

掌握"镜像"对话框的使用方法。

技术要点：

● 　打开素材

● 　"镜像"对话框

视频位置：（视频/第 4 章/4.6.2 镜像复制）扫描二维码快速观看视频

操作步骤

① 选择"文件">"打开"菜单命令或按【Ctrl+O】组合键，打开附赠的"素材\第 4 章\黄色跑车"素材，如图 4-69 所示。

② 使用"选择工具" ▶选择跑车，选择"对象">"变换">"镜像"菜单命令，打开"镜像"对话框，如图 4-70 所示。

图 4-69　打开素材

图 4-70　"镜像"对话框

"镜像"对话框中各选项的含义如下。

● 　"水平"单选按钮：用来将选择对象进行上、下镜像变换。

● 　"垂直"单选按钮：用来将选择对象进行左、右镜像变换。

● 　"角度"单选按钮：用来设置对象进行镜像变换的角度。

③ 在"镜像"对话框中选中"水平"单选按钮，单击"复制"按钮，效果如图 4-71 所示。

④ 使用"选择工具" ▶ 移动复制后的对象，效果如图 4-72 所示。

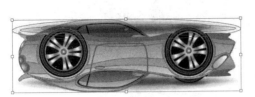

图 4-71　镜像复制

图 4-72　移动镜像复制的对象

4.7　综合实战：扇子的制作

实战目的：

掌握"旋转"对话框的使用方法。

技术要点：

● 新建文档

● 使用"选择工具"旋转对象

● 使用"旋转工具"调整旋转中心点

● 使用"旋转"对话框进行旋转复制

● 再次变换

视频位置：（视频/第 4 章/4.7 综合实战：扇子的制作）扫描二维码快速观看视频

操作步骤

① 新建空白文档，在工具箱中选择"圆角矩形工具" ▢，在页面中绘制一个"填充"为灰色、"描边"为黑色的圆角矩形，如图 4-73 所示。

② 使用"添加锚点工具" ✐ 在圆角矩形的右侧下方单击，为其添加一个锚点，按【←】键数次，移动锚点，效果如图 4-74 所示。

③ 使用"直接选择工具" ▷ 选择右侧下部的锚点，按【←】键数次，移动锚点，效果如图 4-75 所示。

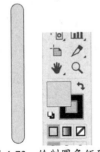

图 4-73　绘制圆角矩形

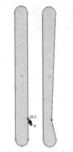

图 4-74　移动锚点（1）

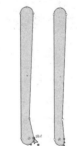

图 4-75　移动锚点（2）

④ 使用同样的方法将左侧制作出与右侧相同的效果，如图 4-76 所示。
⑤ 使用"弧形工具" 绘制两条弧线，如图 4-77 所示。
⑥ 使用"椭圆工具" 在两条弧线中间绘制一个正圆，效果如图 4-78 所示。

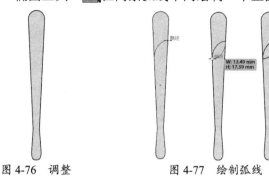

图 4-76　调整　　　　　图 4-77　绘制弧线　　　　　图 4-78　绘制正圆

⑦ 使用"选择工具" ▶将正圆和两条弧线一同选取，按【Ctrl+G】组合键将其群组，按住【Alt】键的同时向下拖动群组对象，复制出一个副本，拖动控制点将其缩小，效果如图 4-79 所示。
⑧ 使用同样的方法再复制两个副本并进行缩小处理，效果如图 4-80 所示。
⑨ 使用"选择工具" ▶框选所有对象，按【Ctrl+G】组合键将其群组，拖动控制点将其进行旋转，效果如图 4-81 所示。

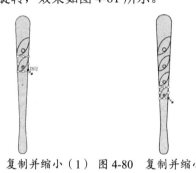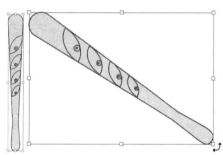

图 4-79　复制并缩小（1）　图 4-80　复制并缩小（2）　　　　图 4-81　群组并旋转

⑩ 使用"旋转工具" ，在按住【Alt】键的同时调整旋转中心点，松开鼠标后系统会打开"旋转"对话框，设置"角度"为-8°，如图 4-82 所示。
⑪ 设置完毕后，单击"复制"按钮，系统会自动进行旋转并复制出一个副本，效果如图 4-83 所示。

图 4-82　调整旋转角度　　　　　　　　图 4-83　旋转效果

⑫ 选择"对象">"变换">"再次变换"菜单命令或按【Ctrl+D】组合键，再次进行旋转复制，按【Ctrl+D】组合键数次，直到旋转到右侧为止，效果如图 4-84 所示。

⑬ 框选所有对象，将其进行旋转调整，效果如图 4-85 所示。

图 4-84　再次进行旋转复制

图 4-85　旋转

⑭ 使用"椭圆工具" ◎ 在旋转中心点绘制一个黑色正圆。至此，综合实战案例制作完毕，最终效果如图 4-86 所示。

图 4-86　最终效果

CHAPTER 5

对象的填充及调整

本章导读

使用 Illustrator 2022 软件绘制图形后,其中的大部分图形是需要填充的。本章将具体讲解关于颜色填充及调整的相关方法。Illustrator 2022 提供了多种颜色填充方式,读者可以根据绘制图形的需要来完成最终的颜色填充。

学习要点

- ☑ 编辑颜色的相关面板
- ☑ 单色填充
- ☑ 渐变填充
- ☑ 透明填充
- ☑ 实时上色
- ☑ 形状生成器工具
- ☑ 图案填充
- ☑ 渐变网格填充

扫码看视频

5.1　编辑颜色的相关面板

　　了解如何创建颜色，以及如何将颜色相互关联从而让用户在 Illustrator 2022 中更有效地工作。只有用户了解了基本颜色理论，才能获得理想的效果，而不是偶然获得某种效果。想要进行填充管理，首先要了解关于填充的各种面板。本节讲解关于"颜色"面板的一些知识。

5.1.1　"颜色"面板

　　"颜色"面板可以用来显示当前填充色和描边色的颜色值。使用"颜色"面板中的滑块，可以利用几种不同的颜色模型来编辑填充色和描边色，也可以从显示在面板底部的四色曲线图中的色谱中选取填充色和描边色。选择"窗口">"颜色"菜单命令，即可打开"颜色"面板，如图 5-1 所示。

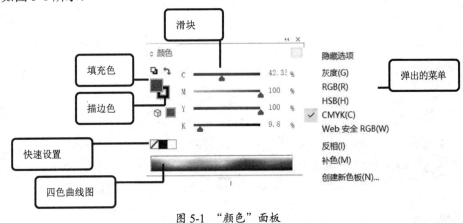

图 5-1　"颜色"面板

　　"颜色"面板中各选项的含义如下。

- 填充色：用来对绘制的图形进行颜色填充。
- 描边色：用来对绘制图形的轮廓进行描边。
- 滑块：可以通过拖动滑块来改变颜色，也可以在后面的文本框中输入数值进行精确的颜色填充。
- 快速设置：在 3 个色块中单击，可以快速为"填充色"和"描边色"设置"无填充""黑色""白色"。
- 四色曲线图：在此区域单击或拖动，即可快速设置"填充"和"描边"。
- 弹出的菜单：用来快速设置"填充"和"描边"的颜色模式及相关的参数。

技巧：

　　按【F6】键可以快速打开"颜色"面板。

5.1.2 "颜色"面板的弹出菜单

"颜色"面板的弹出菜单包括"灰度""RGB""HSB""CMYK""Web 安全 RGB""反相""补色""创建新色板"8 种模式（见图 5-1）。

灰度

灰度模式只有灰度，由 256 个灰阶组成。当将一个彩色图像转换为灰度图像时，图像中的色相及饱和度等有关色彩信息将被消除掉，只留下亮度。亮度是唯一能影响灰度图像的因素。当灰度值为 0（最小值）时，生成的颜色是黑色；当灰度值为 255（最大值）时，生成的颜色是白色，灰度模式的"颜色"面板如图 5-2 所示。

RGB

RGB 颜色模式使用 RGB 模型，并为每个像素分配一个强度值。在 8 位/通道的图像中，彩色图像中的每个 RGB（红色、绿色、蓝色）分量的强度值为 0（黑色）到 255（白色）。例如，亮绿色的 R 值可能为 10，G 值为 250，而 B 值为 20。当这 3 个分量的值相等时，结果是中性灰度级。当所有分量的值均为 255 时，结果是纯白色；当这些值都为 0 时，结果是纯黑色。RGB 颜色模式是常用的一种模式，在该模式中，3 种颜色叠加时会自动映射出纯白色，RGB 模式的"颜色"面板如图 5-3 所示。

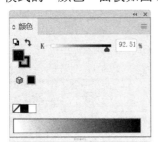

图 5-2　灰度模式

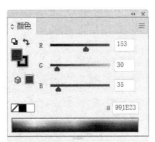

图 5-3　RGB 模式

HSB

HSB 又称 HSV，表示一种颜色模式。在 HSB 模式中，H（hue）表示色相，S（saturation）表示饱和度，B（brightness）表示亮度。HSB 模式对应的媒介是人眼。在该模式中，S 和 B 呈现的数值越高，饱和度、明度越高，画面色彩越强烈、艳丽，对视觉刺激是迅速的，具有醒目的效果，但不益于长时间观看。

色相（H，hue）：在 0～360°的标准色轮上，色相是按位置度量的。通常，色相是由颜色名称标记的，比如红色、绿色或橙色。黑色和白色无色相。

饱和度（S，**saturation**）：表示色彩的纯度，其值为 0 时为灰色。白色、黑色和其他灰色都没有饱和度。在最大饱和度时，每一色相具有最纯的色光。取值范围为 0～100%。

亮度（B，**b**rightness 或 V，**value**）：色彩的明亮度，其值为 0 时即为黑色。最大亮度是色彩最鲜明的状态。取值范围为 0～100%。

HSB 模式的"颜色"面板如图 5-4 所示。

CMYK

在 CMYK 模式下，可以为每个像素的每种印刷油墨指定一个百分比值。为最亮（高光）颜色指定的印刷油墨颜色百分比较低，而为较暗（阴影）颜色指定的百分比较高。例如，亮红色可能包含 2%的青色、93%的洋红、90%的黄色和 0 黑色。在 CMYK 图像中，当 4 种分量的值均为 0 时，就会产生纯白色。

在制作要用印刷色打印的图像时，应使用 CMYK 模式。将 RGB 图像转换为 CMYK 即产生分色。如果用户从 RGB 图像开始操作，那么最好先在 RGB 模式下编辑，然后在处理结束时转换为 CMYK。在 RGB 模式下，可以使用"校样设置"命令模拟 CMYK 转换后的效果，而无须更改图像数据。用户也可以使用 CMYK 模式直接处理从高端系统扫描或导入的 CMYK 图像。CMYK 模式的"颜色"面板如图 5-5 所示。

Web 安全 RGB

Web 安全 RGB 是当红色、绿色、蓝色的数字信号值为 0、51、102、153、204、255 时构成的颜色组合，它一共有 6×6×6＝216 种颜色（其中，彩色为 210 种，非彩色为 6 种）。

Web 安全 RGB 是指在不同硬件环境、不同操作系统、不同浏览器中都能够正常显示的颜色集合（调色板）。也就是说，这些颜色在任何终端设备上的显示效果都是相同的。所以，使用 Web 安全 RGB 进行网页配色可以避免原有的颜色失真问题。Web 安全 RGB 模式的"颜色"面板如图 5-6 所示。

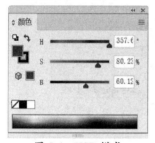
图 5-4　HSB 模式

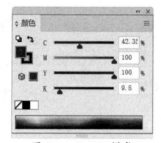
图 5-5　CMYK 模式

图 5-6　Web 安全 RGB 模式

反相

反相是指将颜色的每种成分更改为颜色色标上的相反值。

补色

补色是指将颜色的每种成分更改为基于所选颜色的最高和最低 RGB 值总和的新值。

创建新色板

在"颜色"面板中设置颜色后，选择"创建新色板"命令，会将设置的颜色添加到"色板"面板中，如图 5-7 所示。

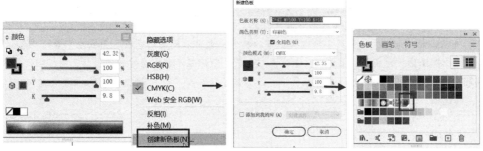

图 5-7　创建新色板

5.1.3　"颜色"面板的应用

使用"颜色"面板不仅可以填充颜色，还可以为对象填充描边色，如图 5-8 所示。

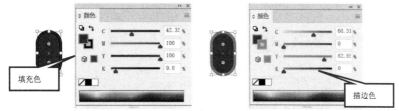

图 5-8　填充与描边

5.1.4　"色板"面板

"色板"面板可用来存储用户经常使用的颜色，包括颜色、渐变色和图案。用户可以在面板中添加或删除颜色，或者为不同的项目显示不同的颜色库。选择"窗口">"色板"菜单命令，即可打开"色板"面板，单击右上角的"设置" ，系统会弹出"色板"菜单，在此菜单中可以通过选择相应的命令进行更加详细的设置，如图 5-9 所示。

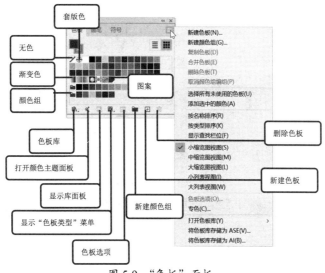

图 5-9　"色板"面板

"色板"面板在默认状态下显示了多种颜色信息，如果想使用更多的预设颜色，可以从"色板"菜单中选择"打开色板库"命令，从子菜单中选择更多的颜色；也可以单击"色板"面板左下角的"色板库"按钮，从中选择更多的颜色。在默认状态下，"色板"面板显示了所有的颜色信息，包括颜色、渐变色、图案和颜色组。如果想单独显示不同的颜色信息，那么可以单击"显示'色板类型'菜单"按钮，从中选择相关的选项。

新建色板

新建色板是指在"色板"面板中添加新的颜色块。如果在当前"色板"面板中没有找到需要的颜色，那么可以使用"颜色"面板或其他方式创建新的颜色。为了便于以后使用，用户可以将新建的颜色添加到"色板"面板中，创建属于自己的色板。

在"颜色"面板中，选择"创建新色板"命令，可以将设置的颜色添加到"色板"面板中（见图5-7）。

在"颜色"面板中，选择"填色"或"描边"颜色后，将其直接拖动到"色板"面板中，此时"色板"面板中的鼠标指针会变成一个"+"号，松开鼠标，可以直接将颜色添加到"色板"面板中，如图5-10所示。

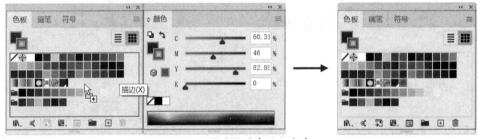

图 5-10　通过拖动来添加颜色

在"色板"面板中，直接单击"新建色板"按钮 ，此时会打开"新建色板"对话框，设置相关参数后，单击"确定"按钮，会将"颜色"面板中设置的颜色添加到"色板"面板中，如图5-11所示。

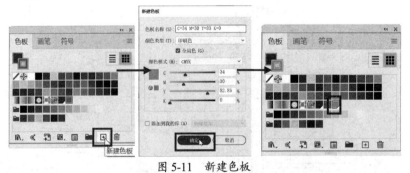

图 5-11　新建色板

如果想修改色板中的某个颜色，那么可以首先选择该颜色，然后单击"色板"面板底部的"色板选项"按钮 ，打开"色板选项"对话框，在该对话框中可以对颜色进行修改。

新建颜色组

用户可以将一些相关的颜色或经常使用的颜色放在一个颜色组中，以方便后续操作。在颜色组中只能包括单一颜色，不能添加渐变和图案。

在"色板"面板中，选择要放入颜色组的颜色块，然后单击该面板底部的"新建颜色组"按钮，打开"新建颜色组"对话框，输入新颜色组的名称，设置完毕后单击"确定"按钮，即可从"色板"面板中创建颜色组，如图 5-12 所示。

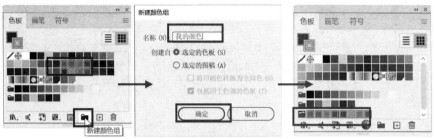

图 5-12   选择颜色创建颜色组（1）

技巧：

在选择颜色时，按住【Shift】键可以选择多个连续的颜色；按住【Ctrl】键可以选择多个任意的颜色。

提示：

创建颜色组的好处是，在编辑此类图形时可以快速地在其中找到要填充的颜色。

创建颜色组不仅可以通过选择的颜色进行创建，还可以利用现有的矢量图形进行创建。首先单击现有的矢量图形，然后单击"色板"面板底部的"新建颜色组"按钮，打开"新建颜色组"对话框，为新颜色组命名后选中"选定的图稿"单选按钮，然后单击"确定"按钮，即可从现有对象创建颜色组，如图 5-13 所示。

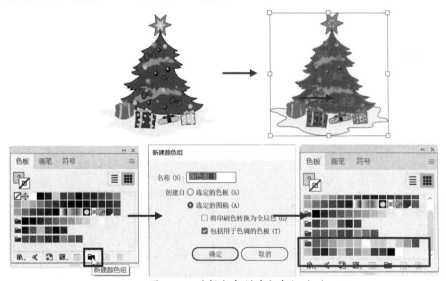

图 5-13   选择颜色创建颜色组（2）

"新建颜色组"对话框中各选项的含义如下。

● **名称**：用来设置新颜色组的名称。

- 创建自：用来创建颜色组的来源。选中"选定的色板"单选按钮，表示以当前选择的色板中的颜色为基础创建颜色组；选中"选定的图稿"单选按钮，表示以当前选择的矢量图形为基础创建颜色组。
- 将印刷色转换为全局色：勾选该复选框，可以将所有颜色组的颜色转换为全局色。
- 包括用于色调的色板：勾选该复选框，可以将包括用于色调的颜色转换为颜色组中的颜色。

技巧：

从"颜色"面板中将颜色拖动到颜色组中，可以在颜色组中新建颜色。如果想修改颜色组中的颜色，那么可以双击某个颜色，打开"色板选项"对话框来修改该颜色。如果想修改颜色组中的所有的颜色，那么可以双击颜色组图标，打开"色板选项"对话框，对其进行修改。

删除颜色

对于色板中多余的颜色，可以将其删除。在"色板"面板中选择要删除的一个或多个颜色，然后单击"色板"面板底部的"删除色板"按钮 🗑 ，也可以选择"色板"面板弹出菜单中的"删除色板"命令，在打开的提示对话框中单击"是"按钮，即可将选择的色板颜色删除，如图 5-14 所示。

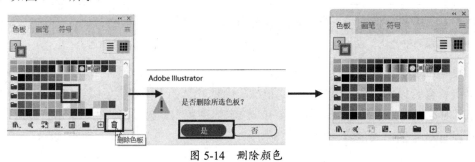

图 5-14　删除颜色

5.1.5　通过属性栏管理颜色

属性栏位于菜单栏下方，合理利用属性栏可以大大提升工作效率。在属性栏中，可以清楚地看到"填充"和"描边"两个选项，如图 5-15 所示。

图 5-15　属性栏

5.1.6　通过工具箱管理颜色

工具箱位于软件界面的左侧，合理利用工具箱可以非常快速地为图形填充颜色和设置描边颜色，如图 5-16 所示。

图 5-16　工具箱

5.1.7　通过"颜色参考"面板快速寻找合适的颜色

使用"颜色参考"面板可以快速地找到当前选择颜色的互补色及相近色等,选择"窗口" >"颜色参考"菜单命令,可以打开"颜色参考"面板,如图 5-17 所示。

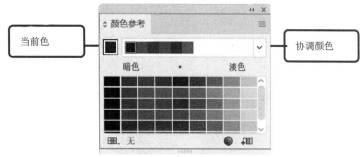

图 5-17　"颜色参考"面板

"颜色参考"面板中各选项的含义如下。

- 当前色:用来填充颜色。
- 协调颜色:用来快速设置颜色的各种协调效果,比如互补色及相近色,如图 5-18 所示。
- "限制颜色"按钮 ⊞. :用来将颜色组限制为某一色板库中的颜色,如图 5-19 所示。

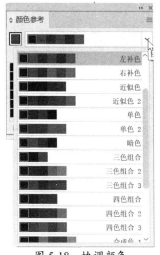

图 5-18　协调颜色

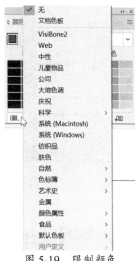

图 5-19　限制颜色

- "编辑颜色"按钮 ◉ :用来设置当前色。单击此按钮,可以打开"编辑颜色"对话框,在其中可以更加细致地调整所需颜色,如图 5-20 所示。
- "将颜色保存到'色板'面板"按钮 ⊞ :单击此按钮,可以将选择的颜色添加到"色板"面板中,此方法用来保存颜色组,如图 5-21 所示。

技巧:

在"颜色"或"色板"面板中选择一个颜色后,在"颜色参考"面板中就可以利用协调颜色找到与所需颜色相符的颜色,如图 5-22 所示。

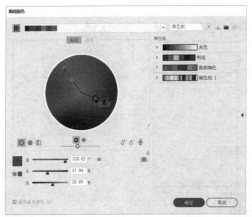

图 5-20　编辑颜色

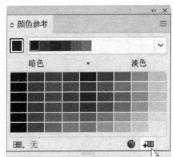
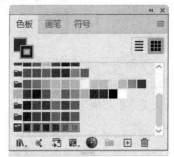

图 5-21　将颜色保存到"色板"面板中

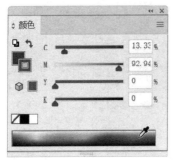
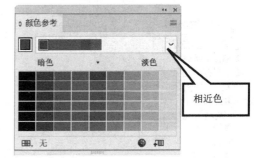

相近色

图 5-22　颜色参考

5.2　高效调整对象的填充颜色

在 Illustrator 2022 中，不仅可以对图形进行填充和描边，还可以对填充和描边进行管理、编辑。

5.2.1　为图形填充颜色与描边

精通目的：

掌握"颜色"面板和"参考颜色"面板的使用方法。

技术要点：

- 新建文档
- 使用"圆角矩形工具"绘制圆角矩形
- 结合使用"旋转工具"与"旋转"面板
- "颜色"面板的使用方法
- "参考颜色"面板的使用方法

视频位置：（视频/第 5 章/5.2.1 为图形填充颜色与描边）扫描二维码快速观看视频

 操作步骤

① 选择"文件">"新建"菜单命令或按【Ctrl+N】组合键，新建一个空白文档，使用"圆角矩形工具" 绘制一个圆角矩形，设置"描边粗细"为"2pt"，如图 5-23 所示。

② 选择"旋转工具" ，按住【Alt】键，将旋转中心点移动到圆角矩形的右下角，如图 5-24 所示。

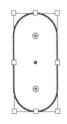

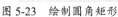

图 5-23　绘制圆角矩形

图 5-24　移动旋转中心点

③ 松开【Alt】键和鼠标，系统会打开"旋转"对话框，设置"角度"为"-45°"，单击"复制"按钮，效果如图 5-25 所示。

④ 选择"对象">"变换">"再次变换"菜单命令或按【Ctrl+D】组合键 6 次，复制 6 个旋转副本，效果如图 5-26 所示。

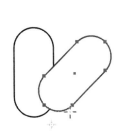

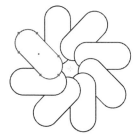

图 5-25　变为两个圆角矩形

图 5-26　复制

⑤ 选择其中一个圆角矩形，在"颜色"面板中单击"填充"图标，再在"四色曲线图"中选择一个颜色，系统会快速为圆角矩形填充颜色，效果如图 5-27 所示。

⑥ 分别选择另外几个圆角矩形，在"颜色参考"面板中，在"协调颜色"下拉列表中选择"单色 2"选项，分别单击"协调颜色"下拉列表中的几个颜色块，依次为另外几个圆角矩形填充颜色，效果如图 5-28 所示。

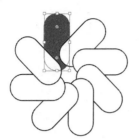 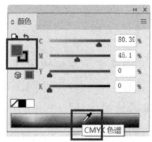

图 5-27　填充

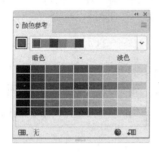  

图 5-28　填充

⑦　框选 8 个圆角矩形，在"颜色"面板中单击"描边"图标，再设置描边色为"黄色"，效果如图 5-29 所示。

⑧　此时 8 个圆角矩形都被填充了颜色，并设置了描边色，效果如图 5-30 所示。

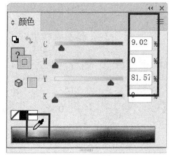 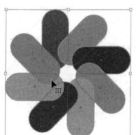 

图 5-29　设置描边色　　　　　　　　　　　　　图 5-30　填色和描边

5.2.2　管理颜色

精通目的：

掌握"色板"面板和"颜色"面板的使用方法。

技术要点：

● 新建文档
● 使用"椭圆工具"绘制正圆
● "色板"面板
● "颜色"面板
● 属性栏中的"描边"选项

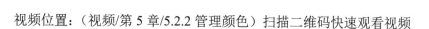

视频位置：（视频/第 5 章/5.2.2 管理颜色）扫描二维码快速观看视频

操作步骤

① 选择"文件">"新建"菜单命令或按【Ctrl+N】组合键，新建一个空白文档，使用"椭圆工具" 绘制正圆后，使用"选择工具" 选择要填色或改色的对象，如图 5-31 所示。

② 在属性栏中单击"填充"按钮，系统会以下拉的方式打开"色板"面板，选择其中的一个颜色块，如图 5-32 所示。

③ 选择颜色后，系统会为选择的对象填充颜色，如图 5-33 所示。

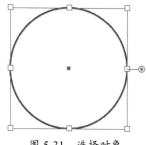

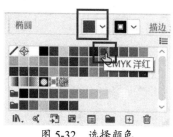
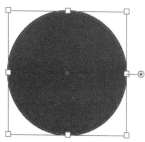

图 5-31　选择对象　　　　图 5-32　选择颜色　　　　图 5-33　填充颜色（1）

④ 按【Shift】键的同时单击"填色"按钮，将打开"颜色"面板，在其中设置颜色后，同样会为选择的对象填充颜色，如图 5-34 所示。

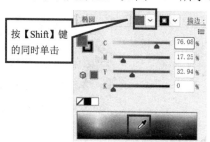

图 5-34　填充颜色（2）

⑤ 单击"描边颜色"按钮，在弹出的下拉列表中会显示"描边颜色"面板，选择颜色后会改变选择对象的描边颜色，如图 5-35 所示。

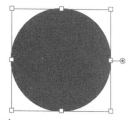

图 5-35　改变描边颜色

技巧：
按【Shift】键的同时单击"描边颜色"按钮，在弹出的下拉列表中会显示"描边颜色"面板。

5.2.3　管理描边

精通目的：

掌握设置描边的方法。

技术要点：

● 　新建文档

● 　选择正圆

● 　在属性栏中设置描边

视频位置：（视频/第 5 章/5.2.3 管理描边）扫描二维码快速观看视频

操作步骤

① 选择上一节绘制的正圆，在"描边"下拉列表中选择一个选项，会改变之前选择对象的
描边粗细，如图 5-36 所示。

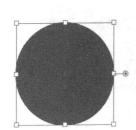 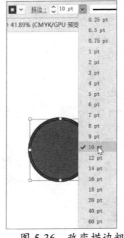 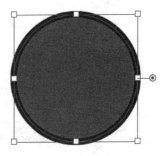

图 5-36　改变描边粗细

② 单击"变量宽度配置文件"按钮，在弹出的下拉列表中选择一种配置宽度，效果如
图 5-37 所示。

③ 还原"变量宽度配置文件"为"等比"，效果如图 5-38 所示。

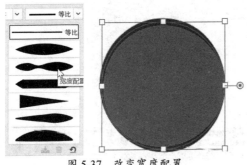 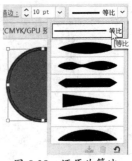

图 5-37　改变宽度配置　　　　　　　　图 5-38　还原为等比

④ 单击"画笔定义"按钮，在弹出的下拉列表中选择一种笔刷样式，此时会改变描边的画
　 笔效果，如图 5-39 所示。

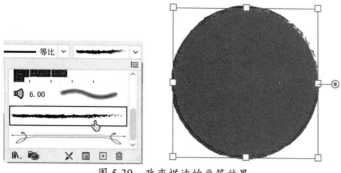

图 5-39　改变描边的画笔效果

5.3　单色填充

单色填充是指填充单一颜色，颜色没有渐变效果。单色填充主要通过"颜色"面板或"色
板"面板来完成。单色填充包括填充颜色和描边颜色。对于单色填充，不仅可以在"颜色"
面板或"色板"面板中选择单一颜色进行填充，还可以在工具箱中快速改变填充或描边。

5.4　通过工具箱快速进行单色填充

精通目的：

掌握通过工具箱来填充颜色的方法。

技术要点：

● 　新建文档

● 　使用"星形工具"绘制五角星

● 　通过工具箱来填充颜色

视频位置：（视频/第 5 章/5.4 通过工具箱快速进行单色填充）扫描二维码快速观看视频

操作步骤

① 选择"文件">"新建"菜单命令或按【Ctrl+N】组合键，新建一个空白文档，使用"星
　 形工具" ☆ 绘制一个五角星，使用"选择工具" ▶ 选取五角星，如图 5-40 所示。

② 此时会在工具箱底部自动显示当前对象的填充与描边颜色，如图 5-41 所示。

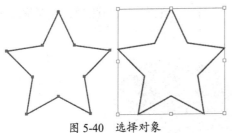

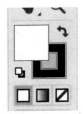

图 5-40　选择对象　　　　　　　　　　　　图 5-41　工具箱

③　在工具箱中双击"填色"按钮，在打开的"拾色器"对话框中可以重新设置填充色，如图 5-42 所示。

④　设置完毕后，单击"确定"按钮，此时会发现填充颜色已经改变了，如图 5-43 所示。

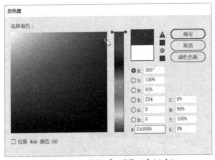

图 5-42　"拾色器"对话框

图 5-43　改变填充颜色

⑤　双击工具箱中的"描边"按钮，打开"拾色器"对话框，设置完毕后，单击"确定"按钮，效果如图 5-44 所示。

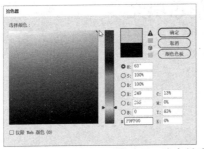

图 5-44　改变描边颜色

技巧：

在工具箱中单击"填色"或"描边"按钮，当"填色"或"描边"选项处于编辑状态时，会显示在前面，如图 5-45 所示。

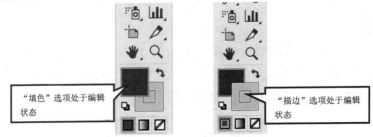

"填色"选项处于编辑状态

"描边"选项处于编辑状态

图 5-45　编辑填色或描边

5.5   渐变填充

渐变填充是由不同百分比的基本色间的渐变混合衍生出来的颜色，可以是从一种颜色到另一种颜色的多色渐变，也可以是黑、白、灰之间的无色系渐变。与单色填充不同的是，单色填充只有一种颜色，而渐变填充由两种或两种以上的颜色组成。

1. 渐变面板

选择"窗口">"渐变"菜单命令，系统会打开如图 5-46 所示的"渐变"面板，单击该面板中的"渐变填充"按钮，"渐变"面板如图 5-47 所示。

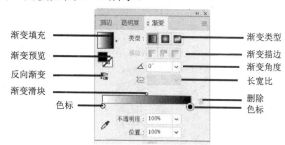

图 5-46 "渐变"面板（1）　　　　图 5-47 "渐变"面板（2）

"渐变"面板中各选项的含义如下。

- 渐变填充：单击此按钮可以显示渐变填充的设置面板，单击右边的倒三角形按钮可以在下拉列表中看到渐变色板。
- 渐变预览：用来控制对"填充""描边"进行渐变色填充时的选项，哪项在前面就对哪项进行渐变填充。
- 反向渐变：将渐变顺序反转。
- 渐变滑块：用来控制渐变色的分布范围。
- 色标：用来控制渐变色的颜色，色标越多，渐变色也越多。
- 渐变类型：包括线性渐变和径向渐变。
- 渐变描边：对对象的轮廓进行渐变填充。
- 渐变角度：用来设置渐变色的填充角度。
- 长宽比：该选项只能应用于"径向渐变"，用来控制填充径向渐变色的圆度。
- 不透明度：用来控制当前色标对应颜色的不透明度。
- 位置：用来控制当前选择色标的位置。
- 删除：选择色标后单击此按钮，可以将此色标删除。

2. 双色渐变的设置

双色渐变色是指在对象中填充由两种颜色组成的渐变色，在填充时可以在"渐变"面板中进行精确设置。

3. 多色渐变的设置

多色渐变色是指在对象中填充由两种以上颜色组成的渐变色，在填充时可以在"渐变"面板中进行精确设置。

4. 改变渐变色的角度及径向渐变的长宽比

填充渐变色后，可以随意改变填充的角度。如果是径向渐变，那么可以调整长宽比，以此来调整出更加完美的渐变色。

5. 渐变工具

Illustrator 2022 中的"渐变工具" ▣ 可以用来更加方便地调整渐变颜色，以及随意地改变渐变填充的位置及效果等。在"渐变"面板中设置好渐变后，使用"渐变工具" ▣ 修改渐变时，起点和终点不同，出现的渐变效果也会不同，如图 5-48 所示。

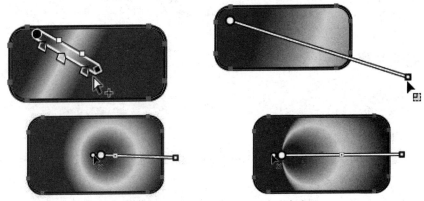

图 5-48　使用"渐变工具"修改渐变

5.6　高效调整对象的渐变色填充

在 Illustrator 2022 中，不仅可以对单色填充的图形进行编辑和调整，还可以对填充渐变色后的图形重新进行渐变的编辑和调整。

5.6.1　为图形填充黄绿渐变色

精通目的：
掌握通过"渐变"面板进行填充渐变色的方法。

技术要点：

● 新建文档
● 使用"矩形工具"绘制矩形
● 将矩形调整成圆角矩形

- 通过"渐变"面板填充渐变色

视频位置：（视频/第 5 章/5.6.1 为图形填充黄绿渐变色）扫描二维码快速观看视频

操作步骤

① 选择"文件">"新建"菜单命令或按【Ctrl+N】组合键，新建一个空白文档，使用"矩形工具" 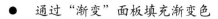 绘制矩形，拖动圆角控制点将矩形转换成圆角矩形，如图 5-49 所示。

② 选择"窗口">"渐变"菜单命令，打开"渐变"面板，单击"渐变填充"按钮，此时会发现圆角矩形被默认填充了"从白色到黑色"的线性渐变，如图 5-50 所示。

图 5-49 将矩形转换成圆角矩形

图 5-50 "渐变"面板

③ 在"渐变"面板中单击左侧白色的色标，此时在"色板"面板中拖动黄色到此色标上，当鼠标指针右下角出现"+"号时，松开鼠标，即可将黄色应用到此色标中，如图 5-51 所示。

 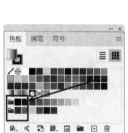 

图 5-51 选择第一个渐变颜色

④ 除了通过"色板"面板进行渐变颜色应用，还可以通过双击色标，在打开的"颜色"或"色板"面板中设置颜色，将右侧色标的颜色设置为"红色"，如图 5-52 所示。

⑤ 拖动渐变条上方的控制滑块或选择滑块后在"位置"文本框中输入数值，以此来改变渐变色的效果，如图 5-53 所示。

⑥ 此时填充的是线性渐变，如果想把渐变类型改为"径向渐变"，那么只需单击"类型"选项后的"径向渐变"按钮即可，如图 5-54 所示。

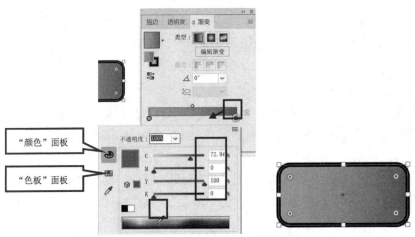

图 5-52　设置右侧色标的颜色

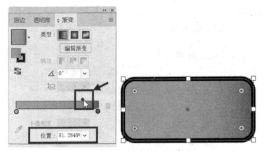

图 5-53　调整控制滑块

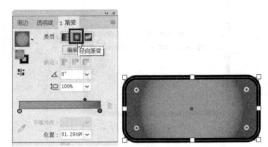

图 5-54　径向渐变

5.6.2　为图形填充黄绿黄渐变色

精通目的：

掌握通过"渐变"面板填充渐变颜色的方法。

技术要点：

● 　在"渐变"面板中增加渐变点

● 　编辑渐变色

视频位置：（视频/第 5 章/5.6.2 为图形填充黄绿黄渐变色）扫描二维码快速观看视频

操作步骤

① 在黄绿渐变的基础上，将黄色色标向中间拖动，如图 5-55 所示。

② 将鼠标指针移动到渐变颜色条下方，当鼠标指针右下角出现"+"号时，单击就可以增加一个色标，如图 5-56 所示。

③ 在新增加的色标上双击，在打开的"色板"面板中选择"绿色"，如图 5-57 所示。

④ 径向渐变后的效果如图 5-58 所示。

图 5-55　改变色标位置

图 5-56　增加色标

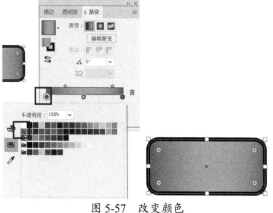

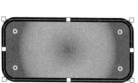

图 5-57　改变颜色

图 5-58　径向渐变

5.6.3　为图形填充任意形状的渐变色

精通目的：

掌握通过"渐变"面板填充任意渐变色的方法。

技术要点：

- 在"渐变"面板中选择"任意形状渐变"选项
- 通过点编辑任意渐变色
- 通过线编辑任意渐变色

视频位置：（视频/第 5 章/5.6.3 为图形填充任意形状的渐变色）扫描二维码快速观看视频

操作步骤

① 在"渐变"面板中单击"任意形状渐变"按钮，效果如图 5-59 所示。

② 在"绘制"选项组中选择"点"单选按钮，在渐变圆角矩形上单击，就可以添加渐变点，改变颜色的方法与之前设置的渐变颜色相同，如图 5-60 所示。

③ 在"绘制"选项组中选择"线"单选按钮，在渐变圆角矩形上的不同位置单击，就可以为连线添加渐变点，改变颜色的方法与之前设置的渐变颜色相同，如图 5-61 所示。

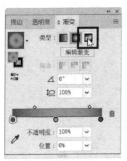

图 5-59　任意形状渐变　　　　　　　　图 5-60　添加渐变点并改变颜色（1）

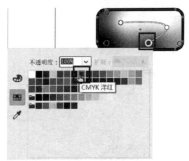

图 5-61　添加渐变点并改变颜色（2）

5.6.4　改变渐变角度

精通目的：

掌握通过"渐变"面板编辑渐变色的方法。

技术要点：

● 在"渐变"面板中增加渐变点

● 编辑渐变色

视频位置：（视频/第 5 章/5.6.4 改变渐变角度）扫描二维码快速观看视频

操作步骤

① 选择 5.6.2 一节的实战中填充的绿黄绿线性渐变色，调整色标的位置，如图 5-62 所示。

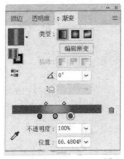

图 5-62　调整色标的位置

② 在"渐变"面板中设置"渐变角度"为"45°"，效果如图 5-63 所示。

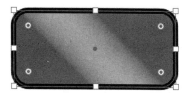

图 5-63 设置"渐变角度"

5.6.5 改变长宽比

精通目的：

掌握通过"渐变"面板编辑渐变色的方法。

技术要点：

● 在"渐变"面板中选择渐变类型

● 编辑渐变色

视频位置：（视频/第 5 章/5.6.5 改变长宽比）扫描二维码快速观看视频

操作步骤

① 将"线性渐变"改为"径向渐变"，因为"长宽比"只支持径向渐变，如图 5-64 所示。

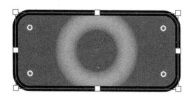

图 5-64 将渐变类型转换为径向渐变

② 设置不同"长宽比"后的填充效果，如图 5-65 所示。

图 5-65 设置"长宽比"

5.7 透明填充

在 Illustrator 2022 中，可以通过"透明度"面板来调整图形的透明度。用户可以将一个对象的填充、描边、笔画或编组对象，按照百分比进行透明调整，100%为不透明、0 为完全透明。当降低顶层对象的透明度后，下方的图形会透过该对象显示出来。

5.7.1 混合模式

混合模式主要指当两个对象或图层出现重叠时，用不同的色彩运算方法使图形产生完全不同的合成效果，在 Illustrator 2022 中共有 16 种混色运算模式。混色运算需要在"透明度"面板中完成，单击该面板左上角的"混合模式"按钮，在下拉列表中可以看到 16 种混合模式，如图 5-66 所示。

在具体讲解图层混合模式之前先介绍 3 种色彩概念。

（1）基色：图像中的原有颜色，也就是在使用"混合模式"选项时，两个图层中下面那个图层的颜色。

（2）混合色：通过绘画或编辑工具应用的颜色，也就是在使用"混合模式"选项时，两个图层中上面那个图层的颜色。

（3）结果色：应用混合模式后的色彩。

图 5-66   "透明度"面板及混合模式

"透明度"面板中各选项的含义如下。

- 正常：系统默认的混合模式，"混合色"的显示与"不透明度"的设置有关。当"不透明度"为"100%"时，上面图层中的图像区域会覆盖下面图层中该部位的区域。只有"不透明度"小于"100%"时，才能实现简单的图层混合。

- 变暗：选择"基色""混合色"中较暗的颜色作为"结果色"。比"混合色"亮的像素被替换，比"混合色"暗的像素保持不变。"变暗"模式会将比背景颜色淡的颜色从"结果色"中去掉。

- 正片叠底：将上层图形的颜色值与下层图形的颜色值相乘，再除以 255 就是最终图形的颜色值。这种混合模式会形成一种较暗的效果。将任何颜色与黑色相乘，都会产生黑色。

- 颜色加深：通过提高对比度来使基色变暗以反映"混合色"。如果与白色混合，那么将不会产生变化。

- 变亮：选择"基色""混合色"中较亮的颜色作为"结果色"。比"混合色"暗的像素被替换，比"混合色"亮的像素保持不变。在这种与"变暗"模式相反的模式下，较淡的颜色区域在最终的"结果色"中占主要地位，较暗区域并不出现在最终的"结果色"中。

- 滤色："滤色"模式与"正片叠底"模式正好相反,它将图像的"基色"与"混合色"结合起来产生比两种颜色都浅的第三种颜色。

- 颜色减淡:通过降低对比度来使"基色"变亮以反映"混合色"。与黑色混合则不发生变化。当应用"颜色减淡"混合模式时,"基色"上的暗区域都将会消失。

- 叠加:将图像的"基色""混合色"相混合产生一种中间色。比"混合色"暗的颜色会加深,比"混合色"亮的颜色将被遮盖,而图像内的高亮部分和阴影部分保持不变,因此对黑色或白色像素着色时,"叠加"模式不起作用。

- 柔光:用来产生一种柔光照射的效果。如果"混合色"比"基色"的像素更亮一些,那么"结果色"将更亮;如果"混合色"比"基色"的像素更暗一些,那么"结果色"颜色将更暗,使图像的亮度反差增大。

- 强光:用来产生一种强光照射的效果。如果"混合色"比"基色"的像素更亮一些,那么"结果色"颜色将更亮;如果"混合色"比"基色"的像素更暗一些,那么"结果色"将更暗。除了根据背景中的颜色而使背景色是多重的或屏蔽的,这种模式实际上同"柔光"模式是一样的。它的效果要比"柔光"模式更强烈。

- 差值:从图像中"基色"的亮度值减去"混合色"的亮度值,如果结果为负,那么取正值,产生反相中效果。由于黑色的亮度值为"0",白色的亮度值为"255",所以用黑色着色不会产生任何影响,用白色着色则产生与着色的原始像素颜色反相的效果。"差值"模式用来创建与背景颜色相反的色彩。

- 排除:与"差值"模式相似,但是具有高对比度和低饱和度的特点。比用"差值"模式获得的颜色更柔和、更明亮,其中与白色混合将反转"基色"值,而与黑色混合则不发生变化。

- 色相:用"混合色"的色相值进行着色,而使饱和度和亮度值保持不变。当"基色""混合色"的色相值不同时,才能使用描绘颜色进行着色。

- 饱和度:其作用方式与"色相"模式相似,它只用"混合色"的饱和度值进行着色,而使色相值和亮度值保持不变。当"基色""混合色"的饱和度值不同时,才能使用描绘颜色进行着色处理。

- 混色:同时使用"混合色"的饱和度值和色相值进行着色,而使"基色"的亮度值保持不变。可以将"颜色"模式看成"饱和度"模式和"色相"模式的综合效果。

- 明度:使用"混合色"的亮度值进行着色,而保持"基色"的饱和度和色相值不变。其实就是用"基色"中"色相""饱和度""混合色"的亮度创建"结果色"。使用此模式创建的效果与使用"混色"模式创建的效果相反。

5.7.2 设置透明度

想要设置对象的透明度,首先要选取该对象,然后选择"窗口">"透明度"菜单命令,打开"透明度"面板,在"不透明度"文本框中输入新的数值或拖动控制滑块,即可改变对象的透明度,如图 5-67 所示。

图 5-67　设置透明度

5.7.3　创建蒙版

　　使用调整"不透明度"的方法，只能修改整个图形的透明度，而不能局部调整图形的透明度。如果想调整局部透明度，就需要应用不透明蒙版。使用不透明蒙版可以制作出透明过渡效果，通过蒙版图形来创建透明度过渡，用作蒙版的图形的颜色决定了透明的程度。如果蒙版为黑色，那么使用蒙版后图形将完全不透明；如果蒙版为白色，那么使用蒙版后图形将完全透明。介于白色与黑色之间的颜色，将根据其灰度的级别使图形显示为半透明状态，级别越高，图形越不透明。

5.7.4　编辑蒙版

　　在"透明度"面板中制作完蒙版后，用户如果不满意蒙版效果，那么可以在不释放不透明蒙版的情况下，对蒙版图形进行编辑、修改。创建不透明蒙版后的"透明度"面板如图 5-68 所示。

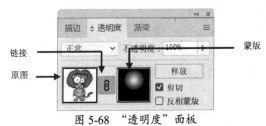

图 5-68　"透明度"面板

　　"透明度"面板中各选项的含义如下。

● 原图：用来显示要应用蒙版的图形预览，单击该区域将选择原图形。

● 链接：用来链接蒙版与原图形，以便在修改时同时修改这二者。单击该按钮可以取消链接。

● 蒙版：用来显示应用蒙版的蒙版图形，单击该区域可以选择应用蒙版后的图形，选择效果如图 5-69 所示；如果在按住【Alt】键的同时单击该区域，那么将选择用来创建蒙版的图形，并且只显示用来创建蒙版的图形效果，选择效果如图 5-70 所示。
选择蒙版图形后，可以使用相关的工具对蒙版图形进行编辑，比如进行放大、缩小、
旋转等操作，也可以使用"直接选择工具"  修改蒙版图形的路径。

图 5-69　选择蒙版图形

图 5-70　选择蒙版

- 释放：用来释放不透明蒙版，原图及渐变图形则会完整显示。
- 剪切：勾选该复选框，可以将蒙版以外的图形全部剪切掉；如果不勾选该复选框，
  那么蒙版以外的图形将显示出来。
- 反相蒙版：勾选该复选框，可以将蒙版反相处理，即原来透明的区域变得不透明。

5.8　透明蒙版

在 Illustrator 2022 中，不仅能够为图形设置透明度，还可以通过蒙版为图形设置渐变透
明效果。本节将通过两个实战案例为图形添加渐变透明蒙版，并对渐变透明蒙版进行编辑。

5.8.1　为图形对象添加渐变透明蒙版

精通目的：

掌握利用"透明度"面板添加渐变透明蒙版的方法。

技术要点：

- 打开文档
- 使用"椭圆工具"绘制正圆
- 创建蒙版

视频位置：（视频/第 5 章/5.8.1 为图形对象创建渐变透明蒙版）扫描二维码快速观看
视频

操作步骤

① 选择"文件"＞"打开"菜单命令或按【Ctrl+O】组合键，打开附赠的"素材/第 5 章/大眼
狮子"素材，使用"椭圆工具" 在狮子头部绘制一个正圆，如图 5-71 所示。

② 选择"窗口"＞"渐变"菜单命令，打开"渐变"面板，在其中设置渐变为"从白色到
黑色"的径向渐变，如图 5-72 所示。

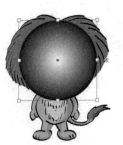

图 5-71　打开素材并绘制正圆　　　　　　　图 5-72　设置渐变类型

③　框选大眼狮子和渐变圆形，在"透明度"面板中单击"制作蒙版"按钮，如图 5-73 所示。

图 5-73　单击"制作蒙版"按钮

④　单击"制作蒙版"按钮后，系统会为大眼狮子添加一个渐变透明蒙版，效果如图 5-74 所示。

图 5-74　添加渐变透明蒙版

技巧：

在"透明度"面板中创建蒙版后，只要单击"释放"按钮，就可以还原创建的蒙版。

5.8.2　编辑透明蒙版

精通目的：

掌握编辑透明蒙版的方法。

技术要点：

● 　选择蒙版缩略图

● 　使用"直接选择工具"编辑路径

视频位置：（视频/第 5 章/5.8.2 编辑透明蒙版）扫描二维码快速观看视频

操作步骤

① 选择刚刚创建的蒙版对象，在"透明度"面板中单击"蒙版"缩略图，如图 5-75 所示。

② 使用"直接选择工具" ▷ 单击路径，选取路径，如图 5-76 所示。

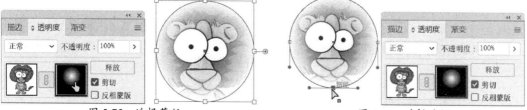

图 5-75　选择蒙版　　　　　　　　　图 5-76　选择路径

③ 选择最下面的锚点，将其向下拖动，此时会发现蒙版已经发生了变化，效果如图 5-77 所示。

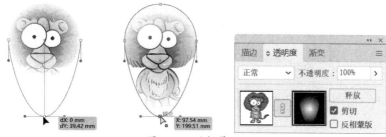

图 5-77　编辑蒙版

5.9　实时上色

在 Illustrator 2022 中，"实时上色"功能更类似于使用传统的着色工具上色，无须考虑图层或堆栈顺序，从而使工作流程更加流畅自然。实时上色组中的所有对象都可以被视为同一平面中的一部分。这就意味着我们可以绘制几条路径，然后在这些路径围出的每个区域（称为一个表面）内分别着色，也可以对各个交叉区域相交的路径部分（称为一条边缘）指定不同的描边颜色。这就像一款涂色簿，我们可以使用不同的颜色为每个表面上色，为每条边缘描边。在实时上色组中移动路径、改变路径形状时，表面和边缘会自动做出相应调整。"实时上色"功能结合了上色程序的直观与矢量插图程序的强大功能和灵活性。图 5-78 所示为将圆形分隔后对其进行快速填充的效果。

图 5-78　实时上色

1. 实时上色组的创建

要想使用"实时上色工具" 为图形及描边上色，首先要将填充的多个区域创建成一个实时上色组，然后才能进行实时上色。

2. 在实时上色组中添加路径

如果想在已经应用实时上色后的对象上添加路径，那么只要在对象上绘制路径，再将其合并到一块就可以成为一个整体。

5.10 实时上色高效操作

在 Illustrator 2022 中，对已经编组或绘制复杂的对象而言，如果想要为其进行局部上色，那么直接操作起来会比较麻烦，但如果创建实时上色组，就可以单独为某个区域进行单一的颜色填充了，还可以通过添加或编辑路径的方法进行更加细致的填充。

5.10.1 创建实时上色组

精通目的：

掌握"实时上色"功能的使用方法。

技术要点：

● 新建文档
● "实时上色工具"的使用方法
● 创建实时上色组

视频位置：（视频/第 5 章/5.10.1 创建实时上色组）扫描二维码快速观看视频

操作步骤

① 选择"文件" > "新建"菜单命令或按【Ctrl+N】组合键，新建一个空白文档，使用"椭圆工具" 在页面中绘制多个同心圆，如图 5-79 所示。

② 框选所有的正圆，选择"对象" > "实时上色" > "建立"菜单命令，将选择的圆形变为实时上色组，如图 5-80 所示。

③ 在页面空白处单击，取消对对象的选择，然后选择"实时上色工具" ，在"颜色"面板中设置"填充色"为"红色"，接着在实时上色组的不同圆环上单击，可以进行实时上色，如图 5-81 所示。

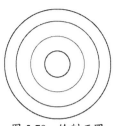

图 5-79　绘制正圆

图 5-80　创建实时上色组

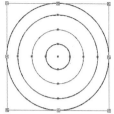

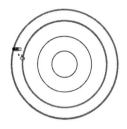

图 5-81　实时上色

④　选择"对象">"扩展"菜单命令，可以将实时上色组变为普通对象，此时图像定界框上的实时上色标记会消失，如图 5-82 所示。

技巧：
　　对于创建实时上色组后的对象，如果选择"对象">"实时上色">"释放"菜单命令，那么可以将当前应用实时上色后的对象恢复成原来的效果，如图 5-83 所示。

图 5-82　扩展前后对比

图 5-83　释放

5.10.2　在实时上色组中添加新路径

精通目的：

掌握编辑实时上色组的方法。

技术要点：

● 新建文档
● "实时上色工具"的使用方法
● 创建实时上色组

视频位置：（视频/第 5 章/5.10.2 在实时上色组中添加新路径）扫描二维码快速观看视频

操作步骤

① 选择之前创建的实时上色组，使用"直线段工具" / 在正圆上面绘制 3 条直线线，如图 5-84 所示。

图 5-84 绘制直线段

② 将刚才绘制的线段融入实时上色组中。框选所有对象，选择"对象">"实时上色">"合并"菜单命令，即可把绘制的线段融入实时上色组中，如图 5-85 所示。

③ 合并后，将"填充"色设置为"橘色"，使用"实时上色工具" 为实时上色组填充不同的颜色，效果如图 5-86 所示。

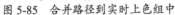

图 5-85 合并路径到实时上色组中   图 5-86 填色

5.11 形状生成器工具

在 Illustrator 2022 中，使用"形状生成器工具" 可以通过合并或擦除简单形状创建复杂的形状，它对简单的复合路径有效，可以高亮显示所选对象中可合并为新形状的边缘和选区。在两个连接的对象上使用"形状生成器工具" 拖动，会将其合并为一个对象，如图5-87 所示；在两个连接对象的重合区域拖动，会对这两个对象进行分割，如图 5-88 所示。

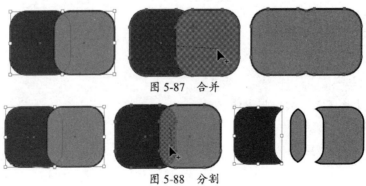

图 5-87 合并

图 5-88 分割

在"形状生成器工具"  上双击，可以打开"形状生成器工具选项"对话框，如图 5-89 所示。在该对话框中可以进行精确的设置。

"形状生成器工具选项"对话框中各选项的含义如下。

● 间隙检测：勾选该复选框，可以设置"间隙长度"为"小""中""大"，或者自定为某个精确的数值。此时，软件将查找仅接近指定间隙长度值的间隙。

● 将开放的填色路径视为闭合：勾选该复选框，则会为开放的路径创建一段不可见的边缘以生成一个选区，单击选区内部则会创建一个形状。

图 5-89　"形状生成器工具选项"对话框

● 在合并模式中单击"描边分割路径"：勾选该复选框，在合并模式中单击描边即可分割路径。该选项允许将父路径拆分为两条路径。第一条路径将从单击的边缘创建，第二条路径是父路径中除第一条路径外剩余的部分。

● 拾色来源：用来从颜色色板中选择颜色，或者从现有图稿所用的颜色中选择，来给对象上色。在选择"颜色色板"选项时，可勾选"光标色板预览"复选框。此时，鼠标指针就会变成选择"实时上色工具"时的样子，可以使用方向键来选择色板中的颜色。

● 所选对象：用来控制生成形状的线条对象是"直线"还是"任意形状"。

● 填充：勾选该复选框，当鼠标指针滑过所选路径时，可以合并的路径或选区将以灰色突出显示。

● 可编辑时突出显示描边：勾选该复选框，将突出显示可编辑的笔触，并可以设置笔触显示的颜色。

5.12　使用"形状生成器工具"制作卡通面具

精通目的：

掌握"形状生成器工具"的使用方法。

技术要点：

● 新建文档

● 绘制圆角矩形和椭圆

● 使用"形状生成器工具"生成形状

● 使用"曲率工具"绘制线条

● 使用"铅笔工具"绘制线条

视频位置：（视频/第 5 章/5.12 使用"形状生成器工具"制作卡通面具）扫描二维码快速观看视频

🔧🔧 **操作步骤**

① 选择"文件">"新建"菜单命令或按【Ctrl+N】组合键，新建一个空白文档，使用"圆角矩形工具" ⬜ 绘制两个圆角矩形，如图 5-90 所示。

② 使用"椭圆工具" ⬤ 绘制两个椭圆和两个小正圆，如图 5-91 所示。

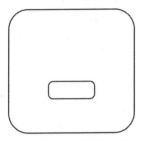

图 5-90　绘制圆角矩形

图 5-91　绘制椭圆和小正圆

③ 使用"曲率工具" ✐ 在大椭圆的下部绘制一条曲线，如图 5-92 所示。

④ 按【Esc】键完成曲线的绘制。使用"选择工具" ▶ 框选所有对象后，再使用"形状生成器工具" ⬚ 在面部拖动，生成一个单独的形状，如图 5-93 所示。

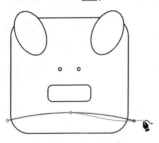

图 5-92　绘制曲线

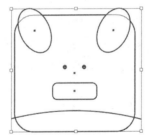

图 5-93　创建形状

⑤ 使用"选择工具" ▶ 选择多余线条并将其删除，效果如图 5-94 所示。

⑥ 使用"选择工具" ▶ 选择外部形状，将其填充为"橘色"，效果如图 5-95 所示。

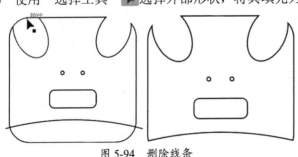

图 5-94　删除线条

图 5-95　填充颜色

⑦ 使用"铅笔工具" ✐ 绘制一条线条，按【Shift+Ctrl+[】组合键，将其填充为"橘色"，效果如图 5-96 所示。

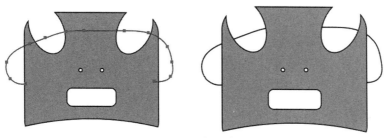

图 5-96　绘制线条并填充颜色

5.13　图案填充

在 Illustrator 2022 中，图案填充是一种特殊的填充，在"色板"面板中为用户提供了两种图案。图案填充与渐变填充不同，它不仅可以用来填充图形的内部区域，还可以用来描边。图案填充会自动根据图案和所要填充对象的范围决定图案的拼贴效果。图案填充是一种非常简单但又非常有用的填充方式。除了使用软件预设的图案进行填充，还可以自行创建需要的图案。

1. 应用图案色板

选择"窗口">"色板"菜单命令，打开"色板"面板。前面已经讲解过"色板"面板的使用方法，这里单击"色板类型"按钮 ，在弹出的下拉列表中选择"显示图案色板"选项，则在"色板"面板中只显示图案填充相关内容，如图 5-97 所示。

使用图案填充图形的操作十分简单。首先选中要填充的图形对象，然后在"色板"面板中单击要填充的图案，即可将选中的图案填充到图形中，如图 5-98 所示。

图 5-97　"色板"面板

图 5-98　填充图案

技巧：

　　使用图案填充图形时，不仅可以在选择图形对象后单击图案进行填充，还可以使用鼠标直接拖动图案到要填充的图形对象上，然后释放鼠标，完成图案填充。

2. 定义图案

Illustrator 2022 提供了两种默认图案，不过除了默认的图案，用户还可以自行创建图案来进行填充，有时可以根据情况，将某个图像的整体或局部定义为图案。

5.14 图案填充高效操作

图案填充高效操作是指自行创建图案来进行填充的操作。

5.14.1 将整体图像定义为图案

精通目的：

掌握定义图案的方法。

技术要点：

● 新建文档

● 置入素材

● 将素材定义为图案

视频位置：（视频/第 5 章/5.14.1 将整体图像定义为图案）扫描二维码快速观看视频

操作步骤

① 选择"文件">"新建"菜单命令或按【Ctrl+N】组合键，新建一个空白文档，再选择"文件">"置入"菜单命令或按【Ctrl+Shift+P】组合键，置入附赠的"素材\第 5 章\蘑菇"素材，如图 5-99 所示。

② 确保置入的素材处于选取状态，然后将其拖到"色板"面板中，如图 5-100 所示。

图 5-99 置入素材

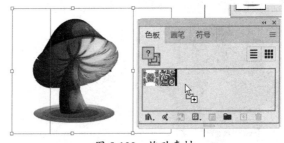

图 5-100 拖动素材

③ 当鼠标指针右下角处出现"+"号时，松开鼠标，即可将其定义为图案，如图 5-101 所示。

④ 使用"星形工具" ☆ 绘制一个五角星，在"色板"面板中单击刚刚定义的图案，即可使用该图案进行填充，如图 5-102 所示。

图 5-101　定义图案

图 5-102　填充图案

5.14.2　将图像局部定义为图案

精通目的：

掌握定义图案的方法。

技术要点：

● 绘制矩形

● 将素材局部定义为图案

视频位置：（视频/第 5 章/5.14.1 将图像局部定义为图案）扫描二维码快速观看视频

操作步骤

① 在置入的"蘑菇"素材上绘制一个矩形，如图 5-103 所示。

② 将绘制的矩形的"填充"和"描边"都设置为"无"，如图 5-104 所示。

图 5-103　绘制矩形

图 5-104　取消填充

③ 选择"对象">"排列">"置于底层"菜单命令，将矩形放置到最底层。再按【Ctrl+A】组合键选择所有对象。最后将其拖动到"色板"面板中，当鼠标指针右下角出现"+"号时，松开鼠标就可以将矩形对应的区域定义为图案，如图 5-105 所示。

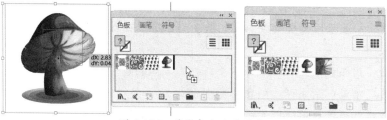

图 5-105　将局部定义为图案

对图案也可以像对图形对象一样，进行缩放、旋转、倾斜、扭曲等多种操作，与对图形对象的操作方法相同。

技巧:
在"色板"面板中双击图案后，会打开"图案选项"对话框，如图 5-106 所示，在其中可以对图案进行细致的设置。

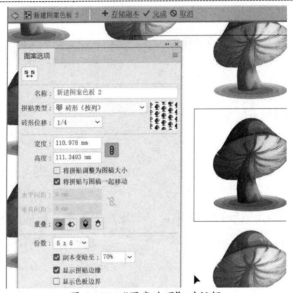

图 5-106 "图案选项"对话框

"图案选项"对话框中各选项的含义如下。

- 名称：用来设置当前编辑图案的新名称。
- 拼贴类型：用来设置当前图案填充时的拼贴类型，包括网格、砖形（按行）、砖形（按列）、十六进制（按行）和十六进制（按列）等类型。
- 砖形位移：当"拼贴类型"为"砖形（按行）"或"砖形（按列）"时，此选项会被激活，用来设置砖形中图案的交错效果。
- 宽度：用来设置单个图案的宽度。
- 高度：用来设置单个图案的高度。
- 将拼贴调整为图稿大小：勾选此复选框，可以将编辑的图形设置成图稿大小。
- 将拼贴与图稿一起移动：勾选此复选框，可以在编辑拼贴时将图稿的位置也进行移动。
- "水平间距""垂直间距"：用来设置图形之间的水平或垂直距离。
- 重叠：用来设置重叠的样式，包括左侧在前、右侧在前、顶部在前和底部在前4种样式。
- 份数：用来设置编辑填充时水平与垂直方向的数量。
- 副本变暗至：用来调整副本的变暗比例。
- 显示拼贴边缘：编辑图案时，用来显示拼贴效果的边缘。
- 显示色板边界：未包含在这些范围之内的对象不会重复。

5.15　渐变网格填充

在 Illustrator 2022 中，渐变网格填充类似于渐变填充，但比渐变填充具有更大的灵活性，它可以在图形上以创建网格的形式进行多种颜色的填充，而且不受任何其他颜色的限制。渐变填充具有一定的顺序性和规则性，而渐变网格填充则打破了这些规则，它可以任意在图形的任何位置填充渐变颜色，并且可以使用"直接选择工具" 修改这些渐变颜色的位置和效果。

5.15.1　创建渐变网格填充

在创建渐变网格填充时，可以通过"创建渐变网格"命令、"扩展"命令和"网格工具"来创建。下面详细讲解这几种方法。

通过"创建渐变网格"命令创建

使用"创建渐变网格"命令可以为选择的图形创建渐变网格。首先选择一个图形对象，然后选择"对象">"创建渐变网格"菜单命令，打开"创建渐变网格"对话框，在该对话框中可以设置渐变网格的相关信息，创建渐变网格效果如图 5-107 所示。

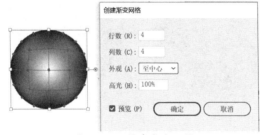

图 5-107　创建渐变网格

"创建渐变网格"对话框中各选项的含义如下。

- 行数：用来设置渐变网格的行数。
- 列数：用来设置渐变网格的列数。
- 外观：用来设置渐变网格的外观效果。可以从右侧的下拉列表中选择，包括"平淡色""至中心""至边缘"3 个选项。
- 高光：用来设置颜色的淡化程度，数值越大，高光越亮，取值范围为 0~100%。

通过"扩展"命令创建

使用"扩展"命令可以将渐变填充的图形对象转换为渐变网格对象。首先选择一个具有渐变填充的图形对象，然后选择"对象">"扩展"菜单命令，打开"扩展"对话框，在"扩展"选项组中选择要扩展的对象、填充或描边。然后在"将渐变扩展为"选项组中选中"渐变网格"单选按钮。设置完毕后，单击"确定"按钮，即可将渐变填充转换为渐变网格填充，如图 5-108 所示。

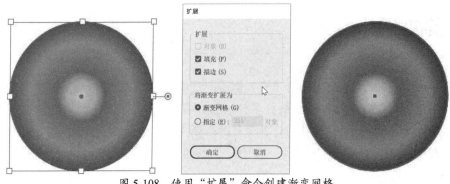

图 5-108　使用"扩展"命令创建渐变网格

通过"网格工具"创建

与前两种方法相比，使用"网格工具"![icon]创建渐变网格填充更加方便和自由，它可以通过在图形中的任意位置单击来创建渐变网格。在工具箱中选择"网格工具"![icon]，在填充颜色位置设置好要填充的颜色，然后将鼠标指针移动到要创建渐变网格的图形上，此时鼠标指针将变成![icon]形状，单击即可在当前位置创建渐变网格，并为其填充设置好的颜色。多次单击可以添加更多的渐变网格，单击渐变网格上的锚点，可以更改此处的颜色。使用"网格工具"![icon]创建渐变网格的效果如图 5-109 所示。

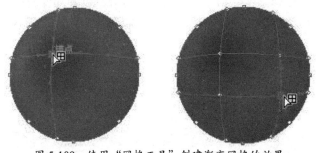

图 5-109　使用"网格工具"创建渐变网格的效果

> **技巧:**
>
> 使用"网格工具"![icon]在图形的空白处单击，将创建水平和垂直网格。如果在水平网格线上单击，那么只会创建垂直网格；如果在垂直网格线上单击，那么只会创建水平网格。使用"网格工具"在填充渐变色的图形上单击，不管在工具箱中事先设置什么颜色，图形的填充都将变成黑色。

5.15.2　编辑渐变网格填充

创建渐变网格后，用户如果对渐变网格的颜色和位置不满意，还可以对其进行调整。

在编辑渐变网格前，要先了解渐变网格的组成部分，这样更有利于编辑操作。选择渐变网格后，网格上会显示很多点，与路径上的点相同，这些点叫锚点。如果该锚点为曲线点，那么会在该点旁边会显示控制柄。创建渐变网格后，还会出现由网格线组成的网格区域。熟悉这些元素后，就可以轻松编辑渐变网格，如图 5-110 所示。

图 5-110 编辑渐变网格

选择或移动锚点或网格区域

要想编辑渐变网格，首先要选择渐变网格的锚点或网格区域。使用"网格工具" 可以选择锚点，但不能选择网格区域。所以一般使用"直接选择工具" 来选择锚点或网格区域。编辑渐变网格的方法与编辑路径的方法相同，只需在锚点上单击，即可选择该锚点。选择的锚点将显示为黑色实心效果，而没有选中的锚点将显示为空心效果。选择网格区域的方法更加简单，只需在网格区域中单击，即可将其选中，如图 5-111 所示。

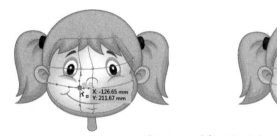

图 5-111 选择网格区域

使用"直接选择工具" 在需要移动的锚点上按住鼠标左键拖动，到达合适的位置后释放鼠标，即可移动该锚点。使用同样的方法可以移动网格区域。移动锚点的效果如图 5-112 所示。

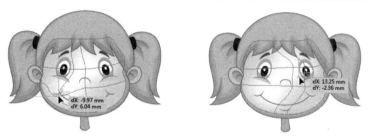

图 5-112 移动锚点

技巧：

在使用"直接选择工具" 选择锚点或网格区域时，按【Shift】键可以多次单击，选择多个锚点或网格区域。

为锚点或网格区域填色

创建渐变网格后，还可以再次修改其颜色。首先使用"直接选择工具"选择锚点或网格区域，然后确认工具箱中的填充颜色为当前选中状态。单击"色板"面板中的某种颜色，即可为该锚点或网格区域填色。也可以使用"颜色"面板编辑填充颜色。为锚点和网格区域填色的效果如图 5-113 所示。

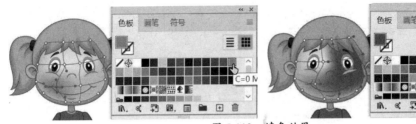

图 5-113　填色效果

5.16　综合实战：绘制卡通属相马并填充颜色

实战目的：

掌握绘制图形并填充的方法。

技术要点：

● 新建文档

● "圆角矩形工具"的使用

● 创建混合效果

● "椭圆工具"的使用

● "钢笔工具"的使用

● "直接选择工具"的使用

● "色板"面板的使用

● "铅笔工具"的使用

视频位置：（视频/第 5 章/5.16 综合实战：绘制卡通属相马并填充颜色）扫描二维码快速观看视频

操作步骤

① 新建空白文档，在工具箱中选择"圆角矩形工具"□，使用"圆角矩形工具"绘制两个圆角矩形并为其填充不同的颜色，如图 5-114 所示。

② 框选两个圆角矩形，选择"对象">"混合">"建立"菜单命令，创建混合效果，如图 5-115 所示。

图 5-114　绘制圆角矩形　　　　　　　　　图 5-115　创建混合效果

③ 使用"圆角矩形工具" ▢ 在混合对象前面再绘制一个圆角矩形，效果如图 5-116 所示。

④ 使用"椭圆工具" ◯ 和"钢笔工具" ✐ 绘制椭圆和封闭的图形，为其填充比圆角矩形稍微淡一点的颜色，如图 5-117 所示。

⑤ 使用"椭圆工具" ◯ 分别绘制白色和黑色椭圆，将其作为眼睛。然后复制一个副本并调整大小，如图 5-118 所示。

图 5-116　绘制圆角矩形

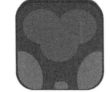
图 5-117　绘制图形并填充颜色

图 5-118　绘制眼睛

⑥ 使用"钢笔工具" ✐ 在圆角矩形的上面绘制一个封闭的图形，将其作为马的鬃毛，效果如图 5-119 所示。

⑦ 使用"钢笔工具" ✐ 在圆角矩形的左上角绘制封闭的图形，为其填充与身体一致的颜色。然后复制一个副本，缩小后填充淡一点的颜色，将此作为耳朵，效果如图 5-120 所示。

图 5-119　绘制鬃毛

图 5-120　绘制左侧的耳朵

⑧ 使用"选择工具" ▶ 选取耳朵，按【Ctrl+G】组合键将其编组。按住【Alt】键向右拖动耳朵复制一个副本，单击"属性"面板中的"水平轴翻转"按钮 ◁▷，按【Ctrl+[】组合键数次调整耳朵的顺序，效果如图 5-121 所示。

⑨ 使用"椭圆工具" ◯ 绘制一个椭圆，为其填充与耳朵颜色相近的颜色，使用"直接选择工具" ▷ 调整椭圆的形状，效果如图 5-122 所示。

图 5-121　绘制另一只耳朵

图 5-122　绘制椭圆并调整其形状

⑩ 使用"椭圆工具" ◯ 绘制两个椭圆，为其填充比后面颜色稍淡的颜色，效果如图 5-123 所示。

⑪ 下面绘制鼻孔。使用"椭圆工具" ◯ 绘制一个黑色椭圆，使用"直接选择工具" ▷ 调整椭圆形状，效果如图 5-124 所示。

⑫ 使用"螺旋线工具" 绘制一条灰色的螺旋线，使用同样的方法制作另一个鼻孔，效果如图 5-125 所示。

图 5-123　绘制椭圆并填充颜色　　图 5-124　绘制椭圆并调整其形状　　图 5-125　完成鼻孔的绘制

⑬ 使用"钢笔工具" 绘制两个封闭的图形并分别填充黑色和红色，将其作为嘴巴，效果如图 5-126 所示。

图 5-126　绘制嘴巴

⑭ 使用"钢笔工具" 绘制两个封闭的图形，将其作为尾巴。然后将绘制的尾巴移动到身体上，按【Ctrl+Shift+[】组合键将其放置到最后一层，效果如图 5-127 所示。

图 5-127　绘制尾巴

⑮ 使用"椭圆工具" 绘制一个椭圆，使用"直接选择工具" 调整椭圆形状，效果如图 5-128 所示。

⑯ 复制调整后的图形并将其缩小，再将其填充为棕色。接着使用"椭圆工具" 绘制一个灰色椭圆，将其作为脚上的高光，效果如图 5-129 所示。

 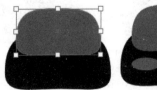 

图 5-128　绘制椭圆并调整其形状　　　　图 5-129　复制图形并绘制椭圆

⑰ 框选整只脚，按【Ctrl+G】组合键将其群组，将其拖动到合适的位置后调整顺序，效果如图 5-130 所示。

⑱　使用同样的方法制作另外两只脚。至此，本次综合实战案例制作完毕，效果如图 5-131
　　所示。

图 5-130　移动到合适的位置并调整顺序

图 5-131　最终效果

CHAPTER 6

对象管理及修整

本章导读

Illustrator 2022 为用户提供了强大的对象管理及修整相关命令和面板。管理及修整对象能够有效地提高绘图的工作效率。例如，将多个图形对象组合在一起，使其具有统一的属性，或者能够统一进行某种操作；两个对象在一起，用户可以对其进行相应的修剪等编辑，以达到用户需要的某种效果。

学习要点

- ☑ 对象的管理
- ☑ 路径的操作
- ☑ 外观
- ☑ 对象的扩展
- ☑ 路径查找器

扫码看视频

6.1　对象的管理

在编辑对象时可以通过群组、锁定与解锁、隐藏与显示、对齐、调整对象次序等相关命令来进行更加方便的管理，以此来提高工作效率和增加作品的统一性。

6.1.1　对象的群组

群组是指将选中的两个或两个以上的对象捆绑在一起，形成一个整体，作为一个有机整体统一应用某些编辑格式或特殊效果。取消群组是和群组相对应的一个命令，可以将群组后的对象进行打散，使其恢复单独的个体。

将对象群组

将对象群组以后，群组中的每个对象都会保持原来的属性，移动其中的某一个对象，则其他的对象会一起移动，如果要将几个群组后的对象填充为统一的颜色，那么只需选中群组后的对象，单击需要填充的颜色即可。选择"对象">"编组"菜单命令或按【Ctrl+G】组合键，即可将选取的多个对象组合为一个群体，在某个区域单击就可以选取整个群组对象，如图 6-1 所示。

将群组对象取消组合

通过"取消编组"命令，可以将群组后的对象进行解散，它和"编组"命令相对应。"取消编组"命令只有在组合的基础上才能被激活。选择"对象">"取消编组"命令或按【Ctrl+Shift+G】组合键，即可将选取的对象打散为多个独立体，选择一个对象并移动，可以看出其他对象不随着移动，如图 6-2 所示。

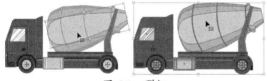

图 6-1　群组　　　　　　　　　　　图 6-2　取消编组

> **技巧：**
>
> 在对选取对象进行组合之前，对已经组合的对象，使用"取消编组"命令后，之前的组合还是存在的；编组后添加的属性在取消编组时会随之消失。例如，编组后添加的投影，取消编组后投影会消失，如图 6-3 所示。

图 6-3　取消编组后的效果

6.1.2　对象的隐藏与显示

隐藏或显示对象是指在当前文档中将选择的对象隐藏起来或显示出来。

隐藏对象

隐藏对象就是将选择的一个或多个对象隐藏起来，选择其中的一个对象后，选择"对象">"隐藏">"所选对象"菜单命令，就可以将选择的对象隐藏一起来，如图 6-4 所示。

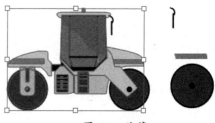

图 6-4　隐藏

图 6-5　通过"图层"面板来隐藏对象

显示对象

显示对象就是将隐藏起来的对象重新显示出来，选择"对象">"显示全部"菜单命令，就可以将隐藏的所有对象都显示出来。

6.1.3　对象锁定与解锁

在 Illustrator 2022 中将对象进行锁定，可以对绘制的矢量图或导入的位图进行保护，期间不会对其应用任何操作，解锁可以将受保护的对象转换为可编辑状态。

锁定对象

在 Illustrator 2022 中将对象锁定后，将不能对被锁定的对象进行移动、复制或其他任何操作，也就是将对象进行了保护，选择"对象">"锁定">"所选对象"菜单命令，对象的选择框会被隐藏起来，即对象被保护，如图 6-6 所示。

将要锁定的区域

图 6-6　锁定

技巧：

在“图层”面板中，直接单击对应图层的小锁头图标🔒，可以将对象进行锁定与解锁，如图 6-7 所示。

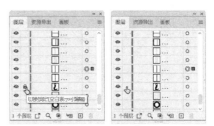

图 6-7 锁定与解锁

解锁对象

在 Illustrator 2022 中，当需要对已经锁定的对象进行编辑时，只需将其解锁即可恢复对象的属性，选择“对象”>“全部解锁”菜单命令，可以将所有锁定的对象全部解锁，将其变为可编辑状态。

6.1.4 对齐与分布

当页面中包含多个不同的对象时，屏幕可能显得杂乱不堪，此时需要对其进行分布，为此 Illustrator 2022 提供了“对齐”面板，使用该面板中的相关命令可以自由地选择在绘图中对象的分布方式，以及将其对齐到指定的位置。选择“窗口”>“对齐”菜单命令，打开“对齐”面板，如图 6-8 所示。

水平左对齐

使用“水平左对齐”命令可以将选取的对象按左边框进行对齐，如图 6-9 所示。

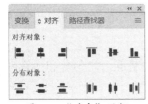

图 6-8 “对齐”面板

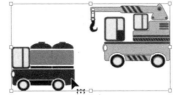

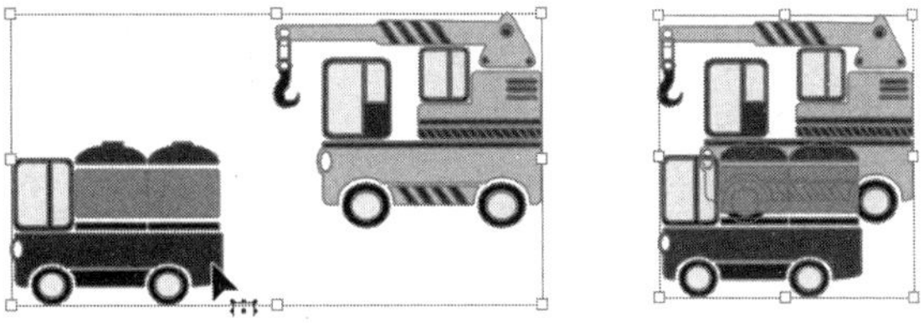

图 6-9 水平左对齐

水平居中对齐

使用“水平居中对齐”命令可以将选取的对象按垂直方向居中进行对齐，如图 6-10 所示。

水平右对齐

使用“水平右对齐”命令可以将选取的对象按右边框进行对齐，如图 6-11 所示。

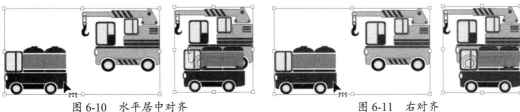

图 6-10 水平居中对齐

图 6-11 右对齐

垂直顶对齐

使用“垂直顶对齐”命令可以将选取的对象按顶边进行对齐，如图 6-12 所示。

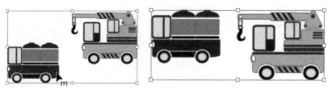

图 6-12　垂直顶对齐

垂直居中对齐

使用"垂直居中对齐"命令可以将选取的对象按水平方向居中进行对齐，如图 6-13 所示。

图 6-13　垂直居中对齐

垂直底对齐

使用"垂直底对齐"命令可以将选取的对象按底边进行对齐，如图 6-14 所示。

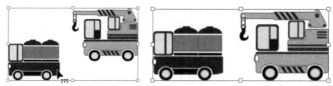

图 6-14　垂直底对齐

垂直顶分布

使用"垂直顶分布"命令可以将选取的对象以顶部对象为基准，均匀分布所选对象，如图 6-15 所示。

图 6-15　垂直顶分布

垂直居中分布

使用"垂直居中分布"命令可以将选取的对象以垂直方向为基准，均匀分布所选对象，如图 6-16 所示。

图 6-16　垂直居中分布

垂直底分布

使用"垂直底分布"命令可以将选取的对象以底部对象为基准，均匀分布所选对象，如图 6-17 所示。

图 6-17　垂直底分布

水平左分布

使用"水平左分布"命令可以将选取的对象以左部对象为基准，均匀分布所选对象，如图 6-18 所示。

图 6-18　水平左分布

水平居中分布

使用"水平居中分布"命令可以将选取的对象以水平方向为基准，均匀分布所选对象，如图 6-19 所示。

图 6-19　水平居中分布

水平右分布

使用"水平右分布"命令可以将选取的对象以右部对象为基准，均匀分布所选对象，如图 6-20 所示。

图 6-20　水平右分布

技巧：

在对齐对象时需要两个或两个以上的对象参与，在分布对象时需要 3 个或 3 个以上的对象参与。

6.1.5　调整对象的顺序

在 Illustrator 2022 中绘制的图形对象存在重叠关系。在通常情况下，图形排列顺序是由绘图过程中的绘制顺序决定的。当用户绘制第一个对象时，Illustrator 2022 会自由地将其放置在底层，用户绘制的最后一个对象将被放置在顶层，同样的几个图形对象，排列的顺序不同，所产生的视觉效果也不同。用户可以通过"对象">"排列"命令，在弹出的子菜单中根据命令来调整选择对象的顺序。

置于顶层

通过"置于顶层"命令，可以使所选择的对象移动到当前文档中所有对象的上方，若存在图层，则其会变为最上方的图层。

前移一层

使用"前移一层"命令，可以使被选中的对象向前移动一层。

后移一层

选择对象后，选择"对象">"排列">"后移一层"菜单命令，可以使被选中的对象向后移动一层，如图 6-21 所示。

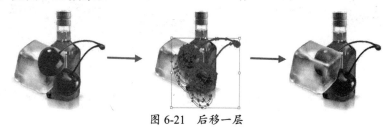

图 6-21　后移一层

置于底层

选择对象后，选择"对象">"排列">"置于底层"菜单命令，可以使被选中的对象移动到最后一层，如图 6-22 所示。

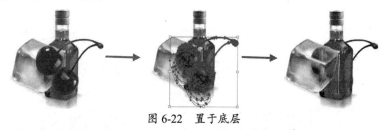

图 6-22　置于底层

技巧：

　　选择"后移一层"命令可以通过按【Ctrl+[】组合键来完成；选择"置于底层"命令也可以通过按【Shift+Ctrl+[】组合键来完成。

6.2　高效管理对象

通过高效管理对象操作可以练习调整顺序的方法。

6.2.1　将对象移动至最上方

精通目的：

掌握调整对象顺序的方法。

技术要点：

● 　打开文档

● 　选择对象

● 　移至最上方

视频位置：（视频/第 6 章/6.2.1 将对象移动至最上方）扫描二维码快速观看视频

操作步骤

① 选择"文件">"打开"菜单命令或按【Ctrl+O】组合键，打开附赠的"素材\第 6 章\大眼动物"素材，如图 6-23 所示。

② 使用工具箱中的"选择工具" ▶选中最后面的鳄鱼对象，如图 6-24 所示。

③ 选择"对象">"排列">"置于顶层"菜单命令，此时，被选中的鳄鱼对象已被移动至所有对象的上方，效果如图 6-25 所示。

图 6-23　打开素材　　　　　图 6-24　选择　　　　　图 6-25　置于顶层

技巧：

选择"置于顶层"命令可以通过按【Shift+Ctrl+]】组合键来进行。

6.2.2　将对象向前移动一层

精通目的：

掌握调整对象顺序的方法。

技术要点：

● 　打开文档

● 　选择对象

● 　前移一层

视频位置：（视频/第 6 章/6.2.2 将对象向前移动一层）扫描二维码快速观看视频

操作步骤

① 再次打开"大眼动物"素材，选择最后面的鳄鱼对象，如图 6-26 所示。

② 选择"对象">"排列">"前移一层"命令，此时选中的"红色"图形上移了一层，效果如图 6-27 所示。

图 6-26　选择

图 6-27　改变顺序

技巧：

选择"前移一层"命令可以通过按【Ctrl+]】组合键来完成。

6.3　路径的操作

除了利用面板对对象及路径进行编辑，还可以通过一些不包括在面板中的菜单命令来进行操作。

6.3.1　路径的平均化

路径的平均化是指将路径中的锚点依水平、垂直或两者兼有的3 种平均位置来对齐排列。选择"对象">"路径">"平均"命令，系统会打开"平均"对话框，如图 6-28 所示。通过此对话框可以实现路径平均化的操作。

"平均"对话框中各选项的含义如下。

图 6-28　"平均"对话框

- "水平"：选中此单选按钮，可以将所选的锚点取水平的平均位置对齐排列。
- "垂直"：选中此单选按钮，可以将所选的锚点取垂直的平均位置对齐排列。
- "两者兼有"：选中此单选按钮，可以将所选的锚点同时取水平和垂直的平均位置对齐排列。

绘制一个圆角矩形后，在"平均"对话框中分别选中"水平""垂直""两者兼有"单选按钮后的平均效果，如图 6-29 所示。

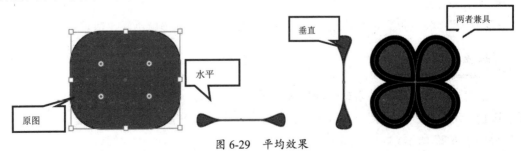

图 6-29　平均效果

6.3.2   路径的简化

简化路径命令主要用来删减路径上的锚点，以此来改变对象的形状。选择"对象"＞"路径"＞"简化"菜单命令，系统会打开"简化"对话框，如图 6-30 所示。通过此对话框可以实现路径简化操作。

"简化"对话框中各选项的含义如下。

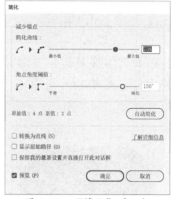

图 6-30   "简化"对话框

- 简化曲线：该值越低，表示曲线简化的程度越高，取值范围为 0～100%，如图 6-31 所示。
- 角点角度阈值：用来控制对象简化后的形状，当转角锚点的角度低于角度临界点值时，转角锚点不会改变。具体的数值设置可以根据设计的要求来定，取值范围为 0～100%。

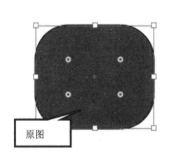
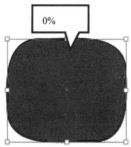
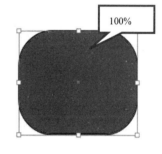

图 6-31   曲线简化的程度

- 自动简化：根据选择的图形系统自动进行简化处理。
- 转换为直线：勾选此复选框，可以将曲线变为直线显示，如图 6-32 所示。
- 显示原始路径：勾选此复选框，在简化的曲线上仍然显示原来的路径，如图 6-33 所示。

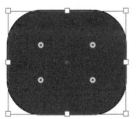

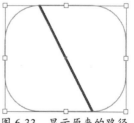

图 6-32   直线   图 6-33   显示原来的路径

- 保留我的最新设置并直接打开此对话框：勾选此复选框，会将最后一次的简化设置作为对话框的参数内容。

6.3.3   轮廓化描边

轮廓化描边是指将描边转换为填充效果，如果需要将描边转换为复合路径，那么可以修改描边的轮廓。

6.3.4　路径的偏移

路径的偏移是指将所选对象的描边依据设置的距离，偏移并复制出一个偏移后的对象。方法是绘制一个矩形，然后选择"对象">"路径">"偏移路径"菜单命令，系统会打开"偏移路径"对话框，设置相应的参数后单击"确定"按钮，效果如图 6-34 所示。

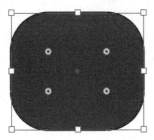

图 6-34　"偏移路径"对话框

"偏移路径"对话框中各选项的含义如下。

- 位移：用来设置偏移路径的距离，其参数值为正时为扩大距离，其参数值为负时为缩小距离，如图 6-35 所示。

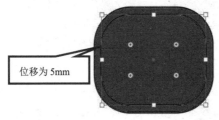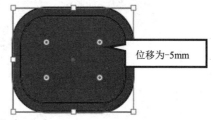

图 6-35　位移

- 连接：用来设置偏移路径的 4 个角的连接样式，包括"斜接""圆角""斜角"，如图 6-36 所示。

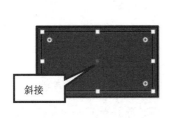

图 6-36　连接

- 斜接限制：用来设置在任何情况下由斜接连接切换成斜角连接。默认值为"4"，表示当连接点的长度达到描边粗细的 4 倍时，系统会将其从斜接连接切换成斜角连接。如果"斜接限制"值为"1"，那么直接生成斜角连接，其取值范围为 1～500。

6.4　通过轮廓化描边制作新的对象描边

精通目的：

掌握轮廓化描边的方法。

技术要点：

● 新建文档

● 绘制五角星

● "轮廓化描边"命令

● 使用"直接选择工具"调整圆角

● 添加描边

视频位置：（视频/第 6 章/6.4 通过轮廓化描边制作新的对象描边）扫描二维码快速观看视频

操作步骤

① 选择"文件"＞"新建"菜单命令或按【Ctrl+N】组合键，新建一个空白文档，使用"星形工具" ☆绘制一个五角星，设置"填充颜色"为"红色"、"描边颜色"为"黑色"，设置"描边粗细"为"16pt"，效果如图 6-37 所示。

② 使用"直接选择工具" ▷选择五角星后，拖动圆角控制点，将尖角调整成圆滑效果，如图 6-38 所示。

③ 选择"对象"＞"路径"＞"轮廓化描边"菜单命令，会将生成的复合路径与填充的对象编辑到一起，如图 6-39 所示。

图 6-37　绘制五角星　　　　图 6-38　将尖角调整成圆滑效果　　图 6-39　使用"轮廓化描边"命令后的效果

④ 选择"对象"＞"取消编组"菜单命令，再将中心的五角星删除，选择五角星环并为其填充 "绿色"，如图 6-40 所示。

⑤ 为五角星环设置一个"橙色"描边，效果如图 6-41 所示。

 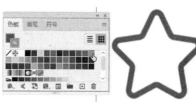

图 6-40　填充绿色　　　　　　　　　　　图 6-41　设置描边

⑥ 按住【Alt】键将五角星环向右侧拖动，复制出两个副本分别填充另外的颜色，效果如图 6-42 所示。

图 6-42 复制并填充

6.5 外观

外观属性是一组在不改变对象基础结构的前提下影响对象外观的属性。通过"外观"命令可以调整"描边""填充""不透明度""效果"等内容。选择"窗口">"外观"菜单命令，即可打开如图 6-43 所示的"外观"面板。

"外观"面板中各选项的含义如下。

● 添加新描边：单击此按钮，可以在"外观"面板中增加一个"描边"。

● 添加新填充：单击此按钮，可以在"外观"面板中增加一个"填色"。

● 添加新效果：单击此按钮，在下拉列表中可以选择一个效果，如图 6-44 所示。

图 6-43 "外观"面板

图 6-44 在下拉列表中选择一个效果

● 清除外观：单击此按钮，可以将外观中的所有内容全部清除。

● 复制当前选项：在面板中选择一个外观选项后，单击此按钮，可以复制出一个当前选项的副本。

● 删除所选内容：单击此按钮，可以将选择的外观选项删除。

● 弹出菜单：单击此按钮，系统会弹出下拉列表。

1. 设置描边

在"外观"面板中，可以随时设置描边的颜色和宽度。设置方法是绘制一个图形后，在"外观"面板中单击"描边颜色"按钮，可以在下拉列表中选择描边颜色，单击"描边粗细"按钮，可以设置描边宽度，效果如图 6-45 所示。

想要精确设置描边，可以选择"窗口">"描边"菜单命令，在打开的"描边"面板中进行详细设置，如图 6-46 所示。

图 6-45　设置描边的颜色和宽度

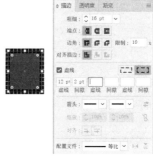

图 6-46　"描边"面板

"描边"面板中各选项的含义如下。

● 粗细：用来设置"描边"的宽度。

● 端点：用来设置线条路径的端点样式。

● 边角：用来设置封闭图形边角的连接方式，3 种效果如图 6-47 所示。

图 6-47　边角样式

● 对齐描边：用来设置描边在图形中的对齐方式，3 种效果如图 6-48 所示。

图 6-48　对齐描边效果

● 虚线：用来设置描边在图形中的线条样式，如图 6-49 所示。

图 6-49　虚线描边

- 箭头：用来设置开放式图形中的路径箭头，如图 6-50 所示。
- 缩放：用来设置箭头的大小。
- 对齐：用来设置箭头在线条上的对齐方式。
- 配置文件：用来选取描边路径的变量宽度，如图 6-51 所示。单击该选项后面的翻转按钮，可以将设置的变量宽度路径进行水平或垂直翻转，如图 6-52 所示。

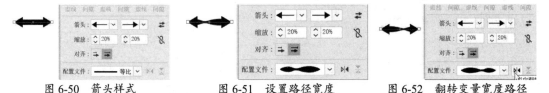

图 6-50　箭头样式　　　　　图 6-51　设置路径宽度　　　　图 6-52　翻转变量宽度路径

2. 设置多重描边

多重描边是指在同一个填充中应用多个描边。

3. 外观属性的复制与删除

通过"外观"面板对其中的某一项属性进行复制或删除非常方便。

复制外观属性

选择一个添加投影特效的正圆，在"外观"面板中选择"外发光"选项后，单击"复制所选项目"按钮 ⊞，系统会得到一个当前外发光的副本，如图 6-53 所示。

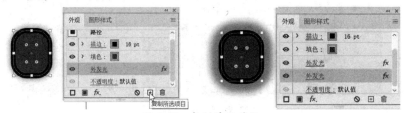

图 6-53　复制外观属性

删除外观属性

选择对象后，在"外观"面板中选择一项外观属性后，单击"删除所选项目"按钮 ，会将所选内容删除，如图 6-54 所示。

选择对象后，在"外观"面板中单击"清除外观"按钮 ，会将所有外观都清除，如图 6-55 所示。

图 6-54　删除外观属性　　　　　　　　　　　图 6-55　清除外观

6.6　为正圆图形添加 3 个描边效果

精通目的：

掌握通过"外观"面板添加多个描边的方法。

技术要点：

● 　新建文档

● 　绘制正圆

● 　"外观"面板

● 　添加新描边

视频位置：（视频/第 6 章/6.6 为正圆图形添加 3 个描边效果）扫描二维码快速观看视频

操作步骤

① 选择"文件"＞"新建"菜单命令或按【Ctrl+N】组合键，新建一个空白文档，使用"椭圆工具" ![] 在页面中绘制一个红色正圆，在"外观"面板中设置填色和描边，设置"描边粗细"为"20pt"，如图 6-56 所示。

② 在"外观"面板中单击"添加新描边"按钮 ![]，会在"外观"面板中新建一个描边，如图 6-57 所示。

图 6-56　绘制正圆

图 6-57　添加新描边

③ 设置新添加描边的"描边颜色"为"橘色"、"描边粗细"为"10pt"，如图 6-58 所示。

④ 单击"添加新描边"按钮，添加一个新描边，设置"描边颜色"为"青色"、"描边粗细"为"1pt"，效果如图 6-59 所示。

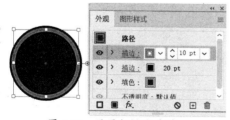

图 6-58　设置新描边（1）

图 6-59　设置新描边（2）

6.7 对象的扩展

在 Illustrator 2022 中，对象的扩展包括扩展和扩展外观，在具体使用时可以非常方便地帮助用户进行创作。

6.7.1 扩展

在 Illustrator 2022 中，扩展的作用是将绘制图形的描边转换为填充。例如，绘制一个矩形后，选择"对象">"扩展"菜单命令，可以将绘制的矩形轮廓转换为填充，此时再选择"对象">"取消编组"菜单命令，就可以将图形分离，如图 6-60 所示。

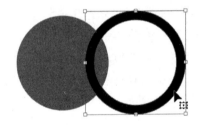

图 6-60 扩展

"扩展"对话框中各选项的含义如下。

- 对象：用来对选择的对象或符号进行扩展。
- 填充：用来扩展填色。
- 描边：用来扩展描边。
- 渐变网格：将渐变扩展为单一的网格图像。
- 指定：将渐变扩展为指定数量的对象。

6.7.1 扩展外观

在 Illustrator 2022 中，扩展外观的作用是对添加外观属性的对象进行属性分离。例如，对于添加投影效果的对象，通过"扩展外观"命令可以将其拆分，选择"对象">"扩展外观"菜单命令，可以将添加的投影扩展出来，此时再选择"对象">"取消编组"菜单命令，就可以将效果分离，如图 6-61 所示。

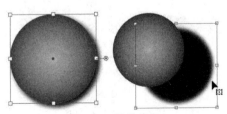

图 6-61 扩展外观

6.8　路径查找器

在 Illustrator 2022 中，通过"路径查找器"面板可以对图形对象进行各种修剪操作，通过组合、分割、相交等方式对图形进行修剪造型，可以将简单的图形修改出复杂的图形效果。熟悉并掌握"路径查找器"面板中的各项功能，能够让复杂图形的设计变得更加得心应手。选择"窗口">"路径查找器"菜单命令，系统会打开"路径查找器"面板，如图 6-62 所示。

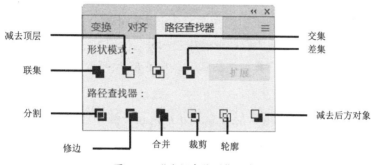

图 6-62　"路径查找器"面板

技巧：

按【Ctrl+Shift+F9】组合键可以快速打开"路径查找器"面板。

6.8.1　形状模式

"形状模式"按钮组包括"联集"、"减去顶层"、"交集"和"差集"按钮，利用这些按钮可以创建新的图形。通过该组中的各个按钮创建的图形是独立的，直接单击"形状模式"中的按钮，被修剪的图形路径将变透明，并且可以对每个对象单独进行编辑。

技巧：

如果按住【Alt】键单击"形状模式"中的按钮，或者在修剪后单击"扩展"按钮，那么可以将修改的图形扩展，只保留修剪后的图形，其他区域图形将被删除。

联集

通过"联集"按钮可以将选择的所有对象合并成一个对象，被选对象内部的所有对象都被删除。相加后的新对象最上层一个对象的填充颜色与着色样式将应用到整体联合的对象上来。使用方法是选择需要编辑的对象，单击"路径查找器"面板中的"联集"按钮，效果 6-63 所示。

减去顶层

通过"减去顶层"按钮可以从选定的图形对象中减去一部分，通常将前面对象的轮廓作为界线，减去下面图形与之相交的部分。使用方法是选择需要编辑的对象，单击"路径查找器"面板中的"减去顶层"按钮，效果 6-64 所示。

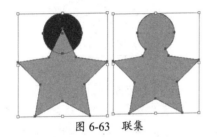

图 6-63 联集

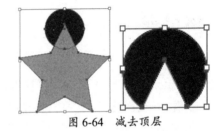

图 6-64 减去顶层

交集

通过"交集"按钮 ▣ 可以将选定的图形对象中相交的部分保留，将不相交的部分删除，如果有多个图形，那么保留的是所有图形的相交部分。使用方法是选择需要编辑的对象，单击"路径查找器"面板中的"交集"按钮 ▣，效果 6-65 所示。

差集

"差集"按钮 ▣ 与使用"交集"按钮 ▣ 产生的效果正好相反，可以将选定的图形对象中不相交的部分保留，而将相交的部分删除。如果选择的图形重叠个数为偶数，那么重叠的部分将被删除；如果重叠个数为奇数，那么重叠的部分将保留。使用方法是选择需要编辑的对象，单击"路径查找器"面板中的"差集"按钮 ▣，效果 6-66 所示。

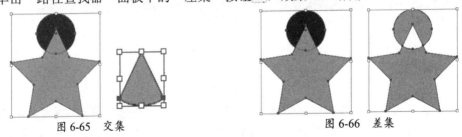

图 6-65 交集　　　　　　　　　　　　　　图 6-66 差集

扩展

通过"扩展"命令可以将所编辑的形状转换为一个整体。只有创建复合形状后"扩展"按钮才会被激活。创建复合形状的方法是，选择需要编辑的形状，按住【Alt】键单击"形状模式"选项组中的编辑选项按钮，此时"扩展"按钮会被激活，如图 6-67 所示。

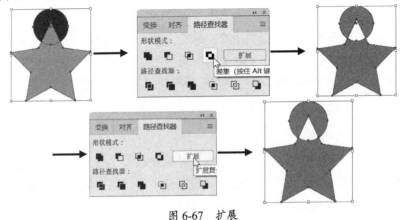

图 6-67 扩展

技巧：

在使用"形状模式"按钮组中的按钮时，要特别注意对图形修剪时扩展与不扩展的区别。对不扩展的图形可以利用"直接选择工具" 进行修剪编辑，而对扩展的图形就不能进行修剪编辑了。

6.8.2 路径查找器

"路径查找器"按钮组中的按钮主要包括"分割" 、"修边" 、"合并" 、"裁剪" 、"轮廓" 和"减去后方对象" ，主要用来创建新的对象。通过该组中的按钮创建的图形是一个组合集，要想对其进行单独的操作，首先要将其取消组合。

分割

通过"分割"按钮 可以将所有选定的对象按轮廓线重叠区域分割，从而生成多个独立的对象，并删除每个对象被其他对象覆盖的部分。分割后的图形填充和颜色都保持不变，各个部分保持原始的对象属性。如果分割的图形带有描边效果，那么分割后的图形将按新的分割轮廓进行描边。使用方法是选择需要分割的两个对象，单击"路径查找器"面板中的"分割"按钮 ，再选择"对象"＞"取消编组"菜单命令，移动其中的一个图形，会看到已经出现分割效果，效果6-68所示。

修边

通过"修边"按钮 可以利用上面对象的轮廓来剪切下面的所有对象，将删除图形相交时看不到的图形部分。如果图形带有描边效果，那么将删除所有图形的描边。使用方法是选择需要修边的两个对象，单击"路径查找器"面板中的"修边"按钮 ，再选择"对象"＞"取消编组"菜单命令，移动其中的一个图形，会看到已经出现修边效果，效果6-69所示。

图 6-68 分割   图 6-69 修边

合并

"合并"按钮 与"分割"按钮 相似，可以利用上面的图形对象将下面的图形对象分割成多份。与"分割"不同的是，"合并"会将颜色相同的重叠区域合并成一个整体。如果图形带有描边效果，那么将删除所有图形的描边。使用方法是选择需要合并的两个对象，单击"路径查找器"面板中的"合并"按钮 ，移动其中的一个图形后，会看到两个对象已经变为一个，效果如图6-70所示。

裁剪

使用"裁剪"按钮 ，利用选定对象以最上面图形对象的轮廓为基础，裁剪下面的所有图形对象，与最上面图形对象不重叠的部分填充颜色变为"无"，可以将与最上面对象相交部分之外的对象全部裁剪掉。如果图形带有描边效果，那么将删除所有图形的描边。使用方法是，选择需要裁剪的两个对象，单击"路径查找器"面板中的"裁剪"按钮 ▣，会看到裁剪后的效果，效果 6-71 所示。

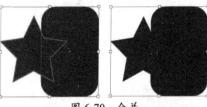
图 6-70　合并

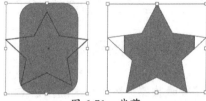
图 6-71　裁剪

　　"裁剪" ▣ 与"减去顶层" ▣ 用法相似，但"裁剪" ▣ 的用法是以最上面图形轮廓为基础，用来裁剪它下面所有的图形对象。"减去顶层"的用法是以除最下面图形外的上面所有图形为基础，用来减去与最下面图形重叠的部分。

轮廓

　　使用"轮廓"按钮 ▣ 可以将所有选中图形对象的轮廓线按重叠点裁剪为多个分离的路径，并对这些路径按照原图形的颜色进行着色，并且不管原始图形的轮廓线粗细为多少，选择"轮廓"命令后轮廓线粗细的值都将变为"0"。使用方法是选择两个对象，单击"路径查找器"面板中的"轮廓"按钮 ▣，效果 6-72 所示。

减去后方对象

　　"减去后方对象"按钮 ▣ 与前面讲解过的"减去顶层"按钮 ▣ 用法相似，只是使用该命令时，通过最后面的图形对象修剪前面的图形对象，保留前面没有与后面图形产生重叠的部分。使用方法是，选择需要减去后方对象的两个对象，单击"路径查找器"面板中的"减去后方对象"按钮 ▣，效果 6-73 所示。

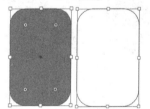
图 6-72　执行"轮廓"操作后的效果

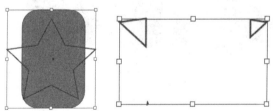
图 6-73　减去后方对象

6.9　综合实战：通过"路径查找器"面板制作扳手

实战目的：

掌握对象管理与编修的方法。

技术要点：

● "矩形工具"的使用方法

- "椭圆工具"的使用方法
- "多边形工具"的使用方法
- "联集"操作
- "减去顶层"操作
- 填充金属渐变色
- 3D 凸出与斜角

视频位置：（视频/第 6 章/6.9 综合实战：通过"路径查找器"面板制作扳手）扫描二维码快速观看视频

操作步骤

① 选择"文件">"新建"菜单命令或按【Ctrl+N】组合键，新建一个空白文档，使用"矩形工具" ▣ 在页面中绘制一个矩形，如图 6-74 所示。

② 使用"椭圆工具" ◉ 绘制一个正圆，按住【Alt】键向另一侧拖动复制出一个副本，效果如图 6-75 所示。

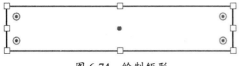
图 6-74　绘制矩形

图 6-75　绘制正圆并复制

③ 框选 3 个对象，选择"窗口">"对齐"菜单命令，打开"对齐"面板，单击"垂直居中对齐"按钮 ￫｜￩，效果如图 6-76 所示。

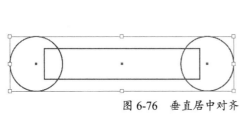
图 6-76　垂直居中对齐

④ 选择"窗口">"路径查找器"菜单命令，打开"路径查找器"面板，单击"联集"按钮 ▣，效果如图 6-77 所示。

图 6-77　联集

⑤ 使用"多边形工具" ▣ 绘制一个六边形，按住【Alt】键向另一侧拖动复制出一个副本，效果如图 6-78 所示。

⑥ 框选所有对象，在"对齐"面板中，单击"垂直居中对齐"按钮 ￫｜￩，再在"路径查找器"面板中单击"减去顶层"按钮 ▣，效果如图 6-79 所示。

图 6-78 绘制六边形

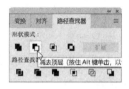

图 6-79 减去顶层

⑦ 选择"窗口">"色板库">"渐变">"金属"菜单命令，打开"金属"面板，单击"钢"
图标，效果如图 6-80 所示。

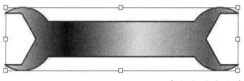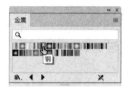

图 6-80 填充金属渐变色

⑧ 选择"窗口">"渐变"菜单命令，打开"渐变"面板，设置"角度"为"90°"，效果
如图 6-81 所示。

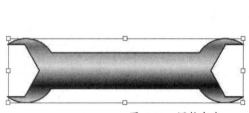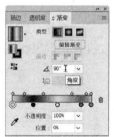

图 6-81 调整渐变

⑨ 在"外观"面板中，单击"添加新效果"按钮 fx.，在弹出的菜单中选择"3D">"凸出
和斜角"命令，如图 6-82 所示。

⑩ 在打开的"3D 凸出和斜角选项"对话框中设置各项参数，如图 6-83 所示。

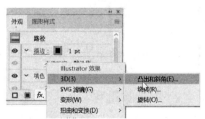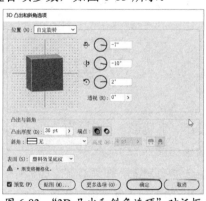

图 6-82 选择"3D">"凸出和斜角"命令　　图 6-83 "3D 凸出和斜角选项"对话框

⑪　设置完毕后，单击"确定"按钮，效果如图 6-84 所示。

⑫　使用"椭圆工具" 绘制一个黑色椭圆，按【Ctrl+Shift+[】组合键将其放置到最底层，效果如图 6-85 所示。

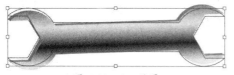

图 6-84　3D 效果

图 6-85　绘制椭圆并将其放置到最底层

⑬　选择"效果" > "模糊" > "高斯模糊"菜单命令，打开"高斯模糊"对话框，其中的参数设置如图 6-86 所示。

⑭　设置完毕后，单击"确定"按钮，复制一个副本并将其移动到另一侧，效果如图 6-87 所示。

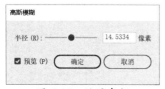

图 6-86　设置参数

图 6-87　高斯模糊效果

⑮　绘制矩形，为其填充径向渐变色，将其作为背景，效果如图 6-88 所示。

图 6-88　绘制矩形作为背景

⑯　将绘制的扳手移动到背景上。至此，本例制作完毕，效果如图 6-89 所示。

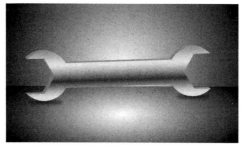

图 6-89　最终效果

CHAPTER 7

图形编修工具的使用

本章导读

使用 Illustrator 2022 软件绘制出形状、直线或曲线后，并不是每次都能直接使用，后期的编修是必不可少的，编修可以通过命令或工具来完成。使用工具可以更加直观地为绘制的对象进行精细的调整和编辑。本章将具体讲解编修工具的具体应用。

学习要点

- ☑ 平滑工具
- ☑ 路径橡皮擦工具
- ☑ 连接工具
- ☑ 橡皮擦工具
- ☑ 剪刀工具
- ☑ 美工刀工具
- ☑ 宽度工具
- ☑ 变形工具
- ☑ 旋转扭曲工具
- ☑ 收缩工具
- ☑ 膨胀工具
- ☑ 扇贝工具
- ☑ 晶格化工具
- ☑ 褶皱工具
- ☑ 封套扭曲

扫码看视频

7.1　平滑工具

使用"平滑工具"  可以将绘制的路径中较锐利的区域调整得更加平滑。使用"平滑工具"
在原有的路径上拖动即可对路径进行调整，在调整时可以多次拖动进行调整，直到路径变为
需要的平滑效果为止，在调整时首先要确定被调整的路径处于选取状态，如图 7-1 所示。

在使用"平滑工具" 时，可以先设置该工具的平滑选项。方法是在工具箱中双击"平
滑工具" 按钮，系统会打开"平滑工具选项"对话框，如图 7-2 所示，在该对话框中可以
设置"平滑工具" 的"保真度"。

图 7-1　平滑路径

图 7-2　"平滑工具选项"对话框

"平滑工具选项"对话框中选项的含义如下。

● 保真度：用来控制拖动画笔时路径的平滑程度。滑块靠左，路径平滑效果较复杂；
滑块靠右，路径平滑效果较简单。

7.2　路径橡皮擦工具

使用"路径橡皮擦工具" 可以擦除路径的全部或部分。方法是选择绘制的路径后，使用
"路径橡皮擦工具" 在路径上涂抹，即可将鼠标指针经过区域的路径擦除，如图 7-3 所示。

图 7-3　使用"路径橡皮擦工具"擦除路径

技巧：

在使用"路径橡皮擦工具" 擦除路径时一定要确保被擦除的路径处于选取状态。使用"路径橡皮擦工具"
擦除后的路径断开后就可以被分为两条路径。如果是闭合的路径，那么鼠标指针经过的区域会被擦除。

7.3　将不封闭的路径一分为二

精通目的：

掌握"路径橡皮擦工具"的使用方法。

技术要点：

- 新建文档
- 使用"铅笔工具"绘制路径
- 使用"路径橡皮擦工具"擦除部分路径

视频位置：（视频/第 7 章/7.3 将不封闭路径一分为二）扫描二维码快速观看视频

🛠 操作步骤

① 选择"文件">"新建"菜单命令或按【Ctrl+N】组合键，新建一个空白文档，使用"铅笔工具" ✏ 在页面中绘制一条曲线，如图 7-4 所示。

② 在工具箱中选择"路径橡皮擦工具" ✏ 后，属性栏中的选项采用默认值即可，然后在绘制的曲线上按住鼠标左键拖动，鼠标经过的路径已被擦除，如图 7-5 所示。

图 7-4　绘制曲线

③ 使用"选择工具" ▶ 在空白处单击后，再选择其中的一条路径，可以发现之前的整条路径已经变为了两条，我们可以改变其描边颜色和描边粗细，效果如图 7-6 所示。

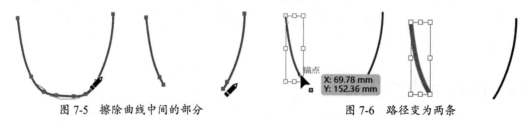

图 7-5　擦除曲线中间的部分　　　　　　　　图 7-6　路径变为两条

7.4　连接工具

使用"连接工具" ✂ 可以将相交的路径中不封闭的区域删除，使路径变闭合。方法是在交叉区域拖动鼠标，即可将交叉区域连接在一起，如图 7-7 所示。

图 7-7　使用"连接工具"将路径闭合

7.5　橡皮擦工具

"橡皮擦工具" ◆ 的使用方法与现实生活中的橡皮擦基本一致，鼠标经过的图形会被删除，如图 7-8 所示。

技巧：
"橡皮擦工具" ◆ 只能用来擦除矢量图，不能用来擦除位图。

在使用"橡皮擦工具" 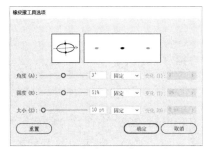 之前，可以先设置其相关参数，比如橡皮擦的角度、圆度、直径等。在工具箱中双击"橡皮擦工具"按钮 ◆，系统会打开"橡皮擦工具选项"对话框，如图 7-9 所示。

图 7-8　使用"橡皮擦工具"删除图形

图 7-9　"橡皮擦工具选项"对话框

"橡皮擦工具选项"对话框中各选项的含义如下。

● 调整区：拖动图中的小黑点，可以改变橡皮擦的圆度；拖动箭头，可以改变橡皮擦的角度，如图 7-10 所示。

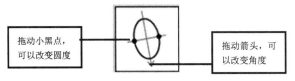

图 7-10　改变圆度与角度

● 预览区：用来查看调整后的效果。
● 角度：在右侧的文本框中输入数值，可以修改橡皮擦的角度。它与调整区中的角度修改相同，只是调整的方法不同。从右侧的下拉列表中选择相应选项，可以修改角度的变化模式。"固定"表示以固定的角度来擦除；"随机"表示在擦除时角度会出现随机变化。其他选项需要搭配绘图板，用来设置绘图笔刷的压力、光笔轮等效果，以产生不同的擦除效果。另外，通过修改"变化"值，可以设置角度的变化范围。
● 圆度：用来设置橡皮擦的椭圆度，与调整区中的圆度相似，只是调整的方法不同。它也有"随机""变化"的设置，设置方法与角度一样。
● 大小：用来设置橡皮擦的大小。其他选项设置方法与"角度"一样。

设置完毕后，可以根据设置的参数擦除对象，如图 7-11 所示。

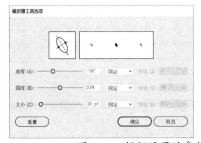

图 7-11　根据设置的参数擦除对象

技巧：

在使用"橡皮擦工具" ◆ 擦除图形时，如果只是在多个图形中擦除某个图形的一部分，那么可以选择该图形后使用"橡皮擦工具" ◆ 直接擦除；如果没有选择任何图形，那么使用"橡皮擦工具" ◆ 将擦除所有鼠标经过的图形。

7.6 剪刀工具

在 Illustrator 2022 中使用"剪刀工具" ✄ 可以将选择的路径进行分割，也可以将封闭的路径剪成开放的路径，还可以将开放的路径剪成两条或多条路径。在线段或锚点上单击，就可以将路径截成两段，使用"直接选择工具" ▷ 拖动锚点，就可以看出，路径已经被裁剪了，如图 7-12 所示。

图 7-12　使用"剪刀工具"裁剪路径

7.7 将圆角矩形分成两半

精通目的：

掌握"剪刀工具"的使用方法。

技术要点：

- 新建文档
- 使用"圆角矩形工具"绘制圆角矩形
- 使用"剪刀工具"分割图形

视频位置：（视频/第 7 章/7.3 将圆角矩形分成两半）扫描二维码快速观看视频

🔧 **操作步骤**

① 选择"文件"＞"新建"菜单命令或按【Ctrl+N】组合键，新建一个空白文档，使用"圆角矩形工具" ▣ 绘制一个圆角矩形，如图 7-13 所示。

② 使用"渐变"面板，对圆角矩形进行渐变颜色的填充，效果如图 7-14 所示。

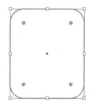

图 7-13　绘制圆角矩形

③ 使用"剪刀工具"✂在圆角矩形的左侧路径上单击，再将鼠标指针移动到右侧的路径上单击，如图 7-15 所示。

④ 使用"选择工具"▶选择裁剪后图形的一半，将其进行移动，效果如图 7-16 所示。

图 7-14　填充渐变色　　　图 7-15　使用"剪刀工具"裁剪圆角矩形　　图 7-16　裁剪后的效果

7.8　美工刀工具

"美工刀工具"🗡与"剪刀工具"✂在 Illustrator 2022 中都是用来分割图形的，不同的是，"美工刀工具"🗡只能用来对封闭的路径进行分割，不能用来对开放的路径进行操作。使用方法是，在图形上按住鼠标左键进行拖动，鼠标经过的区域会出现一条分割线，利用"选择工具"▶可以移动分割开的区域，效果如图 7-17 所示。

图 7-17　使用"美工刀工具"分割图形

7.9　宽度工具

在 Illustrator 2022 中，"宽度工具"🖊可以用来快速、便捷地调整路径宽度，创造不同的笔锋效果，使用该工具还可以为画笔工具调整局部或整体的粗细。在路径上按住鼠标左键直接拖动，即可调整路径宽度，效果如图 7-18 所示。

图 7-18　使用"宽度工具"调整路径宽度

在调整的路径上选择一点，按住鼠标左键继续拖动，可以对该点的宽度进行重新调整，如图 7-19 所示。

在路径上选择一点并双击，系统会打开如图 7-20 所示的"宽度点数编辑"对话框，在其中可以进行更加精确的调整。设置完毕后，单击"确定"按钮，效果如图 7-21 所示。

图 7-19 使用"宽度工具"进行调整　　图 7-20 "宽度点数编辑"对话框　　图 7-21 调整宽度后的效果

7.10 使用"宽度工具"调整路径后再旋转成花纹

精通目的：

掌握"宽度工具"的使用方法。

技术要点：

● 新建文档

● 使用"直线工具"绘制直线

● 使用"曲率工具"绘制曲线

● 使用"宽度工具"调整路径

● 旋转复制图形

视频位置：（视频/第 7 章/7.10 使用"宽度工具"调整路径后再旋转成花纹）扫描二维码快速观看视频

操作步骤

① 选择"文件">"新建"菜单命令或按【Ctrl+N】组合键，新建一个空白文档，使用"直线段工具" 在页面中绘制一条直线，如图 7-22 所示。

② 使用"宽度工具" 在绘制的直线顶端拖动鼠标，再分别在上部不同的位置拖动，调整直线形状，如图 7-23 所示。

图 7-22 绘制直线　　　　　　　　　　　　图 7-23 调整直线形状

③　按住【Alt】键使用"旋转工具" 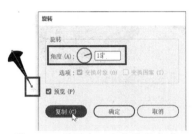在路径底部单击，调出旋转中心点并打开"旋转"面板，设置"角度"为"15°"，如图 7-24 所示。

④　单击"复制"按钮，进行旋转复制，按【Ctrl+D】组合键数次再次复制，将图形旋转复制一周，效果如图 7-25 所示。

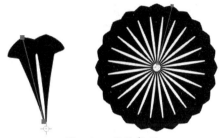

图 7-24　设置中心点和旋转角度　　　　图 7-25　旋转复制

⑤　框选所有图形，复制出一个副本，将其缩小并改变描边颜色和描边粗细，效果如图 7-26 所示。

⑥　复制出一个副本，将其缩小并改变描边颜色和描边粗细，效果如图 7-27 所示。

⑦　使用"曲率工具" 绘制一条 S 形曲线，如图 7-28 所示。

图 7-26　复制并缩小（1）　　图 7-27　复制并缩小（2）　　图 7-28　绘制曲线

⑧　按【Esc】键完成曲线的绘制。使用"宽度工具" 调整曲线的宽度，效果如图 7-29 所示。

⑨　按住【Alt】键使用"旋转工具" 在路径底部单击，调出旋转中心点并打开"旋转"面板，设置"角度"为"30°"，如图 7-30 所示。

⑩　单击"复制"按钮，进行旋转复制，按【Ctrl+D】组合键数次再次复制，将图形旋转复制一周，效果如图 7-31 所示。

图 7-29　调整宽度　　　　图 7-30　设置旋转角度　　　　图 7-31　旋转复制

⑪　框选图形，复制出两个副本，将其缩小并改变描边颜色和描边粗细，效果如图 7-32 所示。

⑫ 至此，本次精通操作案例制作完毕，效果如图 7-33 所示。

图 7-32 复制并缩小

图 7-33 最终效果

7.11 变形工具

在 Illustrator 2022 中，"变形工具" ▇可以用来进行拖拉变形。使用方法是直接在矢量图形上按住鼠标左键拖动，即可对图形进行变形处理，效果如图 7-34 所示。

图 7-34 使用"变形工具"对图形进行变形处理

> **技巧：**
>
> 在使用"变形工具" ▇时，如果想改变画笔笔刷的大小及形状，那么可以按住【Alt】键的同时在文档的空白处拖动鼠标，向右上方拖动鼠标，将放大笔刷，向左下方拖动鼠标，将缩小笔刷。

双击工具箱中的"变形工具"按钮 ▇，系统会打开"变形工具选项"对话框，如图 7-35 所示。在该对话框中可以进行精细参数设置。

"变形工具选项"对话框中各选项的含义如下。

● 全局画笔尺寸：用来指定变形笔刷的大小、角度和强度。"宽度"和"高度"用来设置笔刷的大小，"角度"用来设置画笔笔刷的旋转角度，"强度"用来控制笔刷变形强度。如果安装了数位板，那么勾选"使用压感笔"复选框，可以控制压感笔的强度。

● 变形选项：用来设置变形的细节和简化效果。

图 7-35 "变形工具选项"对话框

● 显示画笔大小：勾选该复选框，鼠标指针将呈画笔样式，如果不勾选该复选框，那
么鼠标指针将呈十字线效果。

7.12 旋转扭曲工具

在 Illustrator 2022 中，"旋转扭曲工具"  可以用来创建旋涡形状的变形效果，该工具不仅可以像"变形工具" ◢ 一样通过拖动的方式进行变形创建，还可以通过在某一点上按住鼠标左键的方式进行扭曲变形，默认的旋转变形是逆时针方向的，效果如图 7-36 所示。

图 7-36 使用"旋转扭曲工具"进行旋转变形

技巧：

在使用"旋转扭曲工具" 旋转对象时，根据需要旋转的强度，用户可以自行调整按鼠标的时间。时间越长，圈数越多；时间越少，圈数越少。

双击工具箱中的"旋转扭曲工具"按钮 ，系统会打开"旋转扭曲工具选项"对话框，将"旋转扭曲速率"分别设置为"-40°""40°"，单击"确定"按钮，效果如图 7-37 所示。

图 7-37 旋转扭曲效果

"旋转扭曲工具选项"对话框中选项的含义如下。

● 旋转扭曲速率：用来设置旋转扭曲的变形速度。取值范围为-180°～180°。数值越接近"-180°""180°"，对象的扭转速度越快，越接近"0°"时，扭转速度越平缓。该参数的值为负时以顺时针方向扭转图形，该参数的值为正时则会以逆时针方向扭转图形。

7.13　收缩工具

在 Illustrator 2022 中，"收缩工具" ❋ 用来将节点吸引到鼠标指针中心处以调节对象的形状，即将对象进行收缩处理。使用方法是，使用"收缩工具" ❋ 在对象上按住鼠标左键或拖动鼠标，此时可以看到收缩效果，如图 7-33 所示。

双击工具箱中的"收缩工具"按钮 ❋，系统会打开"收缩工具选项"对话框，该对话框与"变形工具选项"对话框一致，如图 7-39 所示。

图 7-38　收缩效果　　　　　　　图 7-39　"收缩工具选项"对话框

7.14　膨胀工具

在 Illustrator 2022 中，"膨胀工具" ◆ 用来将节点推离鼠标指针边缘处以调节对象的形状，即将对象进行膨胀处理。使用方法是，使用"膨胀工具" ◆ 在对象上按住鼠标左键或拖动鼠标，就可以看到膨胀效果，如图 7-40 所示。

技巧：

使用"膨胀工具" ◆ 进行涂抹时，当鼠标指针中心点在对象内部时，会向外鼓出变形；当鼠标指针中心点在对象外部时，会向内凹陷变形，如图 7-41 所示。

图 7-40　使用"膨胀工具"进行膨胀处理　　　　图 7-41　挤压

双击工具箱中的"膨胀工具"按钮，系统会打开"膨胀工具选项"对话框，该对话框与"变形工具选项"对话框一致，如图 7-42 所示。

图 7-42　"膨胀工具选项"对话框

7.15　扇贝工具

在 Illustrator 2022 中，"扇贝工具" 用来在图形对象的边缘位置创建随机的三角扇贝形状效果，特别是向图形内部拖动时效果最为明显。使用方法是，使用"扇贝工具" 在对象上按住鼠标左键或拖动鼠标，此时就可以看到鼠标指针经过处的三角扇贝形状，如图 7-43 所示。

双击工具箱中的"扇贝工具"按钮 ，系统会打开"扇贝工具选项"对话框，如图 7-44 所示。

图 7-43　使用"扇贝工具"创建三角扇贝形状效果

图 7-44　"扇贝工具选项"对话框

"扇贝工具选项"对话框中各选项的含义如下。

- 复杂性：用来设置图形对象变形的复杂程度，产生三角形扇贝形状的数量。从右侧的下拉列表中，可以进行 1～15 的选择，值越大，越复杂，产生的扇贝状变形越多。
- 画笔影响锚点：勾选该复选框，在变形图形对象的每个转角位置都将产生相应的锚点。
- 画笔影响内切线手柄：勾选该复选框，变形图形对象将沿三角形正切方向变形。
- 画笔影响外切线手柄：勾选该复选框，变形图形对象将沿反三角形正切方向变形。

7.16　晶格化工具

在 Illustrator 2022 中，"晶格化工具" 用来在图形对象的边缘位置创建随机锯齿形状效果。使用方法是，使用"晶格化工具" 在对象上按住鼠标左键或拖动鼠标，此时就可以看到鼠标指针经过处的锯齿形状，如图 7-45 所示。

双击工具箱中的"晶格化工具"按钮 ，系统
会打开"晶格化工具选项"对话框，在其中可以进
行更加精确的设置，如图 7-46 所示。

图 7-45　使用"晶格化工具"创建锯齿形状效果　　　　图 7-46　"晶格化工具选项"对话框

7.17　褶皱工具

在 Illustrator 2022 中，"褶皱工具" 用来在图形对象上创建随机的类似皱纹的效果或
折叠的凸状变形效果。使用方法是，使用"褶皱工具" 在对象上按住鼠标左键或拖动鼠
标，此时就可以看到鼠标指针经过处的褶皱形状，如图 7-47 所示。

双击工具箱中的"褶皱工具"按钮 ，系统会
打开"皱褶工具选项"对话框，在其中可以进行更
加精确的设置，如图 7-48 所示。

图 7-47　使用"褶皱工具"创建随机的类似皱纹的效果　　　　图 7-48　"皱褶工具选项"对话框

"褶皱工具选项"对话框中各选项的含义如下。

- 水平：用来控制水平方向的褶皱数量。值越大，产生的褶皱效果越明显。如果不想在水平方向上产生褶皱，那么可以将其值设置为 0。

- 垂直：用来控制垂直方向的褶皱数量。值越大，产生的褶皱效果越明显。如果不想在垂直方向上产生褶皱，那么可以将其值设置为 0。

7.18　封套扭曲

"封套扭曲"功能是 Illustrator 2022 的一个特色，它提供了多种默认的扭曲功能，还可以通过建立网格和使用顶层对象的方式来创建扭曲效果。"封套扭曲"功能使扭曲图形变得更加灵活，使用该命令不仅能对矢量图进行扭曲变换，还能对位图进行扭曲变换。

7.18.1　封套选项

对于应用"封套扭曲"功能的对象，可以对封套的变形效果进行修改，比如扭曲外观、扭曲线性渐变填充、扭曲图案填充等。选择"对象">"封套扭曲">"封套选项"菜单命令，可以打开如图 7-49 所示的"封套选项"对话框。

"封套选项"对话框中各选项的含义如下。

图 7-49　"封套选项"对话框

- 消除锯齿：勾选该复选框，在进行封套变形时可以消除锯齿现象，产生平滑过渡效果。

- "保留形状，使用："选项组：选中"剪切蒙版"单选按钮，可以使用路径的遮罩蒙版形式创建变形，保留封套的形状；选中"透明度"单选按钮，可以使用位图式的透明通道来保留封套的形状。

- 保真度：用来指定封套变形时的封套内容保真程度，值越大，封套的节点越多，保真度也越大。

- 扭曲外观：勾选该复选框，将对图形的外观属性进行扭曲变形。

- 扭曲线性渐变填充：勾选该复选框，在扭曲图形对象时，对填充的线性渐变也进行扭曲变形。

- 扭曲图案填充：勾选该复选框，在扭曲图形对象时，对填充的图案也进行扭曲变形。

> **技巧：**
> 在"封套选项"对话框中可以对封套进行详细设置，在进行封套变形前可以修改参数值，也可以在变形后选择图形来修改变形参数值。

7.18.2　用变形建立

"用变形建立"命令是 Illustrator 2022 为
用户提供的一项系统预设的变换功能，可以
利用这些现有的预设功能并通过相关的参数
设置达到变换的目的。选择"对象" > "封套
扭曲" > "用变形建立"菜单命令，即可打开
如图 7-50 所示的"变形选项"对话框。

"变形选项"对话框中各选项的含义如下。

- 样式：可以从右侧的下拉列表中，
  选择一种变形的样式，包括 15 种变
  形样式。如图 7-51 所示为选择相应
  变形样式后的变形效果。

图 7-50　"变形选项"对话框

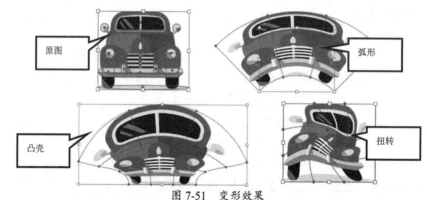

原图　弧形　凸壳　扭转

图 7-51　变形效果

- "水平""垂直""弯曲"：用来控制在水平或垂直方向上弯曲图形，并通过修改"弯
  曲"选项的值来设置变形的程度大小，值越大，图形的弯曲程度也越大。
- 扭曲：用来设置图形的扭曲程度，可以控制水平或垂直扭曲程度。

技巧：
按【Alt+Shift+Ctrl+W】组合键，可以快速打开"变形选项"对话框。

7.18.3　用网格建立

对于"封套扭曲"功能，除了使用预设的变形功能，还可以通过自定义网格来修改图形。
首先选择要变形的对象，然后选择"对象" > "封套扭曲" > "用网格建立"菜单命令，打开如
图 7-52 所示的"封套网格"对话框，在该对话框中可以设置网格的"行数"和"列数"，以添
加变形网格效果。

技巧：
按【Alt +Ctrl+M】组合键，可以快速打开"封套网格"对话框。

图 7-52 "封套网格"对话框

创建封套网格后，可以通过"直接选择工具" ▷ 调整控制点来对选择的对象进行变形处理，如图 7-53 所示。

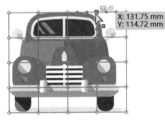

图 7-53 封套网格变形

7.18.4 用顶层对象建立

使用"用顶层对象建立"命令可以将选择的图形对象以该对象上方的路径形状为基础进行变形。首先在要扭曲变形的图形对象上方绘制一条任意形状的路径作为封套变形的参照物。然后选择要变形的图形对象及路径参照物，选择"对象">"封套扭曲">"用顶层对象建立"菜单命令，即可将选择的图形对象以其上方的形状为基础进行变形。变形效果如图 7-54 所示。

图 7-54 变形效果

技巧：
按【Alt +Ctrl+C】组合键，可以快速使用"用顶层对象建立"命令。

技巧：
使用"用顶层对象建立"命令创建扭曲变形后，用户如果对变形的效果不满意，那么可以通过选择"对象">"封套扭曲">"释放"菜单命令来还原图形，如图 7-55 所示。

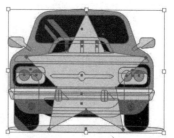

图 7-55　还原图形

7.19　综合实战：绘制黑头猫咪

实战目的：

掌握编修工具的使用方法。

技术要点：

- "椭圆工具"的使用方法
- "圆角矩形工具"的使用方法
- "多边形工具"的使用方法
- "联集"操作
- "减去顶层"操作
- 填充金属渐变色
- 3D 凸出与斜角

视频位置：（视频/第 7 章/7.19 综合实战：绘制黑头猫咪）扫描二维码快速观看视频

操作步骤

① 选择"文件">"新建"菜单命令或按【Ctrl+N】组合键，新建一个空白文档，使用"椭圆工具" 在页面中绘制 3 个椭圆，如图 7-56 所示。

② 使用"选择工具" 框选 3 个椭圆，在"路径查找器"面板中，单击"联集"按钮，效果如图 7-57 所示。

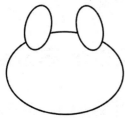

图 7-56　绘制椭圆

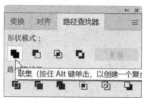

图 7-57　联集

③ 将创建联集的图形填充为"黑色"，使用"椭圆工具" 绘制一个椭圆，使用"直接选择工具" 调整椭圆形状，效果如图 7-58 所示。

④ 使用"椭圆工具"⬭绘制一个黑色椭圆和一个白色椭圆，将其作为眼睛，效果如图 7-59 所示。

⑤ 将眼睛选取后，按住【Alt】键向右拖动，复制出一个副本后，单击"属性"面板中的"水平轴"按钮⬌，效果如图 7-60 所示。

图 7-58 绘制椭圆并调整形状　　　　图 7-59 绘制眼睛　　　　图 7-60 复制

⑥ 使用"圆角矩形工具"⬭绘制一个白色圆角矩形，使用"添加锚点工具"✎在圆角矩形底部添加一个锚点，调整该锚点的位置，效果如图 7-61 所示。

⑦ 使用"椭圆工具"⬭绘制两个白色正圆，效果如图 7-62 所示。

⑧ 使用"椭圆工具"⬭绘制一个红色椭圆和一个棕色椭圆，效果如图 7-63 所示。

图 7-61 绘制圆角矩形并添加锚点　　　图 7-62 绘制正圆　　　图 7-63 绘制椭圆

⑨ 使用"直线段工具"╱绘制一条直线，使用"旋转扭曲工具"🔄在末尾处按住鼠标左键对其进行旋转，效果如图 7-64 所示。

⑩ 使用"椭圆工具"⬭绘制一个椭圆，使用"直接选择工具"▷调整椭圆形状，将其作为身体，按【Ctrl+Shift+[】组合键，将其调整到最后一层，效果如图 7-65 所示。

图 7-64 绘制直线并进行旋转　　　　图 7-65 绘制椭圆并调整

⑪ 使用"椭圆工具"⬭绘制一个椭圆，使用"路径橡皮擦工具"✐擦除右下角部分，效果如图 7-66 所示。

⑫ 使用"铅笔工具"✎绘制两条黑色短线，效果如图 7-67 所示。

⑬ 使用同样的方法绘制另一侧的效果，完成腿的绘制，如图 7-68 所示。

图 7-66 绘制椭圆并擦除路径   图 7-67 绘制短线   图 7-68 绘制另一侧的效果

⑭ 使用"椭圆工具" 绘制两个椭圆，使用"铅笔工具" 在椭圆上绘制线条，如图 7-69 所示。

⑮ 使用"铅笔工具" 绘制一条粗一点的线条，将其作为尾巴，如图 7-70 所示。

⑯ 选择"对象">"路径">"轮廓化描边"菜单命令，将描边转化为填充，再将"填充"设置为"白色"，将"描边"设置为"黑色"，效果如图 7-71 所示。

图 7-69 绘制爪子   图 7-70 绘制尾巴   图 7-71 将描边轮廓化

⑰ 按【Ctrl+Shift+[】组合键，将其调整到最后一层，使用"钢笔工具" 绘制一个灰色的封闭图形，效果如图 7-72 所示。

⑱ 使用"褶皱工具" 在封闭图形下方涂抹，效果如图 7-73 所示。

⑲ 至此，本次综合实战案例制作完毕，最终效果如图 7-74 所示。

图 7-72 绘制图形   图 7-73 添加褶皱   图 7-74 最终效果

CHAPTER

艺术工具的使用

本章导读

Illustrator 2022 为用户提供了丰富的艺术图案资源,本章主要讲解艺术工具的使用,依次介绍画笔、画笔的新建与编辑、符号的应用以及混合工具的使用。

学习要点

- ☑ 画笔
- ☑ 画笔的新建与编辑
- ☑ "符号"面板
- ☑ 使用符号工具
- ☑ 混合效果

扫码看视频

8.1 画笔

Illustrator 2022 提供了一种特殊的绘图工具——画笔，并且提供了相当多的画笔库，方便用户使用。使用"画笔工具" 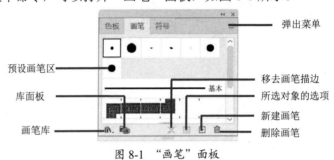可以绘制并制作出多种多样精美的艺术效果。

8.1.1 "画笔"面板

在应用"画笔工具" 之前先介绍"画笔"面板。"画笔"面板用来管理画笔预设或新定义的画笔文件，还可以用来进行修改画笔、删除画笔等操作。Illustrator 2022 还提供了非常多的预设画笔样式，用户可以使用这些预设的画笔样式来绘制更加丰富的图形。选择"窗口">"画笔"菜单命令，可以打开"画笔"面板，如图 8-1 所示。

图 8-1 "画笔"面板

"画笔"面板中各选项的含义如下。

- 预设画笔区：显示"画笔"面板中的画笔笔触。
- 库面板：单击此按钮，可以打开"库"面板。
- 画笔库菜单：单击此按钮，会弹出下拉列表，在其中可以选择更加细致的画笔类型。
- 弹出菜单：单击此按钮，会弹出画笔对应命令的菜单。
- 移去画笔描边：单击此按钮，可以将当前的画笔描边清除。
- 所选对象的选项：单击此按钮，可以打开当前选择的画笔对应的"描边选项"对话框，比如"描边选项（书法画笔）"对话框、"描边选项（图案画笔）"对话框等。
- 新建画笔：单击此按钮，可以将当前的画笔定义为新画笔。
- 删除画笔：单击此按钮，可以将选择的画笔删除。

技巧：
按【F5】键，可以快速关闭和打开"画笔"面板。

打开画笔库

Illustrator 2022 提供了大量的默认画笔库，要打开画笔库可以通过如下几种方式。

- 选择"窗口">"画笔库"菜单命令，在其子菜单中可以选择所需画笔库。
- 单击"画笔"面板右上角的弹出菜单按钮 ，在弹出的菜单中选择"打开画笔库"命令，在其子菜单中可以选择所需画笔。

- 单击"画笔"面板左下方的"画笔库菜单"按钮，在弹出的菜单中可以选择所需画笔库。

选择画笔

在 Illustrator 2022 中打开画笔库后，如果想选择某一种画笔，那么直接单击该画笔图标即可。如果想选择多个画笔，那么可以通过按【Shift】键选择多个连续的画笔，也可以通过按【Ctrl】键选择多个不连续的画笔。如果要选择未使用的所有画笔，那么可以在"画笔"面板中的弹出菜单中选择"选择所有未使用的画笔"命令。

显示与隐藏画笔

为了方便画笔的使用，可以将画笔按类型显示。在"画笔"面板弹出菜单中，选择相关的命令，如"显示书法画笔""显示散点画笔""显示图案画笔""显示艺术画笔"等，显示相关画笔后，在该命令前将出现一个对号，如果不想显示某种画笔，那么再次单击，即可将其隐藏。

删除画笔

如果不再需要当前画笔，那么直接单击"画笔"面板中的"删除画笔"按钮，即可将选择的画笔删除。

8.1.2 画笔工具

对于"画笔"面板中提供的画笔库，用户如果想使用，那么通常需要结合"画笔工具"来应用。在使用"画笔工具"前，可以在工具箱中双击"画笔工具"按钮，此时系统会打开"画笔工具选项"对话框，如图 8-2 所示。在此对话框中可以对画笔进行详细设置。

"画笔工具选项"对话框中各选项的含义如下。

- 保真度：用来设置使用画笔绘制路径曲线时的精确度，越接近"精确"端，绘制的曲线就越精确，相应的锚点就越多。越接近"平滑"端，绘制的曲线就越粗糙，相应的锚点就越少。
- 填充新画笔描边：勾选该复选框，当使用"画笔工具"绘制曲线时，将自动为曲线内部填充颜色；如果不勾选该复选框，那么绘制的曲线内部将不填充颜色。
- 保持选定：勾选该复选框，当使用"画笔工具"绘制曲线时，绘制出的曲线将处于选中状态；如果不勾选该复选框，那么绘制的曲线将不被选中。
- 编辑所选路径：勾选该复选框，那么可编辑选中的曲线路径，可使用"画笔工具"来改变现有选中的路径，并且可以在"范围"文本框中设置编辑范围。当"画笔工具"与该路径之间的距离接近设置的数值，即可对路径进行编辑、修改。

在"画笔工具选项"对话框中设置好"画笔工具"的相关参数后，就可以用来绘图。方法是，选择"画笔工具"，在"画笔"面板中选择一种画笔样式，然后设置需要的描边颜色，在文档中按住鼠标左键随意地拖动，即可绘制笔触，如图 8-3 所示。

图 8-2 "画笔工具选项"对话框

图 8-3 绘制笔触

8.1.3　应用画笔样式

画笔库中的画笔样式，不仅可以使用"画笔工具" 绘制出来，还可以将其直接应用到现有的路径中，应用过画笔样式的路径，还可以利用其他画笔样式来替换。

为路径应用画笔样式

选择一条绘制好的路径，在"画笔"面板中需要应用画笔样式的路径上单击，就可以快速在路径上应用画笔样式，如图 8-4 所示。

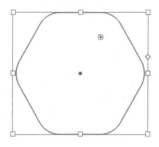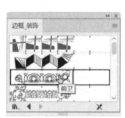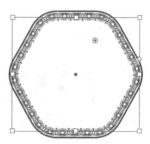

图 8-4　应用画笔样式

替换画笔样式

对于绘制的画笔样式，用户如果不喜欢，那么只需在"画笔库"面板中选择一种画笔样式，即可将之前的画笔替换掉，如图 8-5 所示。

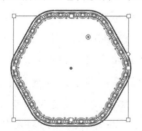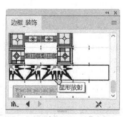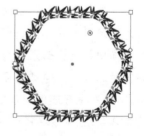

图 8-5　替换画笔样式

技巧：

对路径应用画笔样式后，如果想恢复画笔描边效果，那么可以选择图形对象，单击"画笔"面板下方的"移去画笔描边"按钮 ，如图 8-6 所示。

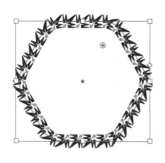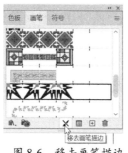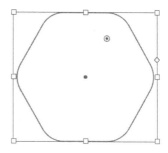

图 8-6 移去画笔描边

8.2 画笔的新建与编辑

Illustrator 2022 提供了 5 种画笔，画笔库中还提供了非常多的画笔，但这并不一定能满足用户的需要，所以系统还提供了新建画笔功能。用户可以根据需要创建属于自己的画笔类型，以方便今后的创作。5 种画笔分别是"书法画笔""散点画笔""毛刷画笔""图案画笔""艺术画笔"，绘制效果如图 8-7 所示。

书法画笔　　　　散点画笔　　　　毛刷画笔　　　　图案画笔　　　　艺术画笔

图 8-7 5 种画笔绘制效果

1. 新建书法画笔

书法画笔是根据不同的书法笔触，在页面中创建的书法类型的画笔痕迹。如果 Illustrator 2022 默认提供的书法画笔不能满足用户创作需要，那么用户可以自定义一些书法画笔。

2. 新建散点画笔

散点画笔是根据选择的图形定义的画笔类型，在使用散点画笔时会根据绘制的画笔路径进行固定或随机的图形分布。如果 Illustrator 2022 默认提供的散点画笔不能满足用户创作的需要，那么用户可以自定义一些散点画笔。

温馨提示：
应用渐变色的矢量图或网格渐变的图形不能被定义为散点画笔。

3. 新建毛刷画笔

毛刷画笔类似于现实中的毛笔，可以用来根据不同的需求设置笔触类型。如果 Illustrator 2022 默认提供的毛刷画笔不能满足用户创作需要，那么用户可以自定义一些毛刷画笔。

4. 新建图案画笔

如果 Illustrator 2022 默认提供的图案画笔不能满足用户创作需要，那么用户可以自定义一些图案画笔。图案画笔的创建方法有两种，一种是选择文档中的某个图形对象来创建；另一种是将某个图形先定义为图案，再利用该图案来创建。前一种方法与前面讲解过的书法和散点画笔的创建方法相同。下面来讲解先定义图案再创建图案画笔的方法。

> **技巧：**
>
> 创建图案画笔时，所有的图形都必须是由简单的开放或封闭路径的矢量图形组成的，画笔图案中不能包含渐层、混合、渐层网格、位图图像、图表、置入文件等元素，否则系统将打开"提示"对话框，提示"所选图稿包含不能在图案画笔中使用的元素"。

5. 新建艺术画笔

艺术画笔是根据设置的图形定义的画笔类型，设置一个笔触后，可以将整个图形应用到绘制的路径中。如果 Illustrator 2022 默认提供的艺术画笔不能满足用户创作需要，那么用户可以自定义一些艺术画笔。艺术画笔的创建方法与之前的画笔相似。

6. 画笔的编辑

使用画笔绘制图形后，用户如果对当前画笔绘制的效果不满意，那么可以对画笔的参数进行更加详细的调整，以此来达到设计的要求。

用户可以在使用前对画笔进行编辑，也可以在使用后对其进行编辑，编辑后的画笔参数将影响绘制的图形效果。

8.3 新建与编辑画笔高效操作

Illustrator 2022 为用户提供了 5 种画笔，用户如果还没有找到需要的画笔，就需要通过一些操作来将自己喜欢的画笔定义到"画笔"面板中。用户可以反复使用定义后的画笔，还可以继续对其进行相应的编辑。

8.3.1 自定义书法画笔

精通目的：

掌握自定义书法画笔的方法。

技术要点：

● 新建文档

● 新建画笔

● 新建书法画笔

视频位置：（视频/第 8 章/8.3.1 自定义书法画笔）扫描二维码快速观看视频

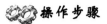 操作步骤

① 选择"文件">"新建"菜单命令或按【Ctrl+N】组合键,新建一个空白文档,在"画笔"面板中单击"新建画笔"按钮 ⊞,在打开的"新建画笔"对话框中,选中"书法画笔"单选按钮,如图 8-8 所示。

② 选中"书法画笔"单选按钮后,单击"确定"按钮,系统会打开"书法画笔选项"对话框,如图 8-9 所示。

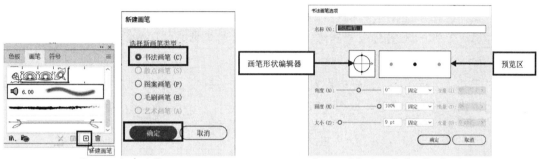

图 8-8 新建画笔   图 8-9 "书法画笔选项"对话框

"书法画笔选项"对话框中各选项的含义如下。

● "名称":用来设置书法画笔的名称。
● 画笔形状编辑器:用来直观地调整画笔的外观。拖动图中黑色的小圆点,可以修改画笔的圆角度;拖动箭头可以修改画笔的角度,如图 8-10 所示。
● 预览区:用来查看调整后的效果。
● "角度":用来设置画笔的旋转角度。用户可以在画笔形状编辑器中拖动箭头修改角度,也可以直接在该文本框中输入旋转的角度值。
● "圆度":用来设置画笔的圆角度,即长宽比例。用户可以在画笔形状编辑器中拖动黑色的小圆点来修改圆角度,也可以直接在该文本框中输入圆角度。
● "大小":用来设置画笔的大小。用户可以直接拖动滑块来修改,也可以在文本框中输入要修改的数值。

在"角度""圆度""大小"右侧的下拉列表中可以选择所希望控制的角度、圆度和大小变量的方式,如图 8-11 所示。

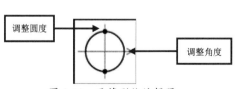

图 8-10 画笔形状编辑器

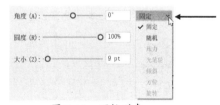

图 8-11 下拉列表

● 固定:如果选择该选项,那么会使用相关文本框中的数值作为画笔固定值,即角度、圆角和大小的值是固定不变的。
● 随机:用来使用指定范围内的数值,随机改变画笔的角度、圆度和大小。选择"随机"选项时,需要在"变量"文本框中输入数值,指定画笔变化的范围。对每个画

笔而言，"随机"选项中的数值可以是画笔特性文本框中的数值加、减变化值后所得数值之间的任意数值。例如，"大小"值为"20"，"变化"值为"10"，则"大小"可以是"10""30"，或者其间的任意数值。

- "压力""光笔轮""倾斜""方位""旋转"：只有在使用数位板时才可以使用这些选项，其数值是由数位笔的压力决定的。当选择"压力"选项时，也需要在"变化"文本框中输入数值。"压力"选项中的数值是画笔特性文本框中的数值减去"变化"值后所得的数值时，可以作为数字板上最小的压力值。画笔特性文本框中的数值加上"变化"值后所得的数值则是最大的压力值。例如，"圆度"为"75%"，"变化"为"25%"，则最轻的笔画为"50%"，最重的笔画为"100%"。压力越小，画笔笔触的角度越大。

③ 在"书法画笔选项"对话框中设置完毕后，单击"确定"按钮，此时会在"画笔"面板中显示新建的书法画笔，如图 8-12 所示。

图 8-12　新建的书法画笔

8.3.2　自定义散点画笔

精通目的：

掌握自定义散点画笔的方法。

技术要点：

- 新建文档
- 新建画笔
- 新建散点画笔

视频位置：（视频/第 8 章/8.3.2 自定义散点画笔）扫描二维码快速观看视频

操作步骤

① 选择"文件">"打开"菜单命令或按【Ctrl+O】键，打开附赠的"素材\第 8 章\小汽车"素材，如图 8-13 所示。

② 使用"选择工具" ▶ 选择打开的"小汽车"素材，在"画笔"面板中单击"新建画笔"按钮 ，在弹出的"新建画笔"对话框中，选中"散点画笔"单选按钮，如图 8-14所示。

图 8-13 打开素材

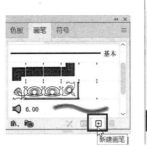

图 8-14 新建画笔

③ 选中"散点画笔"单选按钮后，单击"确定"按钮，系统将打开"散点画笔选项"对话框，如图 8-15 所示。

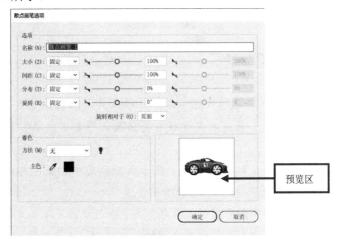

图 8-15 "散点画笔选项"对话框

"散点画笔选项"对话框中各选项的含义如下。

● 名称：用来设置散点画笔的名称。

● 大小：用来设置散点画笔的大小。

● 间距：用来设置散点画笔之间的距离。

● 分布：用来设置路径两侧的散点画笔对象与路径之间接近的程度。数值越高，对象与路径之间的距离越远。

● 旋转：用来设置散点画笔的旋转角度。

在"大小""间距""分布""旋转"右侧的下拉列表中可以选择希望控制的大小、间距、分布和旋转变量的方式。

● 固定：选择该选项，会使用相关文本框中的数值作为散点画笔固定值，即大小、间距、分布和旋转的值是固定不变的。

● 随机：拖动每个最小值滑块和最大值滑块，或者在每个选项的两个文本框中输入相应属性的范围。对于每一个笔画，可以随机使用最大值和最小值之间的任意值。例如，当"大小"的最小值是"10%"、最大值是"80%"时，对象的"大小"可以是"10%""80%"，或者它们之间的任意值。

> **技巧：**
>
> 按住【Shift】键拖动滑块，可以保持两个滑块之间值的范围相同。按住【Alt】键拖动滑块，可以使两个滑块移动相同的距离。

- 旋转相对于：用来设置散点画笔旋转时的参照对象。选择"页面"选项，散点画笔的旋转角度是相对于页面的，其中"0°"是指垂直于顶部的方向；选择"路径"选项，散点画笔的旋转角度是相对于路径的，其中"0°"是指路径的切线方向。旋转相对于页面和路径的效果不同，如图8-16所示。

相对于页面　　　　　　　　　　　相对于路径

图 8-16　相对旋转

- 着色：用来设置散点画笔的着色方式，可以在其下拉列表中选择需要的选项。
  - ➤ 无：选择该选项，散点画笔的颜色将保持与原本"画笔"面板中该画笔的颜色相同。
  - ➤ 色调：以不同浓淡的笔画颜色来显示散点画笔中的黑色部分，不是黑色部分则变成笔画颜色的淡色，白色保持不变。
  - ➤ 淡色和暗色：以不同浓淡的笔画颜色来显示散点画笔中的黑色，白色保持不变，介于黑、白中间的颜色将根据不同的灰度级别，显示不同浓淡程度的笔画颜色。
  - ➤ 色相转换：在散点画笔中使用主色颜色框中显示的颜色，散点画笔的主色变成画笔笔画颜色，其他颜色变成与笔画颜色相关的颜色。它保持黑色、白色和灰色不变。对使用多种颜色的散点画笔选择"色相转换"。

④ 在"散点画笔选项"对话框中设置完毕后，单击"确定"按钮，此时会在"画笔"面板中显示新建的散点画笔，如图8-17所示。

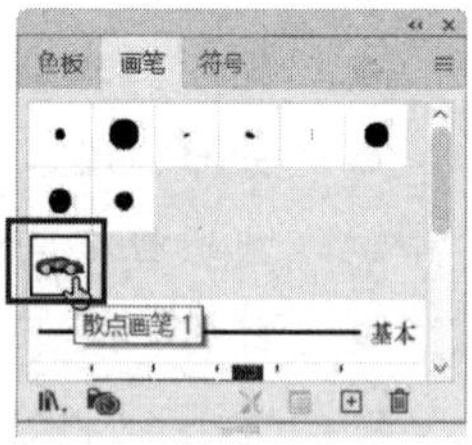

8.3.3　自定义图案画笔

精通目的：

掌握自定义图案画笔的方法。

图 8-17　新建的散点画笔

技术要点：

- 新建文档
- 新建画笔

● 新建图案画笔

视频位置:(视频/第 8 章/8.3.3 自定义图案画笔)扫描二维码快速观看视频

操作步骤

① 选择"文件">"新建"菜单命令或按【Ctrl+N】组合键,新建一个空白文档,选择"窗口">"符号库">"自然"菜单命令,打开"自然"符号面板,选择面板中的"蝴蝶"符号,将其拖动到文档中,如图 8-18 所示。

② 将选择的"蝴蝶"符号直接拖动到"色板"面板中,如图 8-19 所示。

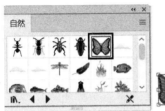

图 8-18　选择符号

图 8-19　定义色板

③ 在"画笔"面板中单击"新建画笔"按钮 ,在打开的"新建画笔"对话框中,选中"图案画笔"单选按钮,如图 8-20 所示。

④ 选中"图案画笔"单选按钮后,单击"确定"按钮,系统会打开"图案画笔选项"对话框,如图 8-21 所示。

图 8-20　定义画笔

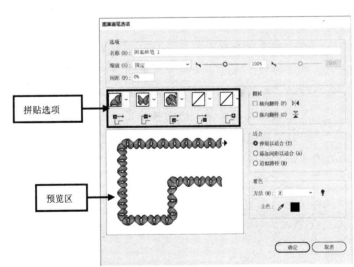

图 8-21　"图案画笔选项"对话框

"图案画笔选项"对话框中各选项的含义如下。

● 拼贴选项:这里显示了 5 种图形的拼贴,包括边线拼贴、外角拼贴、内角拼贴、起点拼贴和终点拼贴,拼贴是对路径、路径的转角、路径起始点、路径终止点图案样式的设置,每一种拼贴图案样式下端都有图例指示,用户可以根据图示很容易地理解拼贴位置,如图 8-22 所示。

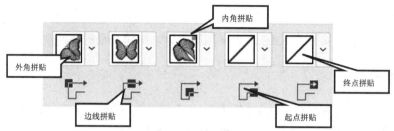

图 8-22　拼贴选项

- "拼贴"下拉列表：显示所有用来拼贴的图案名称，在拼贴选项中单击某个拼贴按钮，在下面的拼贴图案框中可以选择图案样式。若用户不想设置某个拼贴样式，则可以选择"无"选项；若用户想恢复原来的某个拼贴样式，则可以选择"原始"选项。这些拼贴图案框中的图案样式实际上是"色板"面板中的图案。因此，可以通过编辑"色板"面板中的图案来增加拼贴图案，并且在每个拼贴选项的下拉列表中，有原图案编辑过的不同效果，包括自动居中、自动居间、自动切片、自动重叠和新建图案色板，如图 8-23 所示。
- 预览区：用来显示当前修改后的图案画笔效果。
- "缩放"：用来设置图案的大小和间距。在"缩放"文本框中输入数值，可以设置各拼贴图案样式的总体大小；在"间距"文本框中输入数值，可以设置每个图案之间的间隔距离。
- "翻转"：用来指定图案的翻转方向。可以在该选项区域勾选"横向翻转"复选框，表示图案沿垂直轴翻转；勾选"纵向翻转"复选框，表示图案沿水平轴翻转。
- "适合"：用来设置图案与路径的关系。选中"伸展以适合"单选按钮，可以伸长或缩短图案拼贴样式以适合路径，这样可能使图案产生变形；选中"添加间距以适合"单选按钮，将以添加图案拼贴间距的方式使图案适合路径；选中"近似路径"单选按钮，在不改变拼贴样式的情况下，将拼贴样式排列成最接近路径的形式，为了保持图案样式不变形，图案将应用于路径的里边或外边一点。

⑤ 在"图案画笔选项"对话框中，设置各项参数后，单击"确定"按钮，完成"图案画笔"的创建，如图 8-24 所示。

图 8-23　"拼贴"下拉列表

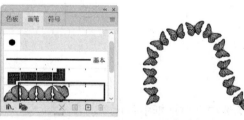

图 8-24　创建图案画笔

技巧：

　　使用散点画笔和图案画笔有时可以产生相同的效果，但它们的用法是不同的。图案画笔只能沿路径分布，不能偏离路径，而散点画笔可以偏离路径，并且可以分散地分布在路径以外的其他位置。

8.3.4　自定义毛刷画笔

精通目的：

掌握自定义毛刷画笔的方法。

技术要点：

● 　新建文档

● 　新建画笔

● 　新建毛刷画笔

视频位置：（视频/第 8 章/8.3.4 自定义毛刷画笔）扫描二维码快速观看视频

操作步骤

① 选择"文件">"新建"菜单命令或按【Ctrl+N】组合键，新建一个空白文档，使用"铅笔工具" 🖊 在页面中随意绘制一条曲线，如图 8-25 所示。

② 在"画笔"面板中单击"新建画笔"按钮 ⊞，在打开的"新建画笔"对话框中，选中"毛刷画笔"单选按钮，如图 8-26 所示。

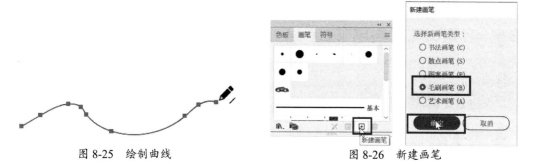

图 8-25　绘制曲线　　　　　　　　　　　图 8-26　新建画笔

③ 选中"毛刷画笔"单选按钮后，单击"确定"按钮，系统会打开"毛刷画笔选项"对话框，如图 8-27 所示。

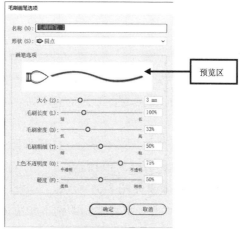

图 8-27　"毛刷画笔选项"对话框

"毛刷画笔选项"对话框中各选项的含义如下。

● 名称：用来设置毛刷画笔的名称。

● 形状：用来设置毛刷画笔的笔触形状。

● 大小：用来设置毛刷画笔的笔触大小。

● 毛刷长度：用来设置毛刷画笔的笔刷长度。

● 毛刷密度：用来设置毛刷画笔的笔触疏密程度。

● 毛刷粗细：用来设置毛刷画笔的笔触粗细。

● 上色不透明度：用来设置毛刷画笔的笔触在绘制或应用时的颜色深浅。

● 硬度：用来设置毛刷画笔的笔触软硬程度。

④ 在"毛刷画笔选项"对话框中设置完毕后，单击"确定"按钮，此时会在"画笔"面板中显示新建的毛刷画笔，如图 8-28 所示。

图 8-28　新建的毛刷画笔

8.3.5　自定义艺术画笔

精通目的：

掌握自定义艺术画笔的方法。

技术要点：

● 新建文档

● 新建画笔

● 新建艺术画笔

视频位置：（视频/第 8 章/8.3.5 自定义艺术画笔）扫描二维码快速观看视频

操作步骤

① 选择"文件" > "新建"菜单命令或按【Ctrl+N】组合键，新建一个空白文档，使用"椭圆工具" 在页面中绘制一个红色正圆，如图 8-29 所示。

② 选择"效果" > "扭曲和变换" > "变换"菜单命令，打开"变换效果"对话框，其中的参数设置如图 8-30 所示。

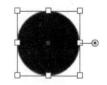

图 8-29　绘制正圆

③ 设置完毕，单击"确定"按钮，效果如图 8-31 所示。

④ 选择"对象" > "扩展外观"菜单命令，再将复制的副本颜色调整为橘色，效果如图 8-32 所示。

⑤　选择这两个正圆，选择"效果">"扭曲和变换">"变换"菜单命令，打开"变换效果"
　　对话框，其中的参数设置如图 8-33 所示。

图 8-31　变换后的效果

图 8-32　扩展后调整颜色

图 8-30　"变换效果"对话框（1）

图 8-33　"变换效果"对话框（2）

⑥　设置完毕后，单击"确定"按钮，效果如图 8-34 所示。

图 8-34　变换后的效果

⑦　在"画笔"面板中单击"新建画笔"按钮 ⊞，在打开的"新建画笔"对话框中，选中
　　"艺术画笔"单选按钮，如图 8-35 所示。

⑧　选中"艺术画笔"单选按钮后，单击"确定"按钮，系统会打开"艺术画笔选项"对话
　　框，如图 8-36 所示。

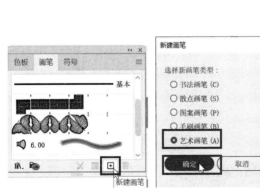

图 8-35　定义画笔

图 8-36　"艺术画笔选项"对话框

"艺术画笔选项"对话框中各选项的含义如下。

● 方向：用来设置绘制图形的方向。可以通过单击 4 个方向按钮来调整，同时在预览区有一个蓝色的箭头图标，用来显示艺术画笔的方向。

● 宽度：用来设置艺术画笔的宽度。可以通过在右侧的文本框中输入新的数值来修改宽度。如果选中"按比例缩放"单选按钮，那么通过设置的宽度值可以等比例缩放艺术画笔。

⑨ 设置完毕后，单击"确定"按钮，此时定义的艺术画笔如图 8-37 所示。

⑩ 使用"画笔工具" ✐ 在页面中绘制自定义的艺术画笔，效果如图 8-38 所示。

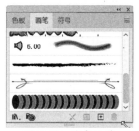

图 8-37　艺术画笔

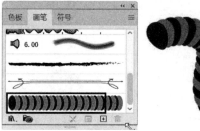

图 8-38　绘制艺术画笔

8.3.6　编辑画笔

精通目的：

掌握编辑画笔的方法。

技术要点：

● 新建文档

● 编辑画笔

视频位置：（视频/第 8 章/8.3.6 编辑画笔）扫描二维码快速观看视频

操作步骤

① 选择"文件">"新建"菜单命令或按【Ctrl+N】组合键，新建一个空白文档，打开"画笔"面板后，选择"牛仔布接缝"画笔，使用"画笔工具" ✐ 在页面中拖动绘制画笔，如图 8-39 所示。

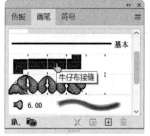

图 8-39　绘制画笔

② 在"牛仔布接缝"画笔上双击，打开"图案画笔选项"对话框，设置"大小""间距"的值，如图 8-40 所示。

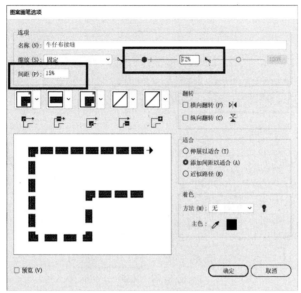

图 8-40 "图案画笔选项"对话框

③ 设置完毕后，单击"确定"按钮，系统会打开如图 8-41 所示的警告对话框。
  警告对话框中各选项的含义如下。
  ● 应用于描边：将改变已经应用的图案画笔，并且画笔属性也将同时改变，再绘制的画笔效果将保持修改后的效果。
  ● 保留描边：保留已经存在的图案画笔，只将修改后的画笔应用于新的图案画笔。
  ● 取消：取消画笔的修改。

④ 单击"应用于描边"按钮，可以修改刚才绘制的画笔，效果如图 8-42 所示。

图 8-41 警告对话框

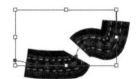

图 8-42 修改后的效果

8.4 斑点画笔工具

在使用 Illustrator 2022 中的"斑点画笔工具" 时，只能以设置的描边颜色或图案等内容进行绘制，绘制出的对象属于填充，可以为使用"斑点画笔工具" 绘制的图形重新添加描边，如图 8-43 所示。

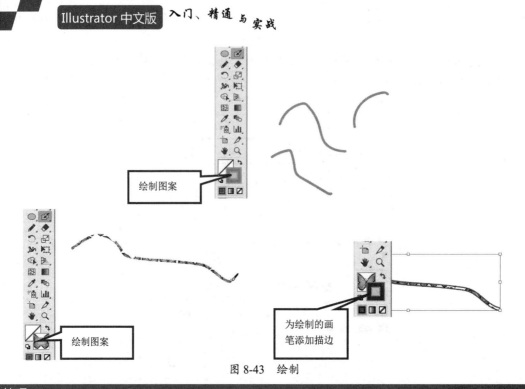

图 8-43　绘制

技巧：
　　使用"画笔工具" ✐ 绘制的内容属于描边，使用"斑点画笔工具" ✐ 绘制的内容属于填充。

8.5　符号

　　Illustrator 2022 中的符号具有很大的方便性和灵活性，它可以用来快速创建很多相同的图形对象。同时，可以利用相关的符号工具对这些对象进行相应的编辑，比如移动、缩放、旋转、着色、改变使用样式等。符号的使用还可以大大节省文件所占的空间大小，因为无论文档中有多少个该符号，文件都只记录其中一个符号的大小。

8.5.1　"符号"面板

　　"符号"面板是用来存放符号的地方，使用"符号"面板可以管理符号文件，可以进行新建符号、重新定义符号、复制符号、编辑符号、删除符号等操作。同时，可以通过打开符号库来调用更多的符号。

　　选择"窗口">"符号"菜单命令，系统会打开"符号"面板。在"符号"面板中，可以通过单击来选择相应的符号。按住【Shift】键可以选择多个连续的符号，按住【Ctrl】键可以选择多个不连续的符号，如图 8-44 所示。

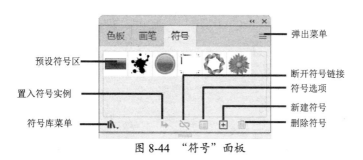

图 8-44 "符号"面板

"符号"面板中各选项的含义如下。

- 预设符号区：用来显示"符号"面板中的符号。
- 置入符号实例：单击此按钮，可以将选择的符号添加到文档中。
- 符号库菜单：单击此按钮，会弹出下拉列表，在其中可以选择更加细致的符号类型。
- 弹出菜单：单击此按钮，会弹出符号对应命令的菜单。
- 断开符号链接：单击此按钮，可以将当前的符号断开链接，进行单独编辑。
- 符号选项：单击此按钮，可以打开"符号选项"对话框，在其中可以查看符号的一些信息。
- 新建符号：单击此按钮，可以将当前编辑的对象创建为符号。
- 删除符号：单击此按钮，可以将"符号"面板中选择的符号删除。

打开符号库

Illustrator 2022 为用户提供了大量的默认符号库，想要打开符号库，可以通过如下几种方式。

- 选择"窗口">"符号库"菜单命令，在其子菜单中可以选择需要的符号库。
- 单击"符号"面板右上角的"弹出菜单"按钮 ☰，在弹出的菜单中选择"打开符号库"命令，在其子菜单中可以选择需要的符号。
- 单击"符号"面板左下方的"符号库菜单"按钮 ▥，在弹出的菜单中可以选择需要的符号库。

放置符号

在 Illustrator 2022 中打开符号库后，想要使用某一种符号，可以通过如下几种方式。

- 直接在"符号"面板中单击符号图标并将其拖动到文档中。
- 选择一个符号后，直接单击"置入符号实例"按钮 ⤵，也可以将选择的符号应用到文档中。
- 选择一个符号后，单击"弹出菜单"按钮，在弹出的菜单中选择"放置符号实例"命令，同样可以将选择的符号应用到文档中。

技巧：

如果想使用多个当前符号，那么只需多次进行相应操作即可。

符号的编辑

在 Illustrator 2022 中，还可以对当前符号进行编辑处理。方法是，在"符号"面板中选择要编辑的符号，单击"弹出菜单"按钮，在弹出的菜单中选择"编辑符号"命令，如图 8-45 所示，将自动进入编辑窗口。

图 8-45　选择"编辑符号"命令

编辑符号与编辑其他图形对象一样，如缩放、旋转、填色、变形等多种操作。如果该符号已经在文档中使用，那么对符号编辑后将影响其他前面使用的符号效果。如果在当前文档中置入了要编辑的符号，那么选择该符号后，单击控制栏中的"编辑符号"按钮，或直接在文档中双击该符号，都可以在"符号编辑"窗口中对符号进行相应的编辑。

技巧：

如果文档中有多个符号，而其中的某些符号无须随符号的修改而变化，那么可以选择这些符号，然后在"符号"面板中选择"弹出菜单"中的"断开符号链接"命令，或单击"符号"面板底部的"断开符号链接"按钮 ，将其与原符号断开链接关系。

替换编辑

通过"替换符号"命令可以将文档中当前使用的符号，使用其他符号来代替。替换方法是，在文档中选择需要替换的符号，在"符号"面板中选择要替换的符号，再在"符号"面板中的"弹出菜单"中选择"替换符号"命令，即可将符号替换，如图 8-46 所示。

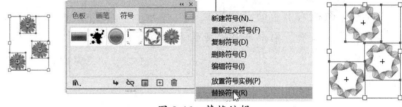

图 8-46　替换编辑

8.5.2　新建符号

符号的创建不同于画笔的创建，它不受图形对象的限制，可以说，所有的矢量对象和位图对象都可以用来创建新符号，但不能使用链接的图形或 Illustrator 2022 中的图表对象。新建符号的操作方法非常简单，可以通过如下几种方法来新建符号：

（1）选择要创建符号的图形或图像，将其拖动到"符号"面板中。

（2）单击"符号"面板右上角的"弹出菜单"按钮 ，在弹出的菜单中选择"新建符号"命令。

（3）单击"符号"面板左下方的"新建符号"按钮 。

8.6 创建新符号

精通目的：

掌握创建新符号的方法

技术要点：

● 打开文档

● 新建符号

视频位置：（视频/第 8 章/8.6 创建新符号）扫描二维码快速观看视频

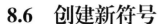 操作步骤

① 选择"文件">"打开"菜单命令或按【Ctrl+O】组合键，打开附赠的"素材\第 8 章\卡通猫"素材，如图 8-47 所示。

② 确保打开的素材被选取，选择"窗口">"符号"菜单命令，打开"符号"面板，单击"新建符号"按钮 ，如图 8-48 所示。

图 8-47 打开素材

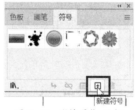

图 8-48 "符号"面板

③ 系统会打开"符号选项"对话框，在该对话框中设置"名称"为"卡通猫"，其他参数不变，如图 8-49 所示。

"符号选项"对话框中各选项的含义如下。

● "名称"：用来设置新建符号的名称。

● "导出类型"：用来选择符号的类型。可以在输出到 Flash 后将符号设置为"图形""影片剪辑"。

● "符号类型"：用来设置新建符号的类型，包括"动态符号""静态符号"。

● "套版色"：在右侧的控制区单击 按钮，设置符号输出时的符号中心点位置。

● "启用 9 格切片缩放的参考线"：勾选该复选框，当符号输出时可以使用 9 格切片缩放功能。

④ 设置完毕，单击"确定"按钮，此时可以将选择的对象创建成符号，如图 8-50 所示。

图 8-49 "符号选项"对话框

图 8-50 新建的符号

8.7 符号工具

Illustrator 2022 中的符号工具有 8 种，分别是"符号喷枪工具" 、"符号移位器工具" 、"符号紧缩器工具" 、"符号缩放器工具" 、"符号旋转器工具" 、"符号着色器工具" 、"符号滤色器工具" 和"符号样式器工具" ，如图 8-51 所示。

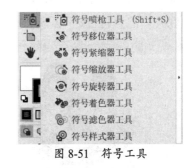

图 8-51 符号工具

8.7.1 符号喷枪工具

"符号喷枪工具" 像生活中的喷枪一样，只是在使用时喷出的是一系列的符号对象，利用该工具在文档中单击或随意地拖动，可以将符号应用到文档中，如图 8-52 所示。

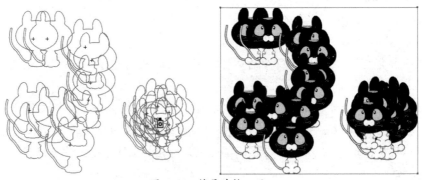

图 8-52 符号喷枪工具

在工具箱中双击"符号喷枪工具" 可以打开"符号工具选项"对话框，在其中可以进行更加详细的设置，如图 8-53 所示。

"符号工具选项"对话框中各选项的含义如下。

● "直径"：用来设置符号工具的笔触大小，也可以在选择符号工具后，按【]】键增大笔触；按【[】键减小笔触。

● "方法"：选择符号的编样方法。有 3 个选项供选择，即"平均""用户定义""随机"，一般常用"用户定义"选项。

● "强度"：用来设置符号变化的速度，值越大表示变化的速度越快，也可以在选择符号工具后，按【Shift +]】或【Shift + [】组合键增大或减小强度，每按一下增大或减小 1 个强度单位。

● "符号组密度"：用来设置符号的密集度，它会影响整个符号组。值越大，符号越密集。

● 工具区：用来显示当前使用的工具，当前工具处于按下状态。可以单击其他工具按钮来切换不同工具并显示该工具的属性设置选项。

● "显示画笔大小和强度"：勾选该复选框，在使用符号工具时，可以直观地看到符号工具的大小和强度。

● "紧缩"：用来设置产生符号组的初始收缩方法。

● "大小"：用来设置产生符号组的初始大小。

● "旋转"：用来设置产生符号组的初始旋转方向。

● "滤色"：用来设置产生符号组时使用 100%的不透明度。

● "染色"：用来设置产生符号组时使用当前的填充颜色。

● "样式"：用来设置产生符号组时使用当前选定的样式。

使用"符号喷枪工具" 可以在原符号组中添加其他不同类型的符号，以创建混合的符号组。方法是，选择要添加其他符号的符号组，在"符号"面板中选择其他的符号，再使用"符号喷枪工具" 在选择的原符号组中拖动，可以看到拖动时新符号的轮廓显示，达到满意的效果时释放鼠标，即可添加新符号到符号组中，如图 8-54 所示。

图 8-53 "符号工具选项"对话框

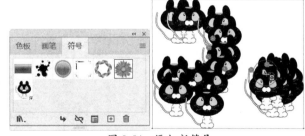

图 8-54 添加新符号

8.7.2 符号移位器工具

"符号移位器工具" 主要用来移动符号组中的符号实例，还可以用来改变符号组中符号的前后顺序。要移动符号，首先选择该符号组，然后使用"符号移位器工具"将鼠标指针移动到要移动的符号上面，按住鼠标左键拖动，在拖动时可以看到符号移动的轮廓效果，达到满意的效果时释放鼠标，即可移动符号，如图 8-55 所示。

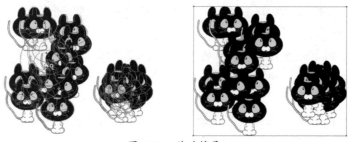

图 8-55　移动符号

使用"符号移位器工具"还可以调整符号的顺序。方法是，选择符号组，在要调整顺序的符号实例上，按住【Shift+Alt】组合键将该符号实例后移一层；按住【Shift】键可以将该符号实例前移一层，如图 8-56 所示。

图 8-56　调整符号的顺序

8.7.3　符号紧缩器工具

使用"符号紧缩器工具"可以将符号实例从鼠标指针处向内收缩或向外扩展，以制作紧缩与分散的符号组效果。使用"符号紧缩器工具"在需要收缩的符号上按住鼠标左键不放或拖动鼠标，可以看到符号实例快速向鼠标指针处收缩的轮廓效果，达到满意效果后释放鼠标，即可完成符号的收缩，如图 8-57 所示。

  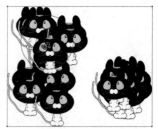

图 8-57　收缩符号

使用"符号紧缩器工具"调整符号时按住【Alt】键，将鼠标指针移动到符号上按住鼠标左键不放或拖动鼠标，可以看到符号实例快速从鼠标指针处向外扩散，达到满意效果后释放鼠标，即可完成符号的扩展，如图 8-58 所示。

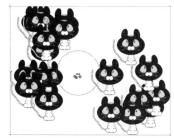

图 8-58 扩展符号

8.7.4 符号缩放器工具

使用"符号缩放器工具"  可以将符号实例放大或缩小，以制作出大小不同的符号实例，产生丰富的层次。选择"符号缩放器工具" ，将鼠标指针移动到要缩放的符号实例上面，单击或按住鼠标左键不动或按住鼠标左键拖动，都可以将鼠标指针处的符号放大，如图 8-59 所示。

图 8-59 放大符号

选择"符号缩放器工具" ，将鼠标指针移动到要缩放的符号实例上面，按住【Alt】键的同时单击或按住鼠标左键不动或按住鼠标左键拖动，都可以将鼠标指针处的符号缩小，如图 8-60 所示。

在工具箱中双击"符号缩放器工具"按钮 ，打开"符号工具选项"对话框，在其中可以进行更细致的设置，如图 8-61 所示。

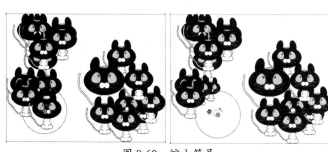

图 8-60 缩小符号

图 8-61 "符号工具选项"对话框

"符号工具选项"对话框中各选项的含义如下。

● 等比缩放：勾选该复选框，将等比例缩放符号实例。

● 调整大小影响密度：勾选该复选框，在调整符号实例大小的同时调整符号实例的
密度。

8.7.5　符号旋转器工具

使用"符号旋转器工具" 可以不同的角度旋转符号实例，以制作出不同方向的符号
效果。方法是，选择要旋转的符号组，在工具箱中单击"符号旋转器工具"按钮 ，在要
旋转的符号上按住鼠标左键拖动，在拖动的同时在符号实例上将出现一个蓝色的箭头图标，
以显示符号实例旋转的方向，达到满意的效果后释放鼠标，此时符号实例将会旋转一定的角
度，如图 8-62 所示。

图 8-62　旋转符号

8.7.6　符号着色器工具

使用"符号着色器工具" 可以通过在选择的符号对象上单击或拖动，来对符号进行
重新着色，以制作出不同颜色的符号效果，并且单击的次数和拖动的快慢将影响符号的着色
效果。单击的次数越多，拖动的时间越长，着色的颜色越深。使用方法是，选择要进行着色
的符号组，选择"符号着色器工具" ，在"颜色"面板中设置进行着色所使用的颜色，
之后将鼠标指针移动到要着色的符号上单击或拖动鼠标。如果想产生较深的颜色，那么可以
多次单击或重复拖动，释放鼠标后就可以看到着色后的效果，如图 8-63 所示。

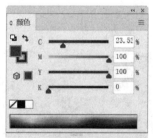

图 8-63　着色

技巧：

如果释放鼠标后发现颜色过深，那么可以在按住【Alt】键的同时，在符号上单击或拖动鼠标，可以将
符号的着色变浅。

8.7.7 符号滤色器工具

使用"符号滤色器工具" ⚙️ 可以改变文档中所选符号实例的不透明度，以制作出深浅不同的透明效果。使用方法是，选择符号组，选择"符号滤色器工具" ⚙️ ，将鼠标指针移动到要设置不透明度的符号上面，单击或按住鼠标左键拖动，同时可以看到受到影响的符号将显示出蓝色的边框，单击的次数和拖动鼠标的重复次数将直接影响符号的透明效果。单击的次数越多，重复拖动的次数越多，符号变得越透明。如图 8-64 所示是通过拖动鼠标来修改符号透明效果的。

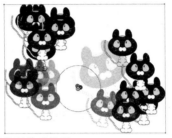

图 8-64　修改符号的透明效果

技巧：

如果释放鼠标后发现符号消失了，那么说明重复拖动的次数过多，使符号完全透明了。在按住【Alt】键的同时在符号上单击或拖动，可以降低符号的透明度。

8.7.8 符号样式器工具

使用"符号样式器工具" ⚙️ 需要"样式"面板的配合，这样可以为符号实例添加各种特殊的样式，比如投影、羽化、发光等。使用方法是，选择符号组，打开"图形样式"面板，选择"投影"样式，使用"符号样式器工具" ⚙️ 在符号组中单击或按住鼠标左键拖动，释放鼠标，即可为符号实例添加图形样式，如图 8-65 所示。

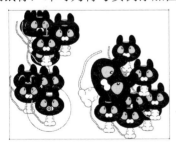

图 8-65　为符号添加图形样式

技巧：

在符号实例上多次单击或拖动鼠标，可以多次应用图形样式效果。如果应用了过多的样式，想降低样式强度，那么可以在按住【Alt】键的同时，在符号实例上单击或拖动鼠标。

8.8　混合效果

使用 Illustrator 2022 中的"混合工具" 和"混合"命令，可以在两个或多个选定图形之间创建一系列中间对象的过渡形状和过渡颜色，包括开放路径、封闭路径、渐变、图案等。混合效果主要包括形状混合和颜色混合，它将颜色混合与形状混合完全结合起来了。

应用混合效果的规则如下：

● 可以在数目不限的图形、颜色、不透明度或渐变之间进行混合，也可以在群组或复合路径的图形中进行混合。如果混合的图形使用的是图案填充，那么混合时只发生形状的变化，图案填充不会发生变化。

● 对混合图形可以像对一般的图形那样进行编辑，如旋转、缩放、旋转、镜像等，还可以使用"直接选择工具" 调整混合的路径、锚点、图形的填充颜色等，改变任何一个图形对象，都将会影响混合中的其他图形。

> **技巧：**
> 在对图形进行混合时，通常在填充与填充之间进行混合，在描边与描边之间进行混合，尽量不要让路径与填充图形进行混合。如果要在使用了图形混合模式的两个图形之间进行混合，那么在混合步骤中只会使用上方对象的混合模式。

8.8.1　通过工具创建混合效果

在工具箱中选择"混合工具" 后，将鼠标指针移动到第一个图形对象上，这时鼠标指针将变成 形状时，单击，再移动鼠标指针到另一个图形对象上，再次单击，即可在这两个图形对象之间创建混合效果，如图 8-66 所示。

图 8-66　通过工具创建混合效果

> **技巧：**
> 在使用"混合工具" 创建混合效果时，可以在更多的图形上单击，以创建多个图形之间的混合效果，如图 8-67 所示。

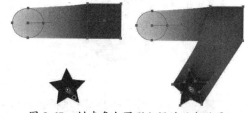

图 8-67　创建多个图形之间的混合效果

8.8.2　通过命令创建混合效果

选择要进行混合的图形对象，选择"对象" > "混合" > "建立"菜单命令，即可在选择的两个或两个以上的图形对象之间创建混合效果，如图 8-68 所示。

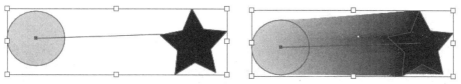

图 8-68 通过命令创建混合效果

8.8.3 使用"混合工具"控制混合方向

在使用"混合工具" 创建混合效果时，特别是路径混合，根据单击位置的不同，可以创建出不同的混合效果。

在页面中绘制两个半圆路径，使用"混合工具" 在第一个半圆上端点处单击，然后在第二个半圆下端点处再次单击，创建出的混合效果如图 8-69 所示。

图 8-69 在不同侧创建混合效果

在页面中绘制两个半圆路径，使用"混合工具" 在第一个半圆下端点处单击，然后在第二个半圆下端点处再次单击，创建出的混合效果如图 8-70 所示。

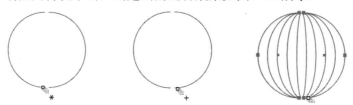

图 8-70 在同侧创建混合效果

8.8.4 混合对象的编辑

混合后的图形对象是一个整体，可以对其像图形一样进行整体的编辑。比如，可以使用"直接选择工具" 更改混合开始和结束的图形大小、位置、缩放、旋转等，还可以更改图形的路径、锚点或填充颜色。当对混合对象进行编辑修改时，混合效果也会随着变化，这样就大大提高了"混合工具"的编辑能力。

技巧：

在释放混合对象之前，只能改变开始和结束的原始混合图形，即用来混合的两个原图形，对中间混合出来的图形是不能直接使用工具修改的，但在改变开始和结束的图形时，中间的混合过渡图形将自动跟随变化。

1. 改变图形形状

使用"直接选择工具" 选择混合图形的一个锚点，然后对其进行拖动来改变形状，

松开鼠标即可完成对图形的修改，如图 8-71 所示。

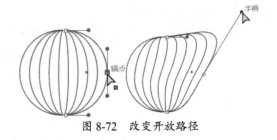

图 8-71 改变形状

技巧：
使用同样的方法，可以修改其他锚点或路径的位置，不仅可以修改封闭的路径，还可以修改开放的路径，如图 8-72 所示。

2. 其他编辑操作

除了修改图形上的锚点，还可以修改图形的填充颜色、大小、旋转、位置等，操作方法与基本图形的操作方法相同，不过在这里使用"直接选择工具" ⬚ 来选择，效果如图 8-73 所示。

图 8-72 改变开放路径

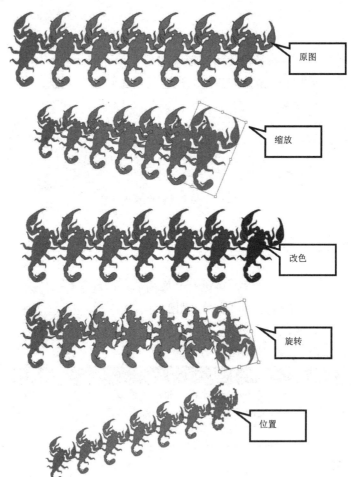

图 8-73 其他编辑操作的效果

8.8.5 混合选项

对混合后的图形，还可以通过"混合选项"对话框设置混合的间距和取向。选择一个混合对象后，选择"对象">"混合">"混合选项"菜单命令，打开"混合选项"对话框，在该对话框中对混合图形进行修改，如图8-74所示。

图 8-74　"混合选项"对话框

"混合选项"对话框中各选项的含义如下。

● 间距：用来设置混合过渡的方式。从右侧的下拉列表中可以选择不同的混合方式，包括"平滑顺色""指定的步数""指定的距离"3个选项。

➢ 平滑颜色：用来在不同填充颜色的图形对象中，自动计算一个合适的混合步数，达到最佳的颜色过渡效果。如果对象中包含相同的颜色，或者包含渐变或图案，那么混合的步数根据两个对象定界框的边之间的最长距离来设定。平滑颜色效果如图8-75所示。

➢ 指定的步数：用来指定混合的步数。在右侧的文本框中输入一个数值，以指定从混合开始到结束的步数，即混合过渡中产生几个过渡图形，如图8-76所示。

图 8-75　平滑颜色效果

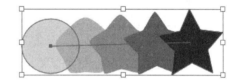

图 8-76　指定步数为"3"

➢ 指定的距离：用来指定混合图形之间的距离。在右侧的文本框中输入一个数值，以指定混合图形之间的间距。该指定的间距按照一个对象的某个点到另一个对象的相应点来计算，如图8-77所示。

● 取向：用来控制混合图形的走向，一般应用在非直线混合效果中，包括"对齐页面"和"对齐路径"两个选项。

➢ 对齐页面：用来指定混合过渡图形沿页面的X轴方向混合。对齐页面混合效果如图8-78所示。

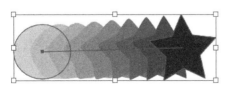

图 8-77　设置距离为"10mm"

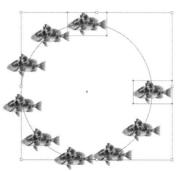

图 8-78　对齐页面混合效果

> 对齐路径：用来指定混合过渡图形沿路径方向混合。对齐路径混合效果如图 8-79 所示。

8.8.6 替换混合轴

在创建混合对象时，默认情况下，会在两个混合图形之间创建一条直线路径。当使用"释放"命令将混合释放时，会留下一条混合路径。但不管怎么创建，默认的混合路径都是直线，想要制作出不同的混合路径，可以使用"替换混合轴"命令来完成。

应用"替换混合轴"命令，首先要制作一个混合效果，并绘制一条开放或封闭的路径，同时将混合和路径全部选中，然后选择"对象">"混合">"替换混合轴"菜单命令，即可替换原混合图形的路径，效果如图 8-80 所示。

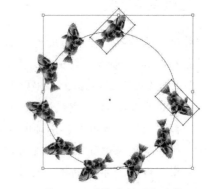

图 8-79 对齐路径混合效果

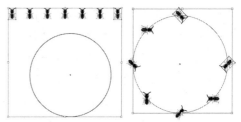

图 8-80 替换原混合图形的路径效果

8.8.7 反向混合轴

使用"反向混合轴"命令可以将混合的图形首尾对调，混合的过渡图形也跟着对调。选择一个混合对象，然后选择"对象">"混合">"反向混合轴"菜单命令，即可将图形的首尾进行对调，对调的前后效果如图 8-81 所示。

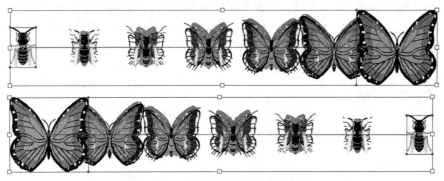

图 8-81 对调图形首尾的前后效果

8.8.8 反向堆叠

使用"反向堆叠"命令可以改变混合对象的排列顺序，将从前到后的顺序调整为从后到前的顺序。方法是，选择一个混合对象，选择"对象">"混合">"反向堆叠"菜单命令，即可将混合对象的前后顺序进行翻转，如图 8-82 所示。

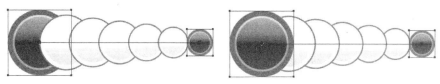

图 8-82 反向堆叠效果

8.8.9 释放

使用"释放"命令可以将应用混合效果的对象还原为最初效果，并且会保留一条透明的路径。方法是，选择一个混合对象，选择"对象">"混合">"释放"菜单命令，即可将混合对象还原并保留一条透明路径，如图 8-83 所示。

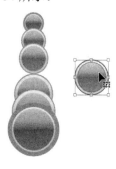

图 8-83 释放

8.8.10 混合效果的扩展

混合效果的"扩展"命令与"释放"命令作用不同，使用"扩展"命令不会将混合效果的中间过渡区域删除，而是将其都分解出来，再使用"取消编组"命令，就可以单独将其移动出来了。方法是，选择一个混合对象，选择"对象">"混合">"扩散"菜单命令，再选择"对象">"取消编组"菜单命令，此时使用"选择工具" ▶ 拖动其中的某个对象就可以单独移动了，如图 8-84 所示。

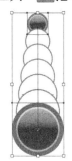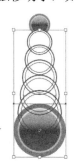

图 8-84 扩展

8.9 综合实战：通过"混合"命令制作绚丽线条蝴蝶

实战目的：

掌握混合效果的使用方法。

技术要点：

● "钢笔工具"的使用方法

- "镜像"命令
- "路径查找器"面板中的"联集"功能
- "椭圆工具"的使用方法
- 创建混合效果
- 编辑混合效果
- 设置混合选项
- "弧线工具"的使用方法

视频位置：（视频/第 8 章/8.9 综合实战：通过"混合"命令制作绚丽线条蝴蝶）扫描二维码快速观看视频

操作步骤

① 选择"文件">"新建"菜单命令或按【Ctrl+N】组合键，新建一个空白文档，使用"钢笔工具" 在页面中绘制一只蝴蝶的一半翅膀曲线，如图 8-85 所示。

② 选择"对象">"变换">"镜像"菜单命令，打开"镜像"对话框，选中"垂直"单选按钮后，单击"复制"按钮，复制出一个翻转后的副本，如图 8-86 所示。

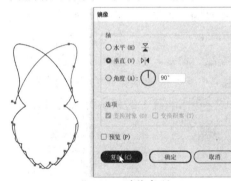

图 8-85　绘制曲线　　　　　　　　　　　　　图 8-86　镜像复制

③ 使用"选择工具" 向右移动副本，效果如图 8-87 所示。

④ 使用"选择工具" 框选两个对象，在"路径查找器"面板中单击"联集"按钮 ，将两个对象合并成一个对象，效果如图 8-88 所示。

图 8-87　移动　　　　　　　　　　　　　　　图 8-88　联集

⑤ 将联集后的对象描边填充为青色，再使用"椭圆工具" 在中心位置绘制一个绿色的椭圆轮廓，效果如图 8-89 所示。

⑥ 使用"混合工具" 在椭圆和联集图形上创建混合效果，如图 8-90 所示。

图 8-89 绘制椭圆

图 8-90 创建混合效果

⑦ 选择"对象">"混合">"混合选项"菜单命令,打开"混合选项"对话框,其中的参数设置如图 8-91 所示。

⑧ 设置完毕后,单击"确定"按钮,效果如图 8-92 所示。

⑨ 使用"选择工具" ▶ 在创建混合效果后的对象上双击,进入"混合"编辑状态,如图 8-93 所示。

图 8-91 "混合选项"对话框

图 8-92 混合效果

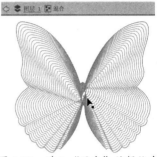

图 8-93 进入"混合"编辑状态

⑩ 使用"选择工具" ▶ 选择椭圆,复制出一个副本,将其缩小后将轮廓填充为红色,此时会自动添加混合效果,如图 8-94 所示。

⑪ 使用"选择工具" ▶ 在空白处双击,完成编辑返回到正常状态,如图 8-95 所示。

⑫ 使用"椭圆工具" ⬭ 绘制两个椭圆轮廓,将一个设置为"红色",另一个设置为"蓝色",如图 8-96 所示。

图 8-94 混合编辑

图 8-95 编辑完毕

图 8-96 绘制

⑬ 框选两个椭圆,选择"对象">"混合">"建立"菜单命令,为两个椭圆轮廓创建混合效果,如图 8-97 所示。

⑭ 使用"选择工具" ▶ 将椭圆混合效果拖动到曲线混合效果的中心位置,按【Ctrl+Shift+[】组合键,将其放置到最后一层,效果如图 8-98 所示。

⑮ 使用"弧形工具"  绘制两条弧线。至此，本次综合实战案例制作完毕，最终效果如图 8-99 所示。

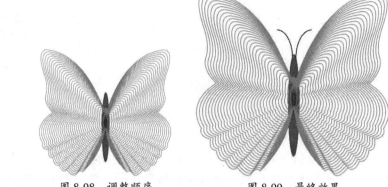

图 8-97　创建混合效果　　　　图 8-98　调整顺序　　　　图 8-99　最终效果

技巧：

　　绘制直线后，在两条直线上创建混合效果，再通过旋转、复制图形得到一个由线条组合而成的图形。在创建混合效果时，可以改变直线的颜色，以此来得到颜色之间的混合效果，如图 8-100 所示。

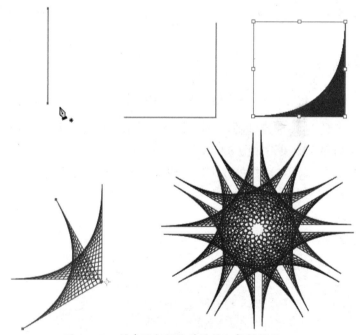

图 8-100　创建混合效果并旋转、复制图形

CHAPTER 9

文本编辑

本章导读

　　文本处理在平面设计中是非常重要的一部分，Illustrator 2022 不仅对图形有很强的处理功能，在专业的文本处理和编辑排版方面也有强大的功能。Illustrator 2022 中的文本包括美术文本、区域文本和路径文本 3 种。

学习要点

- ☑　文本工具
- ☑　文本的编辑
- ☑　字符与段落的调整
- ☑　文本的渐变填充

扫码看视频

9.1 文本工具

在 Illustrator 2022 中，用来创建美术文本的工具有"文字工具" T 和"直排文字工具" IT 两种。区域文本的创建可以通过"区域文字工具" 和"直排区域文字工具" 来进行；路径文本的创建可以通过"路径文字工具" 和"直排路径文字工具" 来进行。

9.1.1 美术文本的输入

美术文本的输入操作比较简单，只需单击工具箱中的"文字工具"按钮 T ，此时鼠标指针变为 样式，在工作区中单击后，鼠标指针变为闪烁的|样式，在闪烁的光标处输入文本即可，如图 9-1 所示。

> **技巧：**
> 在输入的美术文本中插入光标|后，按【Enter】键可以进行换行。

选择工具箱中的"直排文字工具" IT ，其输入方法与"文字工具" T 相同，不同的是，使用"文字工具" T 输入的是水平方向的文本，而使用"直排文字工具" IT 输入的是垂直方向的文本，如图 9-2 所示。

图 9-1　输入横排美术文本　　　　　　　　图 9-2　输入直排美术文本

9.1.2 段落文本的输入

段落文本同样是通过"文字工具" T 或"直排文字工具" IT 创建的。方法是，选择工具后，当鼠标指针的形状变为 样式时，在工作区中按住鼠标左键向对角拖动，松开鼠标后会出现文本框，此时输入的文本会出现在文本框中，如图 9-3 所示。

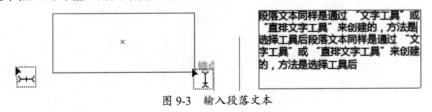

图 9-3　输入段落文本

技巧：
　　直排段落文本的创建方法与横排段落文本的创建方法一致，不同的是，其使用的工具是"直排文字工具" IT 。

9.1.3　区域文本的创建

　　区域文本是指在一定的区域用来编辑的文本，给文本总体的外轮廓赋予形状是编辑文本的一种常用方法。创建方法是，首先在页面中绘制一个封闭或半封闭的图形轮廓，再选择"区域文字工具" T ，将鼠标指针移动到形状上，当鼠标指针变为 样式时，单击后输入文本，即可创建区域文本，如图9-4所示。

　　使用"直排区域文字工具" IT 输入文本的方法与"区域文字工具" T 相同，不同的是，使用"区域文字工具" T 输入的是水平方向的文本，而使用"直排区域文字工具" IT 输入的是垂直方向的文本，如图9-5所示。

图9-4　创建区域文本　　　　　　　　　图9-5　创建直排区域文本

9.1.4　路径文本的创建

　　路径文本是指在开放的路径或封闭的路径上创建的文本。创建方法是，首先在页面中绘制一条封闭或开放的路径，再选择"路径文字工具" ，将鼠标指针移动到路径上，当鼠标指针变为 样式时，单击后输入文本，即可创建路径文本，如图9-6所示。

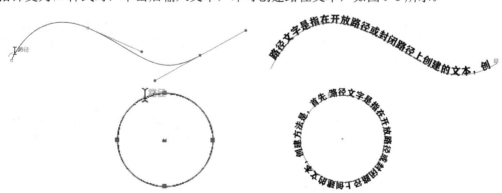

图9-6　创建路径文本

　　使用"直排路径文字工具" 输入文本的方法与"路径文字工具" 相同，不同的是，使用"路径文字工具" 输入的是站立的文本，而使用"直排路径文字工具" 输入的是横躺的文本，如图9-7所示。

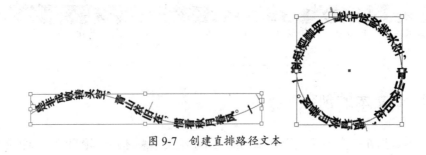

图 9-7 创建直排路径文本

9.2 文本的编辑

在 Illustrator 2022 中，当对文本进行编辑时要考虑所选的是美术文本、段落文本、区域文本和路径文本中的哪一种。

9.2.1 美术文本的编辑

输入文本后，在很多情况下都需要对文本进行进一步的编辑，比如选择其中的某个文本，或者对某个文本单独进行大小设置或颜色编辑。

1. 使用"修饰文字工具"编辑美术文本

使用"修饰文字工具" 可以对输入的美术文本单独进行选取，并且可以对选择的文本单独进行旋转、改色和调整大小。方法非常简单，在输入的文本上单击，可以选取当前文本，此时文本上方会出现一个小圆圈，拖动可以改变此文本的方向。除此之外，还可以为此文本单独设置颜色或字体，并且改变文本的大小，如图 9-8 所示。

图 9-8 使用"修饰文字工具"编辑文本

2. 美术文本的选择

在编辑文本时，美术文本选择的频率是非常高的，对于已经输入的文本，仍然可以将其单个或多个文本进行选取。

3. 改变单个文本的颜色和大小

输入美术文本后，可以单独为某个文本设置颜色，并设置大小。

4. 将美术文本转换为图形

在编辑时，有时需要将美术文本转换为图形，之后再进行细致的调整。选择文本后，选择"文本">"创建轮廓"菜单命令，此时使用"直接选择工具" ▷ 即可对其进行图形化调整，如图 9-9 所示。

图 9-9　将美术文本转换为图形

5. 将美术文本转换为区域文本

输入美术文本后，可以将其转换为区域文本。方法是，选择文本后，选择"文字">"转换为区域文字"菜单命令，如图 9-10 所示。

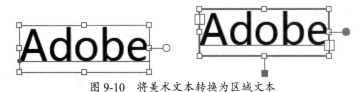

图 9-10　将美术文本转换为区域文本

> **技巧：**
> 将美术文本转换为区域文本后，"文字"菜单中的"转换为区域文字"命令会变为"转换为点文本"命令。

6. 将美术文本转换方向

输入美术文本后，无论文本是横排还是直排，都可以通过选择"文字">"文字方向"菜单命令，在弹出的子菜单中选择相应的命令来改变文本的方向。

> **技巧：**
> 美术文本的变换与图形的变换大致是一样的。如果想为文字填充渐变色就要为其创建轮廓或进行扩展。

9.2.2　段落文本的编辑

输入段落文本后，也可以对其进行进一步的编辑，比如选择其中的某个文本或某段文本，还可以对其进行相应的变换。

1. 段落文本的选择

使用"文字工具" T 创建段落文本后，可以对其中的某个文字或某段文字进行选择，如图 9-11 所示。

2. 段落文本的变换

创建段落文本后，也可以像对其他对象一样，对文本进行旋转、缩放、倾斜等操作，如图 9-12 所示，但是使用不同的选择工具，会影响段落文本的变换效果。

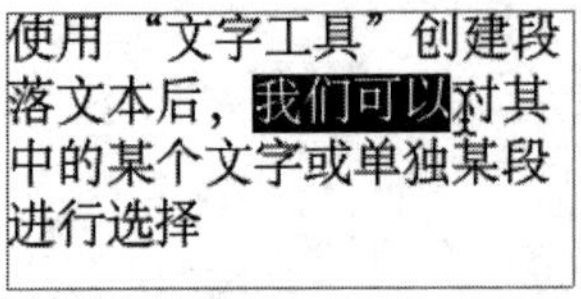

使用"文字工具"创建段落文本后，我们可以对其中的某个文字或单独某段进行选择

图 9-11　选择段落文本

图 9-12　变换段落文本

9.2.3　编辑区域文本

创建区域文本后，可以通过对区域或其中的文本进行编辑，来达到理想的效果。

1. 调整区域外框

有时会根据文本或版式的需要对设定的区域进行调整，比如仅针对外框的形状进行文本行的调整，如图 9-13 所示。

2. 设置区域文本的内边距

创建区域文本后，可以通过"区域文字选项"对话框来设置文本与区域框之间的距离，如图 9-14 所示。

图 9-13　调整区域外框

图 9-14　调整区域文本的内边距

3. 文本的串接

创建区域文本后，如果文本非常多且已经超出了区域框的范围，就需要一个新的区域文本框来装下多余的文本，此时可以通过"串接文字"命令来完成此操作，如图 9-15 所示。

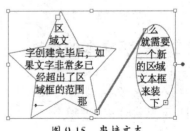

图 9-15　串接文本

4. 文本行、列的创建

文本行、列的创建是指在一个既定的区域内根据设置的行、列来书写文本。创建区域文本后，选择"文字">"区域文字选项"菜单命令，在打开的"区域文字选项"对话框中设置行和列，可以看到文本被分栏后的效果，如图9-16所示。

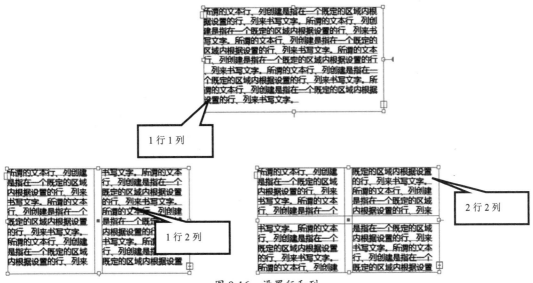

图 9-16　设置行和列

9.2.4　编辑路径文本

选择创建完成的路径文本，可以看到在路径文本上出现3个用来移动文本的标记，即起点标记、终点标记和中心标记，如图9-17所示。

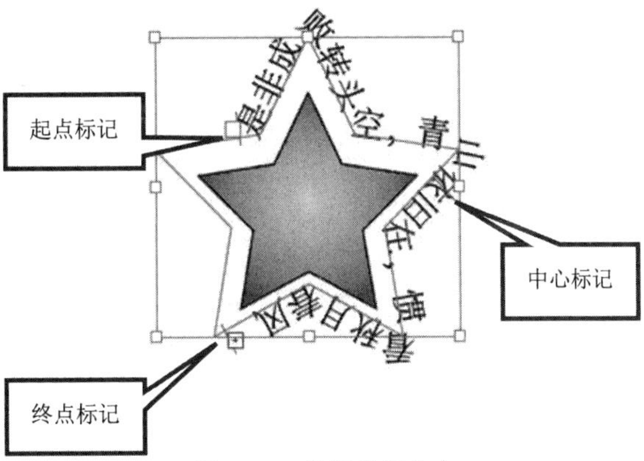

起点标记一般用来修改路径文本的文本起点；终点标记用来修改路径文本的文本终点；中心标记不仅可以用来修改路径文本的文本起点和终点位置，还可以用来改变路径文本的文本排列方向。

图 9-17　编辑路径文本

1. 调整路径文本的位置

路径上文本的位置可以通过"选择工具" ▶ 或"直接选择工具" ▷ 来编辑。

2. 调整路径文本的方向

路径上文本的方向可以通过"选择工具" ▶ 或"直接选择工具" ▷ 来编辑。

3. 使用"路径文字选项"命令

对于路径文本，除了上述显示的沿路径排列的方式，Illustrator 2022还提供了几种其他

的排列方式。选择"文字">"路径文字">"路径文字
选项"菜单命令，或者单击工具箱中的"路径文字工具"
按钮 ，打开如图 9-18 所示的"路径文字选项"对话框，
通过该对话框可以对路径文本进行更详细的设置。

图 9-18　"路径文字选项"对话框

"路径文字选项"对话框中各选项的含义如下。

- 效果：用来设置文本沿路径排列的效果，包括
  彩虹效果、倾斜效果、3D 带状效果、阶梯效果
  和重力效果，如图 9-19 所示。

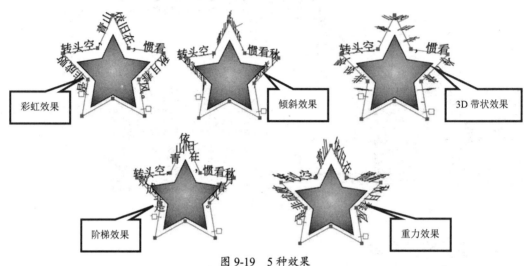

图 9-19　5 种效果

- 对齐路径：用来设置路径文本的对齐方式，包括"字母上缘""字母下缘""中央"
  "基线"。
- 间距：用来设置路径文本的文本间距。值越大，文本之间离得越远。
- 翻转：勾选该复选框，可以改变文本的排列方向，即沿路径翻转文本，如图 9-20
  所示。

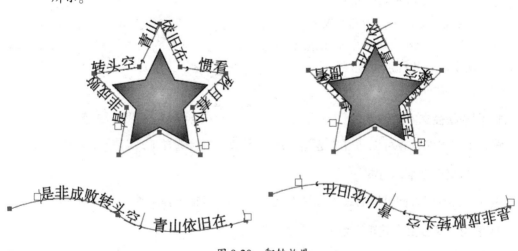

图 9-20　翻转效果

9.3 文本编辑的高效操作

在 Illustrator 2022 中，对文本进行编辑是非常重要的一项操作，包括选取、设置大小和颜色、选择段落文本、变换段落文本、调整区域外框、设置内边距、串接文本、调整路径文本的位置和文本方向等。

9.3.1 美术文本的选择

精通目的：

掌握选择美术文本的方法。

技术要点：

● 新建文档

● 输入美术文本

● 选择单个或多个字符

视频位置：（视频/第 9 章/9.3.1 美术文本的选择）扫描二维码快速观看视频

操作步骤

① 选择"文件">"新建"菜单命令或按【Ctrl+N】组合键，新建一个空白文档。

② 选择"文字工具" 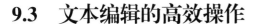，单击要选择的文本的起始位置，然后在按住【Shift】键的同时，按【←】键或【→】键，每按一次方向键就会选择一个字符或取消一个字符的选择，如图 9-21 所示。

图 9-21　通过按方向键来选择字符

③ 选择"文字工具" 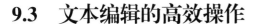，在文本字符上按住鼠标左键拖动，松开鼠标，即可将鼠标指针经过区域中的字符选取，如图 9-22 所示。

Illustrator　**Illustrator**

图 9-22　通过拖动来选择字符

④ 使用"文字工具" 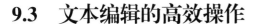，在输入的文本上单击，可以将当前输入的文本全部选取，如图 9-23 所示。

图 9-23　通过单击来选择字符

9.3.2　设置单个美术文本的大小和颜色

精通目的：

掌握设置单个美术文本的方法。

技术要点：

- 新建文档
- 输入美术文本
- 选择单个字符
- 设置颜色和大小

视频位置：（视频/第 9 章/9.3.2 设置单个美术文本的大小和颜色）扫描二维码快速观看视频

操作步骤

① 选择"文件" > "新建"菜单命令或按【Ctrl+N】组合键，新建一个空白文档。

② 选择"文字工具" T ，在页面中输入文字后，选择第 5 个字符，如图 9-24 所示。

③ 在属性栏中设置"字符大小"为"150pt"，如图 9-25 所示。

图 9-24　选择第 5 个字符　　　　　　　　　图 9-25　设置"字符大小"

④ 在"色板"面板中单击"橘色"色块，此时单个文本的颜色设置完毕，如图 9-26 所示。

图 9-26　设置颜色

9.3.3 段落文本的选择

精通目的：

掌握选择段落文本的方法。

技术要点：

● 新建文档

● 输入段落文本

● 选择段落文本

● 设置颜色和大小

视频位置：（视频/第 9 章/9.3.3 段落文本的选择）扫描二维码快速观看视频

操作步骤

① 选择"文件">"新建"菜单命令或按【Ctrl+N】组合键，新建一个空白文档。

② 使用"文字工具" T 在页面中创建一个段落文本，如图 9-27 所示。

③ 使用"文字工具" T 在段落文本中的某个文本上按住鼠标左键拖动，此时可以选择该文本，如图 9-28 所示。

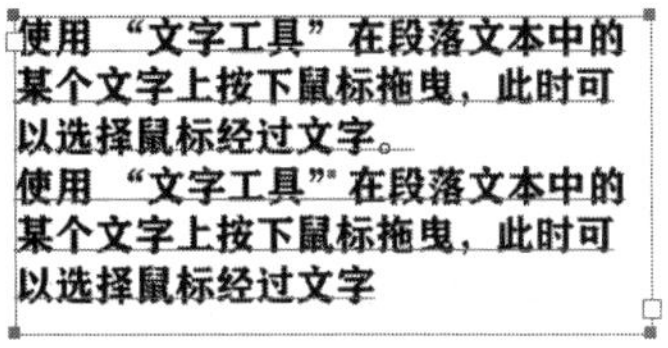

图 9-27 创建段落文本 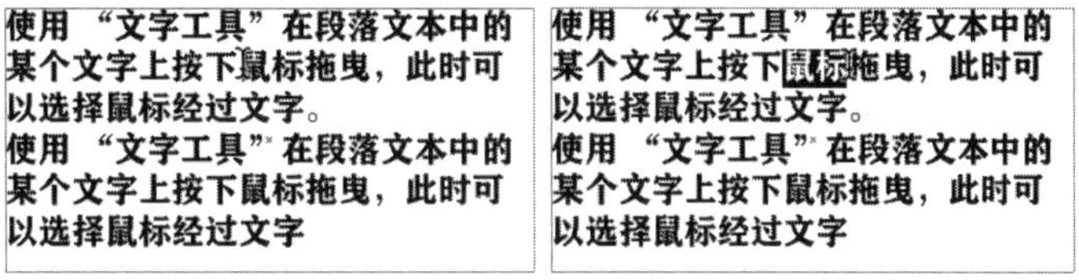   图 9-28 选择文本

④ 在文本上双击，可以选取两个符号之间的文本，如图 9-29 所示。

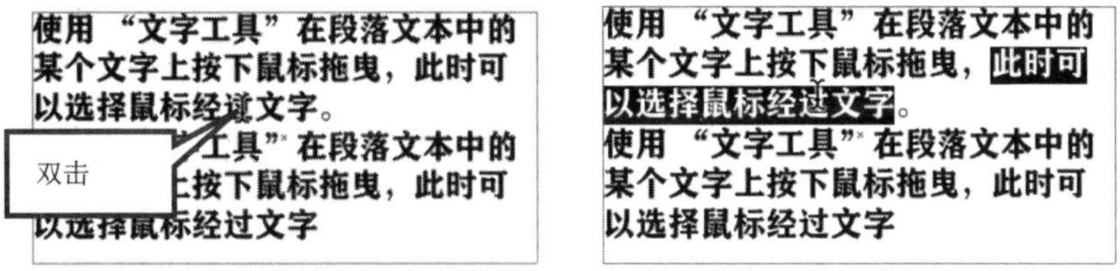

图 9-29 通过双击来选择

⑤ 在文本上单击 3 次，可以选取当前的自然段落，如图 9-30 所示。

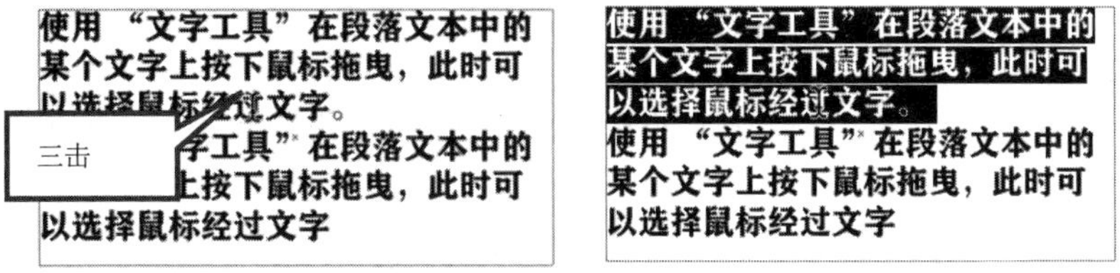

图 9-30 单击 3 次进行选择

⑥ 在属性栏中设置"字符大小"为"14pt"，效果如图 9-31 所示。

⑦ 在"色板"面板中单击"绿色"色块，此时段落文本中被选择的文本变成了绿色，如图 9-32 所示。

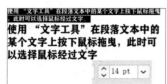

图 9-31　改变文本大小

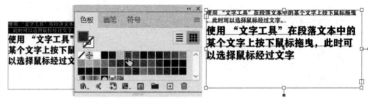

图 9-32　改变文本颜色

9.3.4　变换段落文本

精通目的：

掌握变换段落文本的方法。

技术要点：

● 选择段落文本

● 变换段落文本

视频位置：（视频/第 9 章/9.3.4 变换段落文本）扫描二维码快速观看视频

操作步骤

① 使用"选择工具" ▶ 在页面中单击创建的段落文本，选择段落文本，如图 9-33 所示。

② 使用"旋转工具" ↻ 在文本框边缘外进行旋转拖动，此时会发现对文本和文本框都进行了旋转，如图 9-34 所示。

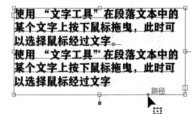

图 9-33　选择段落文本

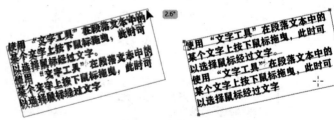

图 9-34　旋转段落文本

③ 使用"选择工具" ▶ 在页面中选择段落文本，将鼠标指针移动到文本框 4 个角的其中一个角上，当鼠标指针变为 ↰ 形状时，拖动鼠标，即可对文本框进行旋转，而对其中的文本不进行旋转，其中的文本会根据文本框的变换而自动调整，如图 9-35 所示。

④ 使用"编组选择工具" ▷ 在段落文本的底部进行拖动选取，不要选择其中的文本，如图 9-36 所示。

⑤ 此时使用"旋转工具" ↻ 对选择的文本进行旋转，会发现旋转的只有文本框，如图 9-37 所示。

图 9-35　旋转段落文本框

图 9-36　选择段落文本框　　　　图 9-37　旋转段落文本框

9.3.5　调整区域外框

精通目的：

掌握调整区域外框的方法。

技术要点：

● 　输入区域文本

● 　调整区域外框

视频位置：（视频/第 9 章/9.3.5 调整区域外框）扫描二维码快速观看视频

操作步骤

① 　在页面中绘制一个六边形，之后使用"区域文字工具" 创建区域文本，如图 9-38 所示。

② 　使用"直接选择工具" 调整六边形的节点，以改变其形状，此时会发现区域内的文本已经重新进行了排版，如图 9-39 所示。

图 9-38　创建区域文本

图 9-39　调整区域外框

此外，还可以通过"区域文字选项"命令来精确设置外框的大小。选择区域文本后，选择"文字"＞"区域文字选项"菜单命令，在打开的"区域文字选项"对话框中设置"宽度"和"高度"，如图 9-40 所示。如果文本区域不是矩形，那么这些值会决定对象边框的尺寸。设置完毕后，单击"确定"按钮。

"区域文字选项"对话框中各选项的含义如下。

● 　宽度：用来设置文本区域框的宽度。

● 　高度：用来设置文本区域框的高度。

● 　数量：用来指定对象要包含的行数和列数。

● 　跨距：用来指定单行高度和单栏高度。

- 固定：用来确定在调整文本区域大小时行高和栏宽的变化情况。勾选此复选框后，如果调整区域大小，那么只会更改行数和栏数，而不会改变其高度和宽度。如果希望行高和栏宽随文本区域大小而变化，就取消勾选此复选框。
- 间距：用来指定行间距或列间距。
- 内边距：用来设置文本框与文本之间的距离。
- 首行基线：单击右侧的下拉按钮，会弹出下拉列表，如图 9-41 所示，在该下拉列表中可以选择"字母上缘""大写字母高度""行距""x 高度""全角字框高度""固定""旧版"选项。

图 9-40 "区域文字选项"对话框　　　　图 9-41 "首行基线"下拉列表

> 字母上缘：用来使字母的高度降到文本对象的顶部之下。
> 大写字母高度：用来使大写字母的顶部触及文本对象的顶部。
> 行距：以文本框的行距值作为文本首行基线和文本对象顶部之间的距离。
> x 高度：用来将字符 x 的高度降到文本对象顶部之下。
> 全角字框高度：用来使亚洲字体中全角字框的顶部触及文本对象的顶部。此选项只有在选中了"显示亚洲文字选项"首选项时才可以使用。
> 固定：用来指定文本首行基线和文本对象顶部之间的距离，其在"最小值"文本框中指定。
> 旧版：之前的老版本。
- 文本排列：用来设置文本以行排列还是以列排列。

9.3.6　设置区域文本内边距

精通目的：

掌握设置区域文本内边距的方法。

技术要点：

- 输入区域文本

● 调整文本内边距

视频位置：（视频/第 9 章/9.3.6 设置区域文本内边距）扫描二维码快速观看视频

操作步骤

① 在页面中绘制一个六边形，之后使用"区域文字工具" 创建区域文本，使用"选择工具" 选择区域文本，如图 9-42 所示。

② 选择"文字">"区域文字选项"菜单命令，在打开的"区域文字选项"对话框中，设置"内边距"为"5mm"，如图 9-43 所示。

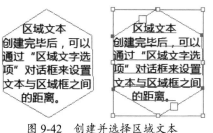

图 9-42　创建并选择区域文本　　　　图 9-43　"区域文字选项"对话框

③ 设置完毕后，单击"确定"按钮，效果如图 9-44 所示。

9.3.7　串接文本

图 9-44　调整内边距后的效果

精通目的：

掌握串接文本的方法。

技术要点：

● 输入区域文本

● 串接文本

视频位置：（视频/第 9 章/9.3.7 串接文本）扫描二维码快速观看视频

操作步骤

① 在页面中绘制一个六边形，之后使用"区域文字工具" 创建区域文本，当右下角处出现红色"+"符号时，表示此区域框中的文本已经超出了范围，如图 9-45 所示。

② 文本超出范围后，在排版的页面中绘制一个需要的图形，比如椭圆，将椭圆与六边形一同选取，如图 9-46 所示。

③ 选择"文字">"串接文本">"创建"菜单命令，此时可以将两个图形进行混合排列，如图 9-47 所示。

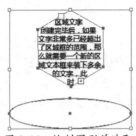
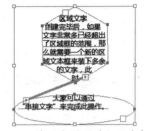

图 9-45 超出范围　　　　图 9-46 绘制图形并选取　　　　图 9-47 将两个图形进行混合排列

④ 在页面空白处单击，取消对对象的选择，此时的文本效果如图 9-48 所示。

⑤ 选择六边形区域中的文字，选择"文字">"串接文本">"释放所选文字"菜单命令，此时会将所选区域中的文字自动放置到与之串接的另一个区域框中，如图 9-49 所示。

图 9-48 取消对对象的选择　　　　　　　　　　图 9-49 释放串接

⑥ 按【Ctrl+Z】组合键返回上一步，选择六边形中的文字，选择"文字">"串接文本">"移去串接文字"菜单命令，可以将串接文本的链接取消并保持文本的位置不变，如图 9-50 所示。

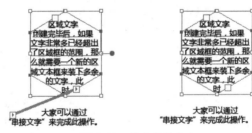

图 9-50 移去串接文本

9.3.8 调整路径文本位置

精通目的：

掌握调整路径文本位置的方法。

技术要点：

● 打开素材

● 使用"直接选择工具"

- 调整文本在路径上的位置

视频位置：（视频/第 9 章/9.3.8 调整路径文本位置）扫描二维码快速观看视频

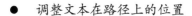 **操作步骤**

① 选择"文件">"打开"菜单命令或按【Ctrl+O】组合键，打开附赠的"素材\第 9 章\路径文本"素材，如图 9-51 所示。

② 使用"直接选择工具" 选择路径文本后，将鼠标指针移动到起点位置，鼠标指针变为 形状，如图 9-52 所示。

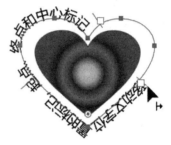

图 9-51　打开素材　　　　　　　　　图 9-52　选择起点标记

③ 按住鼠标左键拖动，即可调整路径文本的位置，如图 9-53 所示。

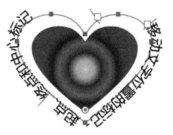

图 9-53　调整路径文本的位置

技巧：
使用"直接选择工具" 选择路径的中心标记，当鼠标指针变为 形状时，按住鼠标左键拖动，同样可以改变路径文本的位置。

9.3.9　调整路径文本方向

精通目的：

掌握调整路径文本方向的方法。

技术要点：

- 打开素材
- 使用"直接选择工具"
- 调整路径文本的方向

视频位置：（视频/第 9 章/9.3.9 调整路径文本方向）扫描二维码快速观看视频

操作步骤

① 打开路径文本素材（见图 9-51）。

② 使用"直接选择工具" ▷选择路径文本，将鼠标指针移动到中点位置，当鼠标指针变为 ▶̲形状时，按住鼠标左键向另一侧拖动，如图 9-54 所示。

③ 松开鼠标，发现文本方向已经改变了，如图 9-55 所示。

图 9-54　选择中点标记　　　　　　　　　　　图 9-55　更改文本方向

9.4　字符与段落的调整

Illustrator 2022 提供了两个编辑文本对象的面板，即"字符"面板和"段落"面板。通过此面板可以对文本属性进行精确的控制。

9.4.1　"字符"面板

使用"字体"菜单可以设置字符属性，也可以选择文字后通过控制栏来设置，不过通常用"字符"面板来设置。

选择"窗口">"文字">"字符"菜单命令，打开如图 9-56 所示的"字符"面板。

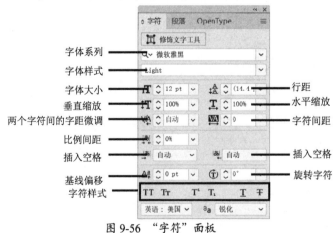

图 9-56　"字符"面板

"字符"面板中各选项的含义如下。

- 修饰文字工具：选择该选项后，系统会在工具箱中选择"修饰文字工具" ，使用该工具可以对输入的文本中的某个字符进行调整，如图9-57所示。

图9-57 使用"修饰文字工具"进行调整

- 字体系列：在其下拉列表中可以选择字体。
- 字体样式：用来对当前文本中选择的文本设置对应的字体样式，比如"加粗"等，如图9-58所示。

图9-58 设置字体样式

- 字体大小：用来对当前选择的文本设置大小，如图9-59所示。

图9-59 设置字体大小

- 行距：用来设置文本的行间距，如图9-60所示。
- 垂直缩放：用来设置文本在垂直方向上缩放的大小，如图9-61所示。

图9-60 设置文本的行间距　　　　　　　　　　图9-61 设置垂直缩放

- 水平缩放：用来设置文本在水平方向上缩放的大小，如图9-62所示。

图9-62 设置水平缩放

- 两个字符间的字距微调：用来微调字符之间的距离。
- 字符间距：通过正、负值来体现文本之间的距离，为负值时收缩，该选项为正值时扩张，如图9-63所示。

图 9-63　设置字符间距

- 比例间距：用来根据比例来调整文本的间距，数值范围为 0～100%。
- 插入空格：用来在文本左侧或右侧插入空格，如图 9-64 所示。

图 9-64　插入空格

- 基线偏移：用来设置所选文本在当前位置的上、下偏移量，如图 9-65 所示。

图 9-65　基线偏移

- 旋转字符：用来设置所选文本的旋转效果，如图 9-66 所示。

图 9-66　旋转字符

- 字符样式：用来设置文本的全部大写、小型大写、上标、下标、下画线和删除线，如图 9-67 所示。

图 9-67　字符样式

> **技巧：**
>
> 选择要调整基线的文本后，按【Shift + Alt+↑】组合键，可以将文本向上偏移；按【Shift+Alt+↓】组合键，可以将文本向下偏移。每按一次这两个组合键，文本将移动 2pt。

9.4.2　"段落"面板

在使用较多的文本进行排版、宣传品制作等操作时，单纯的"字符"面板中的选项就显得有些无力，这时就要使用 Illustrator 2022 提供的"段落"面板进行操作了。"段落"面板可以用来设置段落的对齐方式、缩进、段前和段后间距，以及使用连字符功能等。

　　要使用"段落"面板中的各选项，不管选择的是整个段落，还是选取该段落中的任意一个字符，或者在段落中放置插入点，修改的都是整个段落的效果。选择"窗口">"文字">"段落"菜单命令，可以打开"段落"面板，如图9-68所示。

图9-68　"段落"面板

"段落"面板中各选项的含义如下。

● 　对齐方式：用来设置段落文本的对齐方式，效果如图9-69所示。

图9-69　对齐方式

● 　左缩进：用来设置段落文本左侧与文本框之间的距离，如图9-70所示。
● 　右缩进：用来设置段落文本右侧与文本框之间的距离，如图9-71所示。

- 首行缩进：用来设置段落文本首行左侧与文本框之间的距离，如图 9-72 所示。

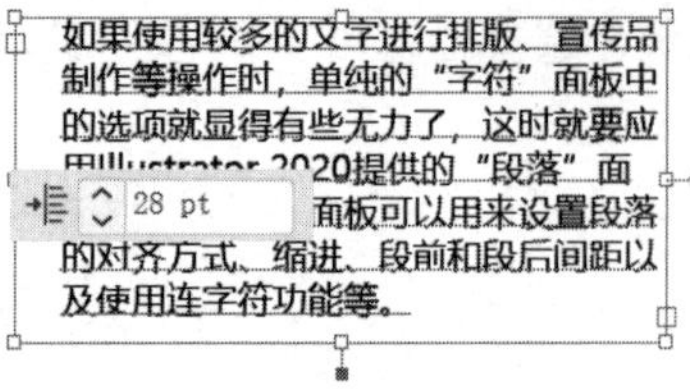

图 9-70　左缩进 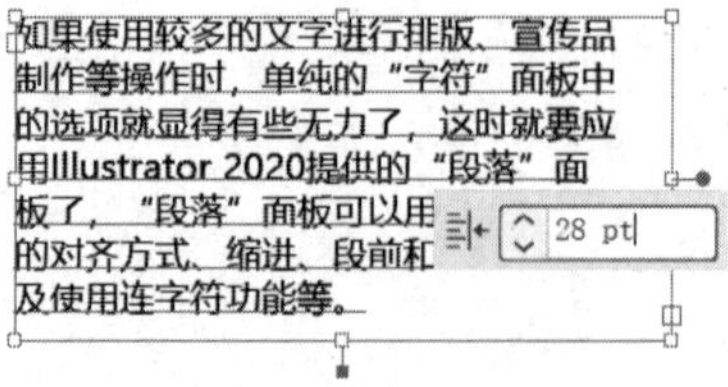　　　　　图 9-71　右缩进 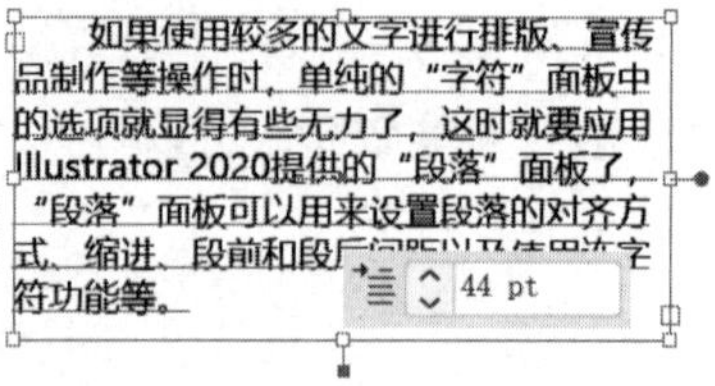　　　　　图 9-72　首行缩进

- "段前间距""段后间距"：用来设置段落之间的间距，如图 9-73 所示。

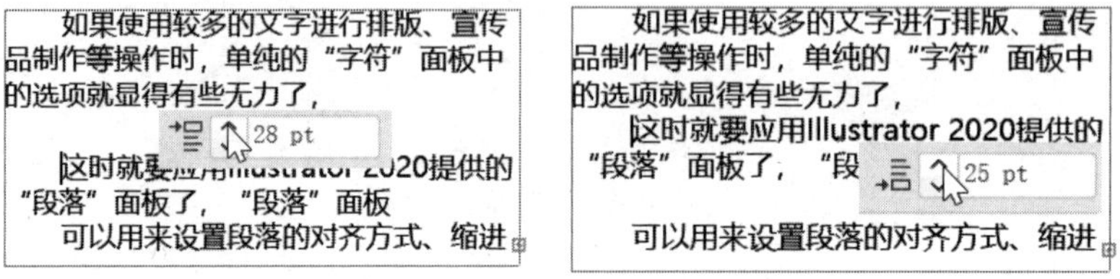

图 9-73　段前间距或段后间距

9.5　文本的渐变填充

在 Illustrator 2022 中是不能对文本直接填充渐变色的，有两种方法可以解决此问题：一种是将文本转换为图形，即创建轮廓；另一种是通过"外观"面板来进行填充。

9.6　为文本填充渐变色

精通目的：

掌握为文本填充渐变色的方法。

技术要点：

- 新建文档
- 打开"外观"面板
- 新建填色
- 填充渐变色
- 设置渐变色

视频位置：（视频/第 9 章/9.6 为文本填充渐变色）扫描二维码快速观看视频

操作步骤

① 选择"文件">"新建"菜单命令或按【Ctrl+N】组合键，新建一个空白文档。

② 使用"文字工具" T 在文档中输入文本，如图 9-74 所示。

图 9-74　输入文本

③ 输入文本后，选择"窗口">"外观"菜单命令，打开"外观"面板，单击弹出菜单按
钮，在弹出的菜单中选择"添加新填色"命令，如图 9-75 所示。

图 9-75　"外观"面板

> **技巧：**
> 在"外观"面板中，为文本添加新填色或添加新描边，可以直接在面板中单击"添加新填色"或"添
> 加新描边"按钮 □ ■ 来进行快速填充。

④ 选择填色。选择"窗口">"渐变"菜单命令，打开"渐变"面板，设置从白色到黑色
的线性渐变，如图 9-76 所示。

图 9-76　填充渐变色

⑤ 在"渐变"面板中设置渐变效果，改变角度为"-90°"，效果如图 9-77 所示。

图 9-77　填充渐变色的效果

⑥ 在"外观"面板中单击"描边"色块，设置"描边颜色"为"黑色"、"描边宽度"为"1.5pt"，如图 9-78 所示。

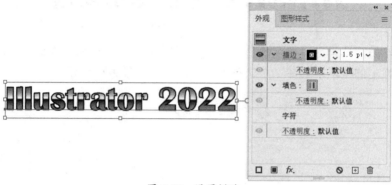

图 9-78　设置描边

⑦ 在"渐变"面板中设置描边的渐变色，效果如图 9-79 所示。

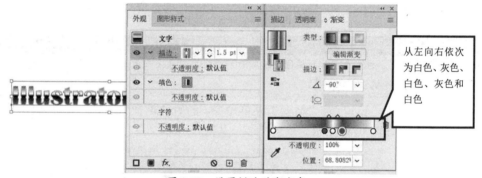

从左向右依次为白色、灰色、白色、灰色和白色

图 9-79　设置描边的渐变色

⑧ 此时金属字制作完毕，使用"矩形工具"  绘制一个黑色矩形作为背景，最终效果如图 9-80 所示。

图 9-80　最终效果

9.7　综合实战：通过路径偏移制作描边字

实战目的：

掌握偏移路径的方法。

技术要点：

● 文本工具

● 创建轮廓

● 分割图形

● 偏移路径

● 设置填充

视频位置：（视频/第 9 章/9.7 综合实战：通过路径偏移制作描边字）扫描二维码快速观看视频

操作步骤

① 选择"文件">"新建"菜单命令或按【Ctrl+N】组合键，新建一个空白文档，使用"文字工具" T 在页面中输入文本，如图 9-81 所示。

② 选择"文字">"创建轮廓"菜单命令，将文本转换为图形，如图 9-82 所示。

图 9-81　输入文本　　　　　　　　　　　　　　图 9-82　创建轮廓

③ 使用"美工刀工具" ✐ 将文本图形从中间水平分割，按【Ctrl+Shift+G】组合键取消编组，调整文本图形，效果如图 9-83 所示。

图 9-83　分割并调整文本图形

④ 使用"直接选择工具" ▷ 调整最左侧图形的形状，再将上半部分填充为橘色，效果如图 9-84 所示。

⑤ 使用"旋转扭曲工具" ✋ 对图形边缘进行旋转扭曲，效果如图 9-85 所示。

图 9-84　调整形状并填充　　　　　　　　　　图 9-85　旋转扭曲

⑥ 选择上半部分，选择"对象">"路径">"偏移路径"菜单命令，打开"偏移路径"对话框，其中的参数设置如图 9-86 所示。

⑦ 设置完毕后，单击"确定"按钮，为偏移后的区域填充青色，效果如图9-87所示。

图9-86 "偏移路径"对话框（1）　　　　图9-87 填充（1）

⑧ 选择"对象">"路径">"偏移路径"菜单命令，打开"偏移路径"对话框，其中的参数设置如图9-88所示。

⑨ 设置完毕后，单击"确定"按钮，为偏移后的区域填充红色，效果如图9-89所示。

图9-88 "偏移路径"对话框（2）　　　　图9-89 填充（2）

⑩ 选择顶层的橘色图形，选择"对象">"路径">"偏移路径"菜单命令，打开"偏移路径"对话框，其中的参数设置如图9-90所示。

⑪ 设置完毕后，单击"确定"按钮，为偏移后的区域填充"C:55M:60Y:65K:40"，效果如图9-91所示。

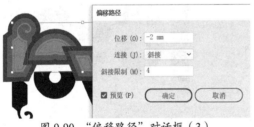

图9-90 "偏移路径"对话框（3）　　　　图9-91 填充（3）

⑫ 选择"对象">"路径">"偏移路径"菜单命令，打开"偏移路径"对话框，其中的参数设置如图9-92所示。

⑬ 设置完毕后，单击"确定"按钮，为偏移后的区域填充黄色，效果如图9-93所示。

图9-92 "偏移路径"对话框（4）　　　　图9-93 填充（4）

⑭ 使用"文字工具"　T　输入文本后，为其创建轮廓，效果如图 9-94 所示。

⑮ 使用同样的方法为偏移文本路径。至此，本次实战案例制作完毕，最终效果如图 9-95 所示。

图 9-94　输入文本创建轮廓

图 9-95　最终效果

CHAPTER 10

认识图层及样式

本章导读

Illustrator 2022 不仅为用户提供了强大的对象绘制、管理及修整等相关的功能，还提供了更加方便管理的图层，以及更加便于绘制修饰的图形样式。

学习要点

- ☑ 图层
- ☑ 剪切蒙版
- ☑ 图形样式

扫码看视频

10.1 图层

对图层进行操作是在 Illustrator 2022 中管理对象的一项非常重要的内容。通过建立图层，然后在各个图层中分别编辑图形中的各个元素，可以产生既富有层次，又彼此关联的整体效果。在编辑图形时，图层起着非常重要的作用。

10.1.1 "图层"面板

"图层"面板集中了很多图层相关功能，在该面板中可以看到不同的图层内容，以及编辑图层的一些快捷命令，例如"创建新图层""锁定图层""隐藏图层"等。默认情况下，在"图层"面板中只有一个图层，如图 10-1 所示。

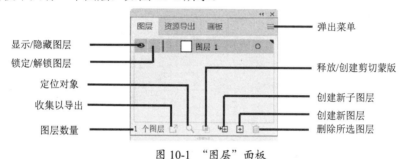

图 10-1 "图层"面板

"图层"面板中各选项的含义如下。

- 显示/隐藏图层：单击此处的小眼睛图标，可以将当前图层在显示与隐藏之间进行转换。
- 锁定/解锁图层：在"图层"面板中，直接单击图层对应的小锁头图标，可以将对象进行锁定与解锁。
- 定位对象：在页面中选择对象后，单击此按钮，会在"图层"面板中自动找到此对象对应的图层。
- 收集以导出：用来将当前图层中的图形收集到"资源导出"面板中，然后按照所需大小导出多个尺寸的图形。
- 图层数量：用来显示当前图形的图层数量。
- 弹出菜单：单击此按钮，会弹出图层对应命令的菜单。
- 释放/创建剪切蒙版：用来释放与创建图层的剪切蒙版。
- 创建新子图层：单击此按钮，可以为选择的图层创建一个子图层，如图 10-2 所示。
- 创建新图层：单击此按钮，可以新建一个图层，如图 10-3 所示。
- 删除所选图层：选择图层后，单击此按钮，可以将选择的图层删除。

技巧：
按【F7】键可以快速关闭和打开"图层"面板。

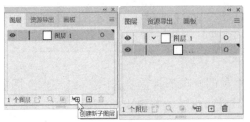 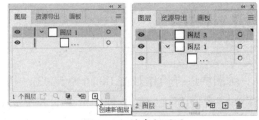

图 10-2　创建新子图层　　　　　图 10-3　创建新图层

10.1.2　图层分类

在 Illustrator 2022 中，图层有父级和子级之分。在一个父级图层中可以包含多个子级图层，单击父级图层栏旁边的三角形按钮 ，此时会将父级图层展开，从中可以看到父级图层包含的子级图层，如图 10-4 所示。

父级图层 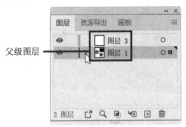 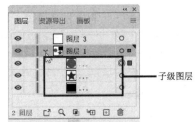 子级图层

图 10-4　父级图层与子级图层

每个子级图层只能单独成层，不能再附加子级图层。若要在选中的图层之上新建图层，则可以单击"图层"面板中的"创建新图层"按钮 。

若要在选中的图层中新建子图层，则可以单击"图层"面板中的"创建新子图层"按钮 ，而在一般情况下是不需要提前创建子级图层的，它会在绘制新对象的同时由系统自动形成。对于在哪个父级图层新增子级图层，用户可以根据绘制的图形自行选择或控制。

10.1.3　图层的顺序调整

在 Illustrator 2022 中，图层是有上下顺序的。位于上层中的对象如果与下层中的对象出现重叠，那么下层对象与上层对象重叠的区域会被遮盖起来，如图 10-5 所示。

图 10-5　图层顺序

10.1.4 将子图层内容释放到图层中

在 Illustrator 2022 中，通过"释放到图层"命令可以将图层中的所有项目重新放置到各个新图层中，系统会根据图形的顺序，自动将其放在对应的图层中。具体的释放方法是，单击"图层"面板中的弹出菜单按钮，在弹出的菜单中选择"释放到图层（顺序）"命令，即可将图层中的内容放置到单独的图层中，如图 10-6 所示。

图 10-6 释放到图层（顺序）

单击弹出菜单按钮，在弹出的菜单中选择"释放到图层（累积）"命令，即可将图层中的内容放置图层中，越往上的图层包含的图形越多，如图 10-7 所示。

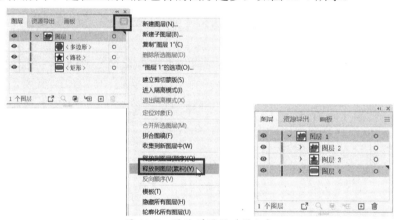

图 10-7 释放到图层（累积）

10.1.5 为图层重新命名

在 Illustrator 2022 中，通过"图层"面板可以非常方便地为图层重新命名，这样能够更方便地进行管理。方法是，在需要命名的图层缩览图上双击，系统会弹出"图层选项"对话框，在该对话框中的"名称"文本框中输入新的名称后，单击"确定"按钮，如图 10-8 所示。

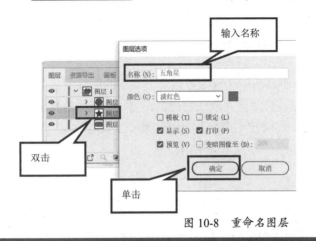

图 10-8　重命名图层

技巧：

在"图层"面板中的名称处直接双击名称，可以快速更改图层名称，如图 10-9 所示。

图 10-9　更改图层名称

10.1.6　选择图层内容及选择图形对应的图层

在 Illustrator 2022 中，通过"图层"面板可以非常轻松地选择图层，单击图层右侧的圆环按钮 ⊙，当其变为双环 ◎ 时，表示此图层的内容已被选取，如图 10-10 所示。

在文档中选择一个对象后，在"图层"面板中只需单击"定位对象"按钮 🔍，即可快速在"图层"面板中找到对应的图层，如图 10-11 所示。

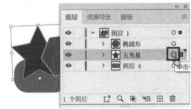

图 10-10　选择图层内容　　　　　　　　　图 10-11　定位图层

10.1.7　合并图层

在 Illustrator 2022 中，合并图层是指将选择的多个图层合并成一个图层。在合并图层时，所有选中图层中的图形都将被合并到一个图层中，并保留原来图形的堆放顺序。

在"图层"面板中，选择要合并的多个图层，然后在"图层"面板中单击弹出菜单按钮，在弹出的菜单中选择"合并所选图层"命令，即可将选择的图层合并为一个图层，如图 10-12 所示。

图 10-12 合并图层

10.1.8　拼合图层

在 Illustrator 2022 中，拼合图层是指将所有可见的图层合并到选中的图层中。在"图层"面板中，选择要合并到其中的当前图层，然后在"图层"面板中单击弹出菜单按钮，在弹出的菜单中选择"拼合图稿"命令。如果选择的图层中有隐藏的图层，那么系统将弹出一个询问对话框，提示是否删除隐藏的图层。单击"是"按钮，将删除隐藏的图层，并将其他图层合并；单击"否"按钮，将隐藏图层和其他图层，同时将其合并成一个图层，并将隐藏的图层对象显示出来，如图 10-13 所示。

图 10-13 拼合图层

10.2　改变图层顺序

精通目的：

掌握改变图层顺序的方法。

技术要点：

● 新建文档

● 新建图层

● 绘制图形

视频位置：（视频/第 10 章/10.2 改变图层顺序）扫描二维码快速观看视频

操作步骤

① 选择"文件">"新建"菜单命令或按【Ctrl+N】组合键，新建一个空白文档。

② 在"图层"面板中新建两个图层，如图 10-14 所示。

③ 选择不同的图层后，在其中分别绘制圆形、星形和矩形，如图 10-15 所示。

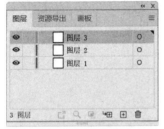

图 10-14　新建图层

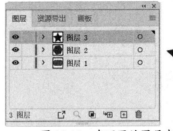

图 10-15　在不同的图层中绘制图形

④ 将鼠标指针移动到"图层 2"上按住鼠标左键向上拖动，将其拖动到"图层 3"的上方，松开鼠标，此时会发现"图层 2"已经被调整到了"图层 3"的上方了，如图 10-16 所示。

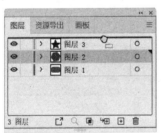

图 10-16　改变图层顺序（1）

⑤ 将父级图层都展开，选择"图层 1"中的矩形子图层，按住鼠标左键将其拖动到"图层 2"的星形上方，松开鼠标，会将"图层 1"中的矩形子图层放置到"图层 2"中，如图 10-17 所示。

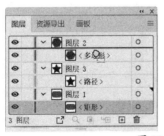

图 10-17　改变图层顺序（2）

10.3　剪切蒙版

剪切蒙版与"透明度"面板中的蒙版功能非常相似。使用剪切蒙版可以将一些图形或图像需要保留的部分显示出来，而将其他部分遮住。蒙版图形可以是开放、封闭或复合路径，但必须位于被蒙版对象的上面。

1. 通过"图层"面板创建剪切蒙版

要使用剪切蒙版，必须保证蒙版轮廓与被蒙版对象位于同一图层或同一图层的不同子层中。选择要蒙版的图层，然后确定蒙版轮廓在被蒙版图层的上方，单击"图层"面板底部的"建立/释放剪切蒙版"按钮，即可创建剪切蒙版，如图 10-18 所示。

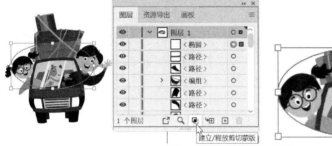

图 10-18　创建剪切蒙版

2. 通过命令创建剪切蒙版

选择"对象">"剪切蒙版">"建立"菜单命令，即可为对象创建剪切蒙版，如图 10-19 所示。

图 10-19　创建剪切蒙版

> **技巧：**
> 在创建剪切蒙版时，只有矢量对象才可以作为剪切蒙版，不过，任何图稿都可以被蒙版。

3. 释放剪切蒙版

选择创建的剪切蒙版，单击"图层"面板底部的"建立/释放剪切蒙版"按钮或选择"对象">"剪切蒙版">"释放"菜单命令，即可将剪切蒙版释放为原图，如图 10-20 所示。

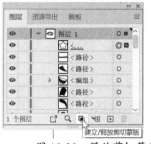

图 10-20　释放剪切蒙版

4. 编辑剪切蒙版

创建剪切蒙版后，选择"对象">"剪切蒙版">"编辑"菜单命令，即可进入编辑状态，此时使用"选择工具" ![selection] 拖动图像，可以更改蒙版显示的区域，如图 10-21 所示。

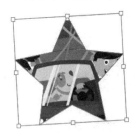

图 10-21　编辑剪切蒙版

10.4　图形样式

通过"图形样式"面板可以保存各种图形样式的外观属性，并且可以将其应用到其他对象、群组对象或图层上，这样的操作可以大大减少工作量。样式具有链接功能，如果样式发生了变化，那么应用该样式的对象外观也会发生变化。

1. "图形样式"面板

选择"窗口">"图像样式"菜单命令，系统会打开"图形样式"面板，如图 10-22 所示。

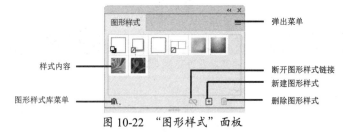

图 10-22　"图形样式"面板

"图层样式"面板中各选项的含义如下。

● 样式内容：在"图形样式"面板中显示当前的样式内容。

- 图形样式库菜单：单击此按钮，可以在下拉列表中选择一种样式，此时会弹出一个新的面板，即如图 10-23 所示的"艺术效果"面板。
- 弹出菜单：单击此按钮，会弹出此面板对应的菜单命令。
- 断开图形样式链接：单击此按钮，对象、组或图层将保留原来的外观属性，且可以对其进行独立编辑。不过这些属性将不再与图形样式相关联。
- 新建图形样式：用来将当前编辑的内容，以新图形样式的方式出现在"图形样式"面板中。

图 10-23　"艺术效果"面板

- 删除图形样式：单击此按钮，可以将"图形样式"面板中的当前样式删除。

2. 应用图形样式

在 Illustrator 2022 中，系统提供了多种图形样式，用户可以根据需要有选择地应用这些样式。在页面中使用"星形工具" ☆绘制一个五角星，在"艺术效果"面板中的某个样式上单击，即可为绘制的图形添加样式，应用样式后，该样式会自动出现在"图形样式"面板中，如图 10-24 所示。

图 10-24　应用样式

3. 新建图形样式

在 Illustrator 2022 中，除了系统自带的样式，还可以通过自定义的方式来自行创建图形样式，可以将自定义的图形样式应用到其他图形对象上，如图 10-25 所示。

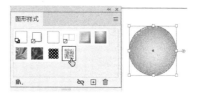

图 10-25　应用样式

4. 复制图形样式

在 Illustrator 2022 中的"图形样式"面板中选择一个样式后，单击弹出菜单按钮，在弹出的菜单中选择"复制图层样式"命令，可以在"图形样式"面板中得到一个副本，如图 10-26 所示。

图 10-26　复制样式

技巧:

在 Illustrator 2022 中，按住【Alt】键将外部的图形样式拖动到替换的图形样式上，可以将样式替换；按住【Alt】键将"外观"面板顶部的缩览图拖动到"图形样式"面板中要替换的图形样式上，同样可以将原来的图形样式替换，如图 10-27 所示。

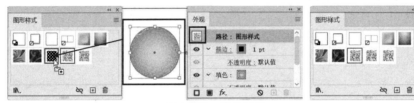

图 10-27　替换样式

5. 命名图形样式

在 Illustrator 2022 中的"图形样式"面板中选择一个样式后双击，在弹出的"图形样式选项"对话框中输入名称，设置完毕后，单击"确定"按钮，效果如图 10-28 所示。

图 10-28　命名图形样式

6. 合并图形样式

在 Illustrator 2022 中的"图形样式"面板中，基于两种或更多的现有图形样式创建一个新的图形样式，按住【Ctrl】键，选择要合并的图形样式，单击弹出菜单按钮，在弹出的菜单中选择"合并图形样式"命令，即可将选择的多个样式合并为一个新样式，如图 10-29 所示。

图 10-29　合并样式

10.5   自定义图形样式

精通目的：

掌握自定义图形样式的方法。

技术要点：

● 　新建文档

● 　绘制正圆

● 　填充图案

● 　应用"点状化"效果

● 　应用"海洋波纹"效果

● 　定义图形样式

视频位置：（视频/第 10 章/10.5 自定义图形样式）扫描二维码快速观看视频

操作步骤

① 　选择"文件">"新建"菜单命令或按【Ctrl+N】组合键，新建一个空白文档。

② 　在页面中使用"椭圆工具" 绘制一个正圆，如图 10-30 所示。

③ 　选择"窗口">"色板库">"图案">"自然">"自然_动物皮"菜单命令，打开"自然_动物皮"面板，选择其中的"虎"图案，为正圆进行填充，效果如图 10-31 所示。

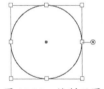
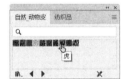
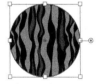

图 10-30　绘制正圆   图 10-31　填充图案

④ 　选择"效果">"像素化">"点状化"菜单命令，打开"点状化"对话框，其中的参数设置如图 10-32 所示。

⑤ 　设置完毕后，单击"确定"按钮，效果如图 10-33 所示。

⑥ 　选择"效果">"扭曲">"海洋波纹"菜单命令，打开"海洋波纹"对话框，其中的参数设置如图 10-34 所示。

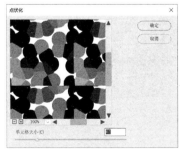
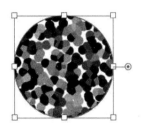

图 10-32　"点状化"对话框   图 10-33　应用"点状化"效果

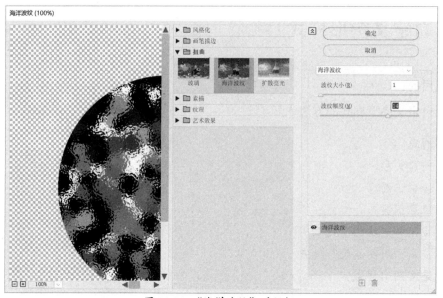

图 10-34　"海洋波纹"对话框

⑦　设置完毕后，单击"确定"按钮，效果如图 10-35 所示。

⑧　单击"图形样式"面板中的"新建图形样式"按钮 ⊞，会把当前编辑的图形添加到"图形样式"面板中，效果如图 10-36 所示。

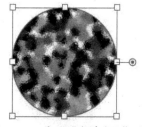

图 10-35　应用"海洋波纹"效果

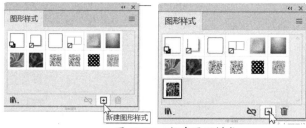

图 10-36　新建图形样式

⑨　使用"多边形工具" ◉ 绘制一个六边形，在"图形样式"面板中单击新创建的图形样式，会在六边形中应用此样式，效果如图 10-37 所示。

技巧：

　　将图形直接拖动到"图形样式"面板中，可以快速将此编辑的图形效果应用到"图形样式"面板中；直接拖动"外观"面板中的缩览图到"图形样式"面板中，同样可以创建新图形样式。

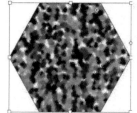

图 10-37　应用图形样式

10.6 综合实战：通过创建剪切蒙版和应用图形样式制作极限运动广告

实战目的：

掌握创建剪切蒙版和应用图形样式的方法。

技术要点：

● "文字工具"的使用方法

● 创建轮廓

● 将素材释放到图层中

● 调整图层顺序

● 新建图层绘制图形

● 置入素材绘制图形

● 创建剪切蒙版

视频位置：（视频/第 10 章/10.6 综合实战：通过创建剪切蒙版和应用图形样式制作极限运动广告）扫描二维码快速观看视频

操作步骤

① 选择"文件">"新建"菜单命令或按【Ctrl+N】组合键，新建一个空白文档，选择"文件">"置入"菜单命令，打开附赠的"素材\第 10 章\滑板"素材，如图 10-38 所示。

② 使用"矩形工具"█，在素材上绘制一个"宽度"为"335mm"、"高度"为"212mm"的矩形，如图 10-39 所示。

图 10-38 打开素材

图 10-39 绘制矩形

③ 将两个对象一同选取，选择"对象">"剪切蒙版">"建立"菜单命令，创建剪切蒙版，效果如图 10-40 所示。

④ 使用"矩形工具"█在剪切蒙版对象上绘制一个大小一致的白色矩形，在"透明度"面板中设置"混合模式"为"饱和度"，效果如图 10-41 所示。

⑤ 使用"钢笔工具"✐在图形上面绘制一个青色的封闭图形，设置"不透明度"为"60%"，效果如图 10-42 所示。

图 10-40　创建剪切蒙版

 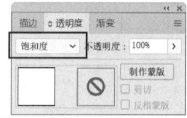

图 10-41　设置"混合模式"为"饱和度"

图 10-42　设置"不透明度"

⑥ 复制出一个副本后，将其移动到底部，在"属性"面板中单击"水平轴翻转"按钮 ◁▷ 和
"垂直轴翻转"按钮 ⚏，效果如图 10-43 所示。

图 10-43　翻转

⑦ 使用"矩形工具" ⬜ 在图形上面绘制一个黑色的矩形，设置"不透明度"为"62%"，
效果如图 10-44 所示。

图 10-44 绘制矩形并设置"不透明度"

⑧ 使用"钢笔工具" 🖊 在图形上面绘制一个黑色的封闭图形，设置"不透明度"为"62%"，效果如图 10-45 所示。

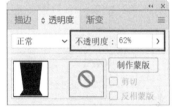

图 10-45 绘制封闭图形并设置"不透明度"

⑨ 使用"钢笔工具" 🖊 在图形上面绘制一个橘色的封闭图形，效果如图 10-46 所示。

⑩ 在图形中输入合适的文字，绘制矩形和正圆，效果如图 10-47 所示。

图 10-46 绘制封闭的图形　　　　　图 10-47 输入文字并绘制图形

⑪ 在图形下方输入合适的文字，选择"文字">"创建轮廓"菜单命令，将文字变成图形，使用"自由变换工具" 🔳 调整透视效果，如图 10-48 所示。

图 10-48 输入文字，创建轮廓并调整透视效果

⑫ 再次置入"滑板"素材，使用"文字工具" T 在素材上输入文字，为文字选择一种毛笔字体，效果如图 10-49 所示。

⑬ 将文字和素材一同选取，选择"对象">"剪切蒙版">"建立"菜单命令，创建剪切蒙版，为文字设置"橘色"描边，效果如图 10-50 所示。

⑭ 再输入文字"行"，同样为其选择一种毛笔字体，效果如图 10-51 所示。

图 10-49　输入文字并选择字体　　图 10-50　创建剪切蒙版并为文字　　图 10-51　输入文字并选择字体
设置描边

⑮ 在"图形样式"面板中单击"高卷式发型-GS"按钮，再为文字设置"橘色"描边，效果如图 10-52 所示。

图 10-52　添加图形样式

⑯ 在毛笔字右侧输入白色文字。至此，本例制作完毕，最终效果如图 10-53 所示。

图 10-53　最终效果

CHAPTER 11

效果应用

本章导读

本章介绍在 Illustrator 2022 中应用效果的方法，不仅介绍相应的效果命令，比如 3D、扭曲与变换、风格化等，还介绍 Photoshop 中的一些滤镜效果，让用户了解在矢量图中应用一些效果，可以制作出绚丽的视觉效果。

学习要点

☑ "效果"菜单	☑ "像素化"滤镜组
☑ 文档栅格效果设置及	☑ "扭曲"滤镜组
栅格化应用	☑ "模糊"滤镜组
☑ 3D 效果	☑ "画笔描边"滤镜组
☑ 转换为形状	☑ "素描"滤镜组
☑ 扭曲与变换	☑ "纹理"滤镜组
☑ 风格化	☑ "艺术效果"滤镜组
☑ 效果画廊	☑ "风格化"滤镜组

扫码看视频

11.1 "效果"菜单

"效果"菜单为用户提供了很多特效，可以使在 Illustrator 2022 中生成的图形效果更加美观。在"效果"菜单中根据分隔线可以大体将命令分为 4 部分。第一部分由两个命令组成，通过前一个命令可以重复使用上一个效果命令，通过后一个命令可以打开上次应用的"效果"对话框，在其中可以快速调整参数以改变效果；第二部分用来将矢量图形转换为位图；第三部分主要是针对矢量图形的 Illustrator 效果命令；第四部分主要是类似 Photoshop 中的效果命令，主要应用在位图中，也可以应用在矢量图形中。"效果"菜单如图 11-1 所示。

> **技巧：**
> 应用"效果"菜单中的命令后，可以在"外观"面板中对其参数重新设置；"效果"菜单中的命令不仅可以应用于矢量图形，还可以应用于位图。

图 11-1 "效果"菜单

11.2 文档栅格效果设置及栅格化应用

无论是否应用栅格化效果，Illustrator 2022 都会使用文档的栅格化效果设置来确定图像的最终分辨率，这些设置对最终图稿的效果有很大影响。因此，在使用效果命令之前，应先检查文档栅格效果设置。选择"效果">"文档栅格效果设置"菜单命令，可以打开"文档栅格效果设置"对话框，如图 11-2 所示。

"文档栅格效果设置"对话框中各选项的含义如下。

● 颜色模型：用来指定栅格化处理图形使用的颜色模式，包括 RGB、CMYK 和位图 3 种模式。

● 分辨率：用来指定栅格化图形中，每英寸图形中的像素数目。一般来说，网页图像的分辨率为 72ppi，一般打印效果的图像分辨率为 150ppi，精美画册的打印分辨率为 300ppi。根

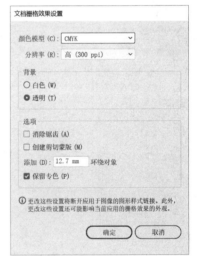

图 11-2 "文档栅格效果设置"对话框

据用途的不同，可以选择不同的分辨率，也可以直接在"其他"文本框中输入一个需要的分辨率值。

● 背景：用来指定将矢量图形转换为位图时空白区域的显示方式。选中"白色"单选

按钮，用白色来填充图形的空白区域；选中"透明"单选按钮，将图形的空白区域转换为透明效果，并制作出一个 Alpha 通道，如果将图形转存到 Photoshop 中，那么该 Alpha 通道将被保留下来。

● 消除锯齿：用来指定在栅格化图形时，消除位图边缘的锯齿效果。

● 创建剪切蒙版：勾选该复选框，将创建一个光栅化图像作为透明的背景蒙版。

● 添加：在右侧的文本框中输入数值，可以指定在光栅化后图形周围出现的环绕对象的范围大小。

置入矢量图形后，选择"效果">"栅格化"菜单命令，在打开的对话框中设置相关参数后，单击"确定"按钮，如图 11-3 所示。

图 11-3　栅格化

技巧：

使用"对象">"栅格化"菜单命令后的位图是不可逆的，只有通过返回命令才能恢复；使用"效果">"栅格化"菜单命令后的位图是可逆的，在"外观"面板中可以通过将其删除来恢复原来的效果。

11.3　3D 效果

3D 效果是 Illustrator 软件新推出的立体效果，包括"凸出和斜角""绕转""旋转"3 种特效，使用相应的命令可以将 2D 平面对象制作成三维效果。

11.3.1　凸出和斜角

在 Illustrator 2022 中，使用"凸出和斜角"命令可以通过为二维图形增加 Z 轴来创建三维效果，也就是将二维平面图形以增加厚度的方式制作出三维效果。应用方法是，绘制一个矢量图，选择"效果">"3D">"凸出和斜角"菜单命令，打开"3D 凸出和斜角选项"对话框，在该对话框中可以对凸出和斜角进行详细的设置，如图 11-4 所示。

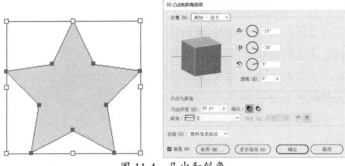

图 11-4　凸出和斜角

"3D 凸出和斜角选项"对话框中各选项的含义如下。

● 位置：用来控制三维图形的不同视图位置，可以使用默认的预设位置，也可以通过调整参数来更改。"位置"选项区域的参数如图 11-5 所示。

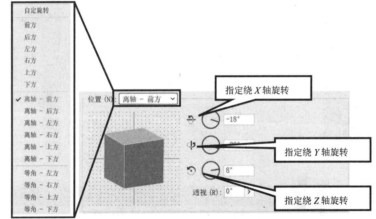

图 11-5　"位置"选项区域的参数

➢ 预设：从该下拉列表中可以选择预设的位置，包括 16 种默认位置的显示效果，如图 11-6 所示。

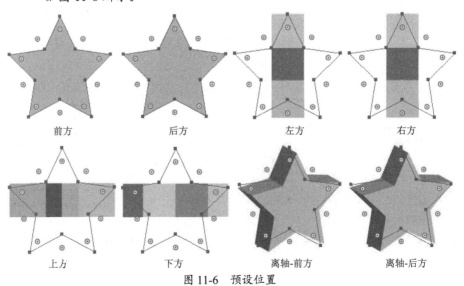

图 11-6　预设位置

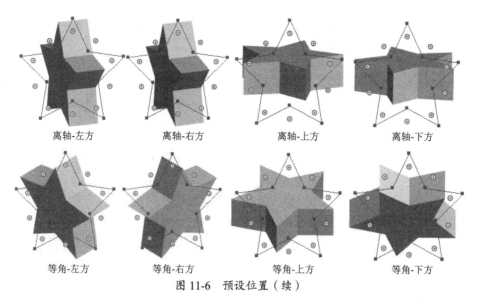

离轴-左方　　　　　离轴-右方　　　　　离轴-上方　　　　　离轴-下方

等角-左方　　　　　等角-右方　　　　　等角-上方　　　　　等角-下方

图 11-6　预设位置（续）

> 手动调整：如果不想使用默认的位置，那么可以通过"自定旋转"命令来调整位置。方法是移动鼠标指针到调整区上，按住鼠标左键调整此区域的立方体即可，如图 11-7 所示。

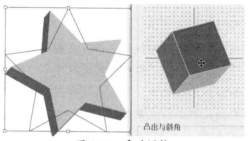

图 11-7　手动调整

> 指定绕 X 轴旋转：在右侧的文本框中，指定三维图形沿 X 轴旋转的角度。
> 指定绕 Y 轴旋转：在右侧的文本框中，指定三维图形沿 Y 轴旋转的角度。
> 指定绕 Z 轴旋转：在右侧的文本框中，指定三维图形沿 Z 轴旋转的角度。
> 透视"：指定视图的方位，可以从右侧的下拉列表中选择一个视图角度，也可以直接输入一个角度值。

● 凸出与斜角：主要用来设置三维图形的凸出厚度、端点、斜角、高度等，以制作出不同厚度的三维图形或带有不同斜角效果的三维图形。"凸出与斜角"选项区域如图 11-8 所示。

图 11-8　"凸出与斜角"选项区域

> 凸出厚度：用来控制三维图形的厚度，取值范围为 0～2 000pt。不同厚度的效果如图 11-9 所示。

10pt　　　　　50pt　　　　　100pt

图 11-9　不同凸出厚度的效果

> 开启端点以建立实心外观：用来控制三维图形为实心效果，如图 11-10 所示。
> 关闭端点以建立空心外观：用来控制三维图形为空心效果，如图 11-11 所示。

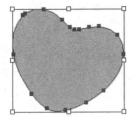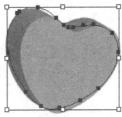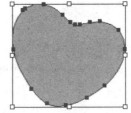

　图 11-10　开启端点以建立实心外观　　　　图 11-11　关闭端点以建立空心外观

> 斜角：用来为三维图形添加斜角效果。在右侧的下拉列表中，提供了 11 种斜角，可以通过"高度"值来控制斜角的高度，还可以通过单击"斜角外扩"按钮，将斜角添加到原始对象，或者通过单击"斜角内缩"按钮，从原始对象减去斜角，其中的几种斜角效果如图 11-12 所示。

● 表面：在"3D 凸出和斜角选项"对话框中，单击"更多选项"按钮，可以展开"表面"选项区域。用户通过此区域不仅可以应用预设的表面效果，还可以根据自己的需要重新调整三维图形显示效果，如"光源强度""环境光""高光强度""底纹颜色"等，如图 11-13 所示。

　　图 11-12　几种斜角效果　　　　　　　图 11-13　"表面"选项区域

> 预设：在右侧的下拉列表中，可以选择"线框""无底纹""扩散底纹""塑料效果底纹"等预设效果。选择"线框"选项，表示将图形以线框的形式显示；选择"无底纹"选项，表示三维图形没有明暗变化，整体图形颜色灰度一致，看上去是平面效果；选择"扩散底纹"选项，表示三维图形有柔和的明暗变化，但并不强烈，可以看出三维图形效果；选择"塑料效果底纹"选项，表示为三

维图形增加强烈的光线明暗变化，让三维图形显示一种类似塑料的效果。4 种表面预设效果如图 11-14 所示。

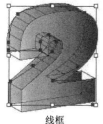   

线框　　　　　　　无底纹　　　　　　扩散底纹　　　　　塑料效果底纹

图 11-14　4 种表面预设效果

➢ 光源控制区：主要用来进行手动控制光源的位置，以及添加或删除光源等操作，使用鼠标拖动光源，可以修改光源的位置。单击"将所选光源移动到对象后面"按钮，可以将所选光源移动到对象后面；单击"新建光源"按钮，可以创建一个新的光源；选择一个光源后，单击"删除光源"按钮，可以将选取的光源删除。

➢ 光源强度：用来控制光源的亮度。值越大，光源越亮。

➢ 环境光：用来控制周围环境光线的亮度。值越大，周围的光线越亮。

➢ 高光强度：用来控制对象高光位置的亮度。值越大，高光越亮。

➢ 高光大小：用来控制对象高光点的大小。值越大，高光点越大。

➢ 混合步骤：用来控制对象表面颜色的混合步数。值越大，表面颜色越平滑。

➢ 底纹颜色：用来控制对象背景的颜色，一般常用黑色。

➢ "保留专色""绘制隐藏表面"：勾选这两个复选框，可以保留专色和绘制隐藏的表面。

● 贴图：为三维图形的面贴上一张图片，以制作出更加理想的三维图形效果。这里的贴图使用的是符号，所以要使用贴图命令。首先要根据三维图形的面设计好不同的贴图符号，以便使用。在"3D 凸出和斜角选项"对话框中，单击"贴图"按钮，将打开"贴图"对话框，在该对话框中可以对三维图形进行贴图设置，如图 11-15 所示。

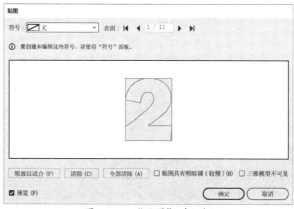

图 11-15　"贴图"对话框

➢ 符号：从右侧的下拉列表中，可以选择一个符号，作为三维图形当前选择面的贴图。该区域的选项与"符号"面板中的符号相对应,所以在使用贴图之前,首先要确定"符号"面板中是否有所需符号。

➤ 表面:用来指定当前选择面以进行贴图。在该选项右侧的文本框中,显示当前选择的面和三维对象的面数。比如 1/13,表示当前三维对象的总面数为 13 个,当前选择的面为第一个面。如果想选择其他的面,那么可以通过单击后面的切换按钮来切换。在切换时,如果勾选了"预览"复选框,那么可以在当前文档中的三维图形中看到选择的面,选择的面将以红色的边框突出显示。

➤ 贴图预览区:用来预览贴图和选择面的效果,可以像变换图形一样,在该区域对贴图进行缩放、旋转等操作,以制作出更加适合选择面的贴图效果。

➤ 缩放以适合:单击该按钮,可以强制贴图大小与当前选择面的大小相同,直接按【F】键也可以实现此功能。

➤ 清除:单击此按钮,可以将当前面的贴图效果删除,按【C】键也可以实现此功能。

➤ 全部清除:单击此按钮,可以将当前面的贴图效果全部删除,按【A】键也可以实现此功能。

➤ 贴图具有明暗调(较慢):勾选该复选框,贴图会根据当前三维图形的明暗效果自动融合,以制作出更加真实的贴图效果。不过应用该选项会增加文件的大小,按【H】键也可以应用或取消此功能。

➤ 三维模型不可见:勾选该复选框,将隐藏文档中的三维模型,只显示选择面的红色边框效果,这样可以加快计算机的显示速度,但会影响查看整个图形的效果。

11.3.2 绕转

在 Illustrator 2022 中,使用"绕转"命令可以根据选择图形的轮廓,沿指定的轴向进行旋转,从而产生三维图形。绕转的对象可以是开放的路径,也可以是封闭的图形。输入文本,选择"文字">"创建轮廓"菜单命令,将文本转换为图形,再选择"效果">"3D">"绕转"菜单命令,打开"3D 绕转选项"对话框,如图 11-16 所示。

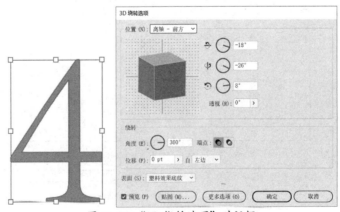

图 11-16 "3D 绕转选项"对话框

"3D 绕转选项"对话框中各选项的含义如下。

● 角度：用来设置绕转对象的旋转角度。取值范围为 0°～360°。可以通过滑动右侧的指针来修改角度，也可以直接在文本框中输入需要的绕转角度值。当输入 360°时，完成三维图形的绕转；当输入的值小于 360°时，将不同程度地显示出未完成的三维效果，如图 11-17 所示。

图 11-17　不同旋转角度的效果

● 端点：用来控制三维图形是实心还是空心的。单击"开启端点以建立实心外观"按钮，可以制作实心图形；单击"关闭端点以建立空心外观"按钮，可以制作空心图形，如图 11-18 所示。

图 11-18　实心图形和空心图形

● 位移：用来设置与绕转轴的距离，值越大，离绕转轴越远，如图 11-19 所示。

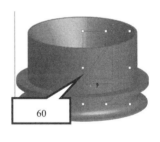

图 11-19　不同位移值的效果

● 自：用来设置围绕轴的位置，分为左边和右边，如图 11-20 所示。

图 11-20　左边和右边围绕轴的效果

11.3.3 旋转

使用 Illustrator 2022 中的"旋转"命令可以模拟一个二维图形在三维空间中的变换，从而制作出三维效果。旋转参数与前面讲解的"3D 凸出和斜角选项"对话框中的参数相同，读者可以根据"3D 凸出和斜角选项"的讲解进行练习。

11.4 创建贴图

精通目的：

掌握为图形创建贴图的方法。

技术要点：

- 新建文档
- 输入文字
- 创建轮廓
- 填充渐变色
- 应用"凸出和斜角"命令为图形添加符号贴图

视频位置：（视频/第 11 章/11.4 创建贴图）扫描二维码快速观看视频

操作步骤

① 选择"文件">"新建"菜单命令或按【Ctrl+N】组合键，新建一个空白文档。

② 使用"文字工具" T 在页面中输入数字"4"，按【Ctrl+Shift+O】组合键为文本创建轮廓，使其变为图形，如图 11-21 所示。

③ 在"渐变"面板中，为数字图形填充"从黄色到绿色"的线性渐变，效果如图 11-22 所示。

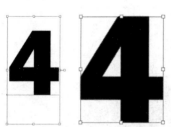

图 11-21　输入文字并创建轮廓

图 11-22　填充渐变色

④ 选择"效果">"3D">"凸出和斜角"菜单命令，在打开的"3D 凸出和斜角选项"对话框中，单击"贴图"按钮，打开"贴图"对话框，设置"表面"为"11/16"，效果如图 11-23 所示。

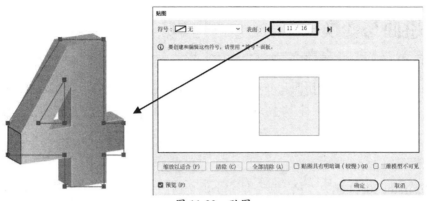

图 11-23 贴图

⑤ 在"符号"下拉列表中选择"非洲菊"选项，效果如图 11-24 所示。

⑥ 设置"表面"为"16/16"，在"符号"下拉列表中选择"非洲菊"选项，效果如图 11-25 所示。

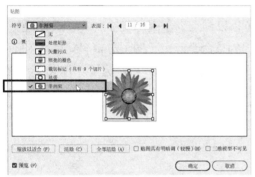

图 11-24 选择"非洲菊"选项

图 11-25 继续设置

⑦ 设置完毕后，单击"确定"按钮，返回"3D 凸出和斜角选项"对话框中，继续单击"确定"按钮，效果如图 11-26 所示。

图 11-26 贴图后的效果

11.5 转换为形状

在 Illustrator 2022 中，使用"转换为形状"菜单中的命令，可以将绘制的图形转换为"矩形""圆角矩形""椭圆"等形状，如图 11-27 所示。

图 11-27 转换为形状

11.6 扭曲与变换

在 Illustrator 2022 中,"扭曲与变换"命令是最常用的效果命令,主要用来使图形的外观变形,其中包括"变换""扭拧""扭转""收缩和膨胀""波纹效果""粗糙化""自由扭曲"7 种效果。

1. 变换

在 Illustrator 2022 中,"变换"命令是一个综合性的变换命令,可以用来同时对图形对象进行缩放、移动、旋转、对称等多项操作。选择要变换的图形后,选择"效果">"扭曲和变换">"变换"菜单命令,即可打开"变换效果"对话框,在其中可以对图形进行相应的变换设置,其变换效果与选择"对象">"变换">"分别变换"菜单命令的效果一致。

2. 扭拧

在 Illustrator 2022 中,使用"扭拧"命令可以以锚点为基础,将锚点从原图形对象上随机移动,并对图形对象进行随机的扭曲变换。因为该命令应用于图形时带有随机性,所以每次应用该命令所得到的扭拧效果会有一定的差别。选择一个图形后,选择"效果">"扭曲和变换">"扭拧"菜单命令,打开"扭拧"对话框,设置相关参数后单击"确定"按钮,效果如图 11-28 所示。

图 11-28 扭拧

"扭拧"对话框中各选项的含义如下。

- 数量:使用"水平""垂直"两个滑块,可以控制沿水平方向和垂直方向的扭曲量大小,也可以直接在右侧的文本框中输入百分比。选中"相对"单选按钮,表示扭曲量以百分比为单位,对图形进行相对扭曲;选中"绝对"单选按钮,表示扭曲量以绝对数值 mm(毫米)为单位,对图形进行绝对扭曲。
- 锚点:用来控制锚点的移动。勾选该复选框,在扭拧图形时将移动图形对象路径上的锚点;取消勾选该复选框,在扭拧图形时将不移动图形对象路径上的锚点。
- "导入"控制点:用来控制移动路径上进入锚点的控制点。
- "导出"控制点:用来控制移动路径上离开锚点的控制点。

3. 扭转

在 Illustrator 2022 中，使用"扭转"命令可以沿选择图形的中心位置将图形进行扭转变形。选取图形后，选择"效果">"扭曲和变换">"扭转"菜单命令，系统会打开"扭转"对话框，设置相关参数后单击"确定"按钮，效果如图 11-29 所示。

图 11-29　扭转

"扭转"对话框中选项的含义如下。

● 角度：值越大，表示扭转的程度越大。如果输入的角度值为正值，那么图形沿顺时针扭转；如果输入的角度值为负值，那么图形沿逆时针扭转。取值范围为-360°～360°。

4. 收缩和膨胀

在 Illustrator 2022 中，使用"收缩和膨胀"命令可以使选择的图形以它的锚点为基础，向内或向外发生扭曲变形。选取图形后，选择"效果">"扭曲和变换">"收缩和膨胀"菜单命令，打开"收缩和膨胀"对话框，设置相关参数后单击"确定"按钮，效果如图 11-30 所示。

图 11-30　收缩和膨胀

"收缩和膨胀"对话框中各选项的含义如下。

● 收缩：用来控制图形向内收缩的量。当输入的值小于 0 时，图形表现出收缩效果，输入的值越小，图形的收缩效果越明显，如图 11-31 所示。

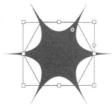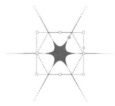

图 11-31　收缩

● 膨胀：用来控制图形向外膨胀的量。当输入的值大于 0 时，图形表现出膨胀效果，输入的值越大，图形的膨胀效果越明显，如图 11-32 所示。

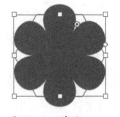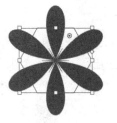

图 11-32　膨胀

5. 波纹效果

在 Illustrator 2022 中，使用"波纹效果"命令可以在图形对象的路径上均匀添加若干锚点，然后按照一定的规律移动锚点，形成规则的锯齿波纹效果。选取图形后，选择"效果">"扭曲和变换">"波纹效果"菜单命令，打开"波纹效果"对话框，设置相关参数后单击"确定"按钮，效果如图 11-33 所示。

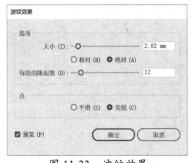

图 11-33　波纹效果

"波纹效果"对话框中各选项的含义如下。

- 大小：用来控制各锚点偏离原路径的扭曲程度。通过拖动"大小"滑块来改变扭曲的数值，值越大，扭曲的程度越大。当值为 0 时，不对图形进行扭曲变形。
- 每段的隆起数：用来控制在原图形的路径上均匀添加锚点的个数。通过拖动下方的滑块来修改数值，也可以在右侧的文本框中直接输入数值。取值范围为 0～100。
- 点：用来控制锚点在路径周围的扭曲形式。选中"平滑"单选按钮，将产生平滑的边角效果；选中"尖锐"单选按钮，将产生锐利的边角效果。

6. 粗糙化

在 Illustrator 2022 中，使用"粗糙化"命令可以在图形对象的路径上添加若干锚点，然后随机地将这些锚点进行移动，以制作出随机粗糙的锯齿状效果。选取图形后，选择"效果">"扭曲和变换">"粗糙化"菜单命令，打开"粗糙化"对话框，设置相关参数后单击"确定"按钮，效果如图 11-34 所示。

"粗糙化"对话框中选项的含义如下。

- 细节：用来控制在原图形的路径上均匀添加锚点的个数。通过拖动右方的滑块来修改数值，也可以在右侧的文本框中直接输入数值。取值范围为 0～100。

图 11-34　粗糙化

7. 自由扭曲

在 Illustrator 2022 中，"自由扭曲"命令与工具箱中的"自由变换工具" ![] 用法相似，可以用来对图形进行自由扭曲变形。选取图形后，选择"效果">"扭曲和变换">"自由扭曲"菜单命令，打开"自由扭曲"对话框。在该对话框中，可以使用鼠标拖动控制框上的 4 个控制柄来调节图形的扭曲效果。如果对调整的效果不满意，想恢复默认效果，那么可以单击"重置"按钮，将其恢复到初始效果。扭曲完成后单击"确定"按钮，效果如图 11-35 所示。

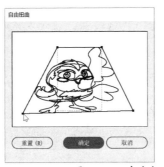

图 11-35　自由扭曲

11.7　风格化

在 Illustrator 2022 中，"风格化"命令主要用来对图形对象添加特殊的效果，比如内发光、圆角、外发光、投影、添加箭头等。这些特效的应用可以为图形增添更加生动的艺术氛围。

11.7.1　内发光

在 Illustrator 2022 中，使用"内发光"命令可以在选定图形的内部添加光晕效果，与"外发光"命令正好相反。选取图形后，选择"效果">"风格化">"内发光"菜单命令，打开"内发光"对话框，设置相关参数后单击"确定"按钮，效果如图 11-36 所示。

图 11-36　内发光

"内发光"对话框中各选项的含义如下。

- 模式：可以从右侧的下拉列表中选择内发光颜色的混合模式。
- 颜色块：用来控制内发光的颜色。单击颜色块，可以打开"拾色器"对话框，用来设置内发光的颜色。
- 不透明度：用来控制内发光颜色的不透明度。可以从右侧的下拉列表中选择一个不透明度值，也可以直接在文本框中输入一个需要的值。取值范围为 0~100%，值越大，发光的颜色越不透明。
- 模糊：用来设置内发光颜色边缘的柔和程度。值越大，边缘柔和的程度越大。
- "中心""边缘"：用来控制发光的位置。选中"中心"单选按钮，表示发光的位置为图形的中心位置；选中"边缘"单选按钮，表示发光的位置为图形的边缘位置。

11.7.2　圆角

在 Illustrator 2022 中，使用"圆角"命令可以将图形对象的尖角变为圆角。选取图形后，选择"效果">"风格化">"圆角"菜单命令，打开"圆角"对话框，设置相关参数后单击"确定"按钮，效果如图 11-37 所示。

图 11-37　圆角

"圆角"对话框中选项的含义如下。

- 半径：用来确定图形圆角的大小。输入的值越大，图形对象的圆角程度越大。

11.7.3　外发光

在 Illustrator 2022 中，使用"外发光"命令可以在选定图形的外部添加光晕效果。选取图形后，选择"效果">"风格化">"外发光"菜单命令，打开"外发光"对话框，设置相关参数后单击"确定"按钮，效果如图 11-38 所示。

图 11-38　外发光

11.7.4　投影

在 Illustrator 2022 中，使用"投影"命令可以为选择的图形对象添加阴影，以增强图形的立体效果。选取图形后，选择"效果" > "风格化" > "投影"菜单命令，打开"投影"对话框，设置相关参数后单击"确定"按钮，效果如图 11-39 所示。

图 11-39　投影

"投影"对话框中各选项的含义如下。

● 模式：可以从右侧的下拉列表中选择投影的混合模式。
● 不透明度：用来控制投影颜色的不透明度，可以从右侧的下拉列表中选择一个不透明度值，也可以直接在文本框中输入一个需要的值。取值范围为 0～100%，值越大，投影的颜色越不透明。
● X 位移：用来控制阴影相对于原图形在 X 轴上的位移量。输入正值，阴影向右偏移；输入负值，阴影向左偏移。
● Y 位移：用来控制阴影相对于原图形在 Y 轴上的位移量。输入正值，阴影向下偏移；输入负值，阴影向上偏移。
● 模糊：用来设置阴影颜色边缘的柔和程度。值越大，边缘柔和的程度越大。
● "颜色""暗度"：用来控制阴影的颜色。选中"颜色"单选按钮，可以单击右侧的颜色块，在打开的"拾色器"对话框中设置阴影的颜色；选中"暗度"单选按钮，可以在右侧的文本框中，设置阴影的明暗程度。

11.7.5　涂抹

在 Illustrator 2022 中，使用"涂抹"命令可以将选定的图形对象转换成类似手动涂抹的手绘效果。选取图形后，选择"效果">"风格化">"涂抹"菜单命令，打开"涂抹选项"对话框，设置相关参数后单击"确定"按钮，效果如图 11-40 所示。

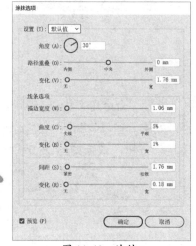

图 11-40　涂抹

"涂抹选项"对话框中各选项的含义如下。

- 设置：可以从右侧的下拉列表中选择预设的涂抹效果，包括涂鸦、密集、松散、锐利、素描、缠结、紧密等多个选项。
- 角度：用来设置涂抹效果的角度。
- 路径重叠：用来设置涂抹线条在图形对象的内侧、中央或外侧。当值小于 0 时，涂抹线条在图形对象的内侧；当值大于 0 时，涂抹线条在图形对象的外侧。如果想让涂抹线条重叠产生随机的变化效果，那么可以修改"变化"参数值，值越大，重叠效果越明显。
- 描边宽度：用来设置涂抹线条的粗细。
- 曲度：用来设置涂抹线条的弯曲程度。如果想让涂抹线条的弯曲度产生随机的弯曲效果，那么可以修改"变化"参数值，值越大，弯曲的随机化程度越大。
- 间距：用来设置涂抹线条之间的间距。如果想让线条之间的间距产生随机效果，那么可以修改"变化"参数值，值越大，涂抹线条的间距变化越明显。

11.7.6　羽化

在 Illustrator 2022 中，"羽化"命令主要用来为选定的图形对象创建柔和的边缘效果。选取图形后，选择"效果">"风格化">"羽化"菜单命令，打开"羽化"对话框，设置相关参数后单击"确定"按钮，效果如图 11-41 所示。

图 11-41　羽化

11.8　效果画廊

使用"效果画廊"命令可以帮助用户在同一对话框中完成多个滤镜的设置，并且可以重新改变使用滤镜的顺序或重复使用同一滤镜，从而得到不同的效果。选择"效果" > "效果画廊"菜单命令，打开"效果画廊"对话框，在预览区中可以看到使用该滤镜得到的效果，如图 11-42 所示。

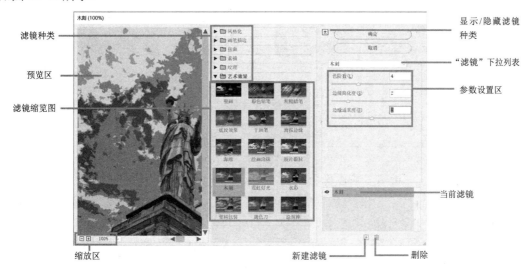

图 11-42　效果画廊

"效果画廊"对话框中各选项的含义如下。

● 预览区：用来预览应用滤镜后的效果。

● 滤镜种类：用来显示滤镜组中的所有滤镜，单击前面的三角形按钮，即可将当前滤镜类型中的所有滤镜展开。

● "显示/隐藏滤镜种类"：单击该按钮，即可隐藏滤镜库中的滤镜类别和缩览图，只留下滤镜预览区，再次单击，将重新显示滤镜类别。

● 参数设置区：用来设置当前滤镜的各个参数，可以直接输入数值或者拖动控制滑块改变参数值，来调整使用当前滤镜的效果。

● "滤镜"下拉列表：单击该选项右侧的三角形按钮，即可弹出滤镜类别中的所有滤镜名称，用户可以在下拉列表中选择需要的滤镜。

- 当前滤镜：正在调整的滤镜。
- 新建滤镜：单击此按钮，可以创建一个滤镜效果图层，对新建的滤镜效果图层可以使用滤镜效果，选取任何一个已存在的效果图层，再选择其他滤镜，该图层效果就会变成该滤镜的图层效果。
- 删除：单击此按钮，可以将当前选取的滤镜效果图层删除，同时滤镜效果也被删除。
- 滤镜缩览图：用来显示当前滤镜类别中滤镜效果缩览图。
- 缩放区：单击"＋"号可以放大预览区中的图像，单击"－"号可以缩小预览区中的图像。

在该对话框中选择一个滤镜并设置参数后，单击"确定"按钮，即可得到应用该滤镜的效果，如图 11-43 所示。

图 11-43　应用滤镜的效果

11.9　"像素化"滤镜组

使用"像素化"滤镜可以将图像分块，使其看起来像由许多小块组成，其中包括"彩色半调""点状化""晶格化""铜版雕刻"4 种滤镜。图 11-44 所示分别为原图，以及应用"彩色半调""铜版雕刻"滤镜的效果。

原图　　　　　　　　应用"彩色半调"滤镜　　　　　　应用"铜版雕刻"滤镜

图 11-44　应用"像素化"滤镜的效果

11.10　"扭曲"滤镜组

使用"扭曲"滤镜可以使图形产生扭曲效果，其中，既有平面扭曲效果，也有三维或其他变形效果。掌握扭曲效果的关键是搞清楚图像中的像素扭曲前与扭曲后的位置变化，使用"扭曲"效果菜单中的命令可以对图像进行几何扭曲，从而使图像产生奇妙的艺术效果。其中包括"扩散亮光""海洋波纹""玻璃"3种滤镜。图11-45所示分别为原图，以及应用"扩散亮光""海洋波纹"滤镜后的效果。

原图　　　　　　　　　应用"扩散亮光"滤镜　　　　　　　应用"海洋波纹"滤镜

图11-45　应用"扭曲"滤镜的效果

11.11　"模糊"滤镜组

使用"模糊"滤镜可以对图像中的像素进行柔化，从而起到模糊图像的作用。其中包括"径向模糊""特殊模糊""高斯模糊"3种滤镜。图11-46所示分别为原图，以及应用"高斯模糊""径向模糊"滤镜的效果。

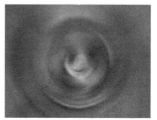

原图　　　　　　　　　应用"高斯模糊"滤镜　　　　　　　应用"径向模糊"滤镜

图11-46　应用"模糊"滤镜的效果

11.12　"画笔描边"滤镜组

使用"画笔描边"菜单中的命令可以在图形中增加颗粒、杂色或纹理，从而使图像产生多样的绘画效果，创建不同绘画效果的外观。"画笔描边"滤镜组中包括"喷溅""喷色描边""墨水轮廓""强化的边缘""成角的线条""深色线条""烟灰墨""阴影线"8种滤镜。图11-47所示分别为原图，以及应用"喷溅""阴影线"滤镜的效果。

原图　　　　　　　　应用"喷溅"滤镜　　　　　　应用"阴影线"滤镜

图 11-47　应用"画笔描边"滤镜的效果

11.13　"素描"滤镜组

　　"素描"滤镜组中的滤镜主要用于给图形增加纹理，模拟素描、速写等艺术效果，包括"便条纸""半调图案""图章""基底凸现""影印""撕边""水彩画纸""炭笔""炭精笔""石膏效果""粉笔和炭笔""绘图笔""网状""铬黄"14 种滤镜。图 11-48 所示分别为原图，以及应用"撕边""石膏效果"滤镜的效果。

原图　　　　　　　　应用"撕边"滤镜　　　　　　应用"石膏效果"滤镜

图 11-48　应用"素描"滤镜的效果

11.14　"纹理"滤镜组

　　使用"纹理"滤镜组中的滤镜可以使图形表面产生特殊的纹理或材质效果，包括"拼缀图""染色玻璃""纹理化""颗粒""马赛克拼贴""龟裂缝"6 种滤镜。图 11-49 所示分别为原图，以及应用"染色玻璃""龟裂缝"滤镜的效果。

原图　　　　　　　　应用"染色玻璃"滤镜　　　　　应用"龟裂缝"滤镜

图 11-49　应用"纹理"滤镜的效果

11.15 "艺术效果"滤镜组

使用"艺术效果"滤镜组中的滤镜可以使图形产生多种不同风格的艺术效果,包括"塑料包装""壁画""干画笔""底纹效果""彩色铅笔""木刻""水彩""海报边缘""海绵""涂抹棒""粗糙蜡笔""绘画涂抹""胶片颗粒""调色刀""霓虹灯光"15 种滤镜。图 11-50 所示分别为原图,以及应用"木刻""绘画涂抹"滤镜的效果。

原图　　　　　　　　　　应用"木刻"滤镜　　　　　　　应用"绘画涂抹"滤镜

图 11-50　应用"艺术效果"滤镜的效果

11.16 "风格化"滤镜组

"风格化"滤镜组中只有"照亮边缘"滤镜,使用"照亮边缘"滤镜可以对画面中的像素边缘进行搜索,然后使其产生类似霓虹灯光照亮的效果。应用"照亮边缘"滤镜前后效果对比如图 11-51 所示。

原图　　　　　　　　　应用"照亮边缘"滤镜

图 11-51　应用"照亮边缘"滤镜前后效果对比

11.17 综合实战:神秘的海底世界

实战目的:

掌握添加"风格化"效果和使用"图像描摹"功能的方法。

技术要点:

● 新建文档

- 置入素材
- 裁剪图像
- 使用"图像描摹"功能
- 设置"混合模式"和"不透明度"
- 输入文字创建轮廓
- 填充渐变色
- 取消编组
- 使用"直接选择工具"调整形状
- 应用"投影""内发光"效果

视频位置:(视频/第 11 章/11.17 综合实战:神秘的海底世界)扫描二维码快速观看视频

操作步骤

① 选择"文件">"新建"菜单命令或按【Ctrl+N】组合键,新建一个空白文档。选择"文件">"置入"菜单命令,置入附赠的"素材\第 11 章\海底世界"素材,如图 11-52 所示。

② 在属性栏中单击"裁剪图像"按钮,拖动控制点,对图像进行裁剪,如图 11-53 所示。

图 11-52　置入素材

图像　海底世界.jpg CMYK PPI: 96　取消嵌入　编辑原稿　图像描摹 ∨　蒙版　裁剪图像

图 11-53　裁剪

③ 按回车键,完成裁剪,复制出一个副本后,在属性栏中单击"图像描摹"按钮,在弹出的列表中选择"技术绘图"选项,效果如图 11-54 所示。

图 11-54　描摹图像

④ 在"透明度"面板中设置"混合模式"为"叠加"、"不透明度"值为"37%"，效果如图 11-55 所示。

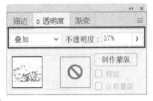

图 11-55　混合模式

⑤ 使用"文字工具" T 输入文字，为其选择一种毛笔字体，选择"文字" > "创建轮廓"菜单命令，或者按【Ctrl+Shift+O】组合键，为文字创建轮廓，效果如图 11-56 所示。

图 11-56　输入文字并创建轮廓

⑥ 在"渐变"面板中，为文字图形填充"青、紫、白、绿、黑"线性渐变，效果如图 11-57 所示。

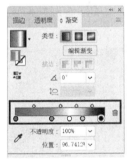

图 11-57　填充渐变色

⑦ 选择"对象" > "取消编组"菜单命令，将文字图形取消编组，单独调整文字的位置，再为文字图形添加紫色描边，效果如图 11-58 所示。

图 11-58　取消编组并调整位置

⑧ 使用"直接选择工具" ▷ 调整文字图形的形状，再将其移动到素材上面，效果如图 11-59 所示。

图 11-59　调整形状并移动

⑨　选择其中的一个文字图形，分别选择"效果" > "风格化" > "投影" 菜单命令和"效果" > "风格化" > "内发光" 菜单命令，分别打开"投影""内发光"对话框，设置相关参数，如图 11-60 所示。

图 11-60　设置相关参数

⑩　设置完毕后，单击"确定"按钮，效果如图 11-61 所示。

⑪　使用同样的方法对另外几个图形文字进行设置。至此，本次综合实战案例制作完毕，最终效果如图 11-62 所示。

图 11-61　应用"投影""内发光"效果　　　　图 11-62　最终效果

11.18　综合实战：倒影效果

实战目的：

掌握添加滤镜效果的方法。

技术要点：

● 新建文档

● 置入素材

- 裁剪图像
- 复制出副本并进行翻转
- 应用"海洋波纹"滤镜
- 应用"喷色描边"滤镜
- 应用"高斯模糊"滤镜
- 绘制白色矩形并设置不透明度
- 建立剪切蒙版

视频位置：(视频/第 11 章/11.18 综合实战：倒影效果)扫描二维码快速观看视频

操作步骤

① 选择"文件">"新建"菜单命令或按【Ctrl+N】组合键，新建一个空白文档，选择"文件">"置入"菜单命令，置入附赠的"素材\第 11 章\风景 2"素材，如图 11-63 所示。

② 在属性栏中单击"裁剪图像"按钮，拖动控制点，对图像进行裁剪，效果如图 11-64 所示。

图 11-63　置入素材

图 11-64　裁剪图像

③ 复制出一个副本，将其向下移动后，单击"属性"面板中的"垂直轴翻转"按钮 ，将副本翻转后，再将其拉高，效果如图 11-65 所示。

④ 选择"效果">"扭曲">"海洋波纹"菜单命令，打开"海洋波纹"对话框，其中的参数设置如图 11-66 所示。

图 11-65　翻转并拉高

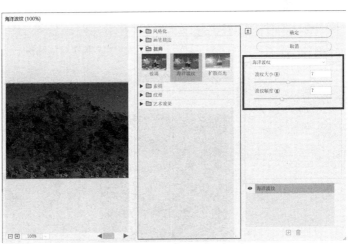

图 11-66　"海洋波纹"对话框

⑤ 设置完毕后，单击"确定"按钮，效果如图 11-67 所示。

⑥ 选择"效果">"画笔描边">"喷色描边"菜单命令，打开"喷色描边"对话框，其中的参数设置如图 11-68 所示。

图 11-67 应用"海洋波纹"
滤镜的效果

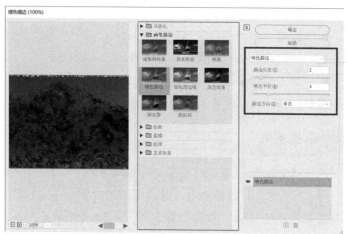

图 11-68 "喷色描边"对话框

⑦ 设置完毕后，单击"确定"按钮，效果如图 11-69 所示。

⑧ 选择"效果">"模糊">"高斯模糊"菜单命令，打开"高斯模糊"对话框，其中的参数设置如图 11-70 所示。

⑨ 设置完毕后，单击"确定"按钮，效果如图 11-71 所示。

图 11-69 应用"喷色描边"
滤镜的效果

图 11-70 "高斯模糊"对话框

图 11-71 应用"高斯模糊"
滤镜的效果

⑩ 使用"矩形工具" ▢ 绘制一个白色矩形，设置"不透明度"值为"23%"，效果如图 11-72 所示。

图 11-72 绘制矩形并设置"不透明度"

⑪　此时可以发现图像边缘不平，只需将边缘去掉即可，可以通过"剪切蒙版"命令来进行
　　调整。使用"矩形工具" ■ 绘制一个矩形，将所有对象全部选取，选择"对象">"剪
　　切蒙版">"建立"菜单命令，为图像创建一个剪切蒙版。至此，本次综合实战案例制
　　作完毕，最终效果如图 11-73 所示。

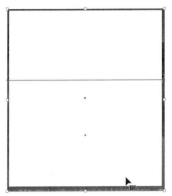

图 11-73　最终效果

CHAPTER 12

图表应用

本章导读

用户在进行设计工作时经常会遇到对相应数据的统计或对比，这时 Illustrator 2022 中的图表工具就显得非常重要。本章详细讲解了 9 种不同类型图形的创建和编辑方法，并结合相应案例来讲解图表设计的应用，以制作出更加精美的图表效果。

学习要点

- ☑ 图表的创建
- ☑ 图表类型的编辑
- ☑ 重新编辑图表数据
- ☑ 自定义图表

扫码看视频

12.1 图表的创建

在统计和对比各种数据时，为了获得更为直观的视觉效果，通常采用图表的形式来统计数据。Illustrator 2022 提供了丰富的图表类型和强大的图表功能，将图表与图形、文字对象结合起来，成为制作报表以及计划和宣传品等非常有利的辅助工具。

1. 用于创建图表的各个工具

在 Illustrator 2022 中，图表工具大体上可分为 9 种类型，在工具箱中选择一种图表工具，按住鼠标左键，会弹出如图 12-1 所示的"图表工具"列表。

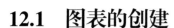

图 12-1 "图表工具"列表

"图表工具"列表中各选项的含义如下。

● 柱形图工具：用来创建柱形图表。使用一些并列排列的矩形来表示各种数据，矩形的长度与数据大小成正比。矩形越短，相对应的值越小，矩形越长，相对应的值越大。

● 堆积柱形图工具：用来创建堆积柱形图表。堆积柱形图表按类别将数据堆积起来，而不是像柱形图表那样并列排列，并且能够显示数量的信息。堆积柱形图表用来显示全部数据的总数，而普通柱形图表可用于每一类中单个数据的比较，所以从堆积柱形图表中更容易看出整体与部分的关系。

● 条形图工具：用来创建条形图表，与柱形图表相似，但它使用水平放置的矩形，而不是垂直矩形来表示各种数据。

● 堆积条形图工具：用来创建堆积条形图表。与堆积柱形图表相似，只是排列的方式不同，堆积的方向是水平方向而不是垂直方向。

● 折线图工具：用来创建折线图表。折线图表用一系列相连的点来表示各种数据，多用来显示事物发展的趋势。

● 面积图工具：用来创建面积图。与折线图表类似，但线条下面的区域会被填充，多用来强调总数量的变化情况。

● 散点图工具：用来创建为散点图。使用该工具能够创建一系列不相连的点来表示各种数据。

● 饼图工具：用来创建饼形图表。使用不同大小的扇形来表示各种数据，扇形的面积与数据的大小成正比。扇形面积越大，该对象所占的百分比越大。

● 雷达图工具：用来创建雷达图。使用圆来表示各种数据，方便比较某个时间点的数据。

2. 图表的创建操作

在 Illustrator 2022 中，创建图表的方法大致分为两种：一种是选择图表工具后在工作区单击，在打开的对话框中设置相关参数；另一种是选择图表工具后在工作区选择一点，向对角拖动，如果要通过将选择的点向外扩展的方式来创建图表，那么只需在拖动的同时按住【Alt】键即可，按住【Shift】键可以将图表创建为正方形。

3. 图表的选取与修改

像图形对象一样，使用"选择工具" ▶ 可以选取图表，然后对其进行修改。比如，修改图表文字的字体、图表颜色、图表坐标轴及刻度等。但为了使图表统一，在编辑时主要使用"编组选择工具" ▷，因为使用该工具可以选择相同类组进行修改，从而不改变图表表达的意义。

12.2 创建图表的高效操作

在 Illustrator 2022 中，对图表进行创建和编辑非常容易。下面就通过具体的操作来讲解创建图表和编辑图表的方法。

12.2.1 创建图表

精通目的：

掌握在文档中创建图表的方法。

技术要点：

● 新建文档

● 使用"柱形图工具"

● 创建图表

视频位置：（视频/第 12 章/12.2.1 创建图表）扫描二维码快速观看视频

⚙ 操作步骤

① 选择"文件"＞"新建"菜单命令或按【Ctrl+N】组合键，新建一个空白文档。

② 在工具箱中选择"柱形图工具" ▥ 后，将鼠标指针移到文档空白处单击，系统会打开如图 12-2 所示的"图表"对话框。

图 12-2　"图表"对话框

③ 设置相关参数后，单击"确定"按钮，会出现一个图表雏形和一个图表数据输入框，如图 12-3 所示。

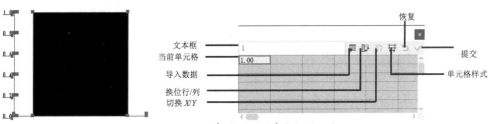

图 12-3　图表雏形和图表数据输入框

图表数据输入框中各选项的含义如下。

- 文本框：用来输入数据和显示数据。在文本框中输入文本时，该文本将被放入图表当前选定的单元格中，还可以通过选择现在文本的单元格，使用该文本框修改原有的文本。

- 当前单元格：当前选定的单元格，选定的单元格周围将出现一个加粗的边框。当前单元格中的文本与文本框中的文本相对应。

- "导入数据"按钮：单击该按钮，将打开"导入图表数据"对话框，可以从其他位置导入表格数据。

- "换位行/列"按钮：用于转换横向和纵向的数据。

- "切换 X/Y"按钮：用来切换 X 轴和 Y 轴的位置，可以将 X 轴和 Y 轴进行交换。只可以在散点图表中使用。

- "单元格样式"按钮：单击该按钮，将打开"单元格样式"对话框，在"小数位数"右侧的文本框中输入数值，可以指定小数点位置；在"列宽度"右侧的文本框中输入数值，可以设置表格列宽度大小。

- "恢复"按钮：单击该按钮，可以将表格恢复到默认状态，以重新设置表格内容。

- "提交"按钮：单击该按钮，表示确定表格的数据设置，应用输入的数据生成图表。

④ 在图表数据输入框中，首先输入数据类别和数据图例。数据类别用来将数据进行分类，显示在图表的横坐标上，在图表输入框的第一列输入。当一种数据类别包含多组数据时，可以用数据图例来区分。例如，想得到培训班语、数、外课程分别在 2018 年、2019 年和 2020 年的招生统计图表，那么这 3 个年份的招生数就是数据类别，而语、数、外 3 种课程就作为数据图例，输入数据后如图 12-4 所示。

⑤ 输入完毕，单击"提交"按钮，此时会在页面中完成图表的创建，效果如图 12-5 所示。

图 12-4　输入数据

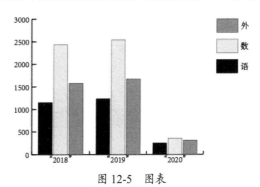

图 12-5　图表

如果在"图表数据"输入框中同时包含数据类别和数据图例，那么左上角的单元格一定要空着，不能填充任何数据，否则系统将无法识别。

12.2.2　改变图表中的柱形颜色

精通目的：

掌握创建柱形图表后改变柱形颜色的方法。

技术要点：

- 打开文档
- 编辑图表

视频位置：（视频/第 12 章/12.2.2 改变图表中的柱形颜色）扫描二维码快速观看视频

操作步骤

① 选择"文件">"打开"菜单命令或按【Ctrl+O】组合键，打开附赠的"素材\第 12 章\招生统计表"素材（见图 12-5）。

② 在工具箱中选择"编组选择工具" ，将"语"对应的柱形区域全部选取。按住【Shift】键，使用"编组选择工具" 在对应的柱形上单击，如图 12-6 所示。

③ 在"色板"面板中单击"橘色"色块，此时会将选取的柱形颜色都变为橘色，如图 12-7 所示。

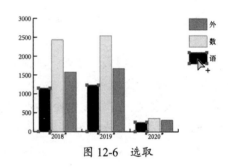

图 12-6　选取

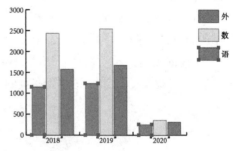

图 12-7　改色

④ 使用同样的方法为另两个柱形改色，效果如图 12-8 所示。

对图表中的文字、刻度、X/Y 轴，同样可以使用"编组选择工具" 进行选取，然后改色。对文字部分可以直接使用"文字工具" 进行选取，然后进行更改。

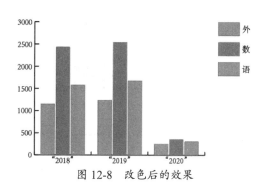

图 12-8　改色后的效果

12.3　图表类型的编辑

在 Illustrator 2022 中，通过"类型"命令可以对已经生成的各种类型的图表进行编辑。比如，改变图表的数值轴、投影、图例、刻度值、刻度线等，还可以转换不同的图表类型。这里以柱形图表为例来讲解编辑图表类型的方法。

12.3.1　编辑图表选项

要想修改图表选项，可以在图表工具上双击，打开"图表类型"对话框。也可以在选择图表后，选择"对象" > "图表" > "类型"菜单命令，打开"图表类型"对话框，如图 12-9 所示。

"图表类型"对话框中各选项的含义如下。

● 图表类型：在该下拉列表中，可以选择不同的修改类型，包括"图表选项""数值轴""类别轴"3 个选项。

● "类型"选项组：通过单击下方的图表按钮，可以转换不同的图表类型。9 种图表类型的显示效果如图 12-10 所示。

图 12-9　"图表类型"对话框

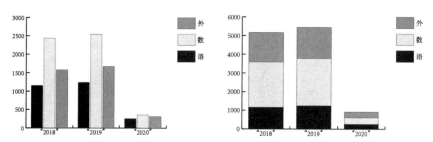

图 12-10　9 种图表类型的显示效果

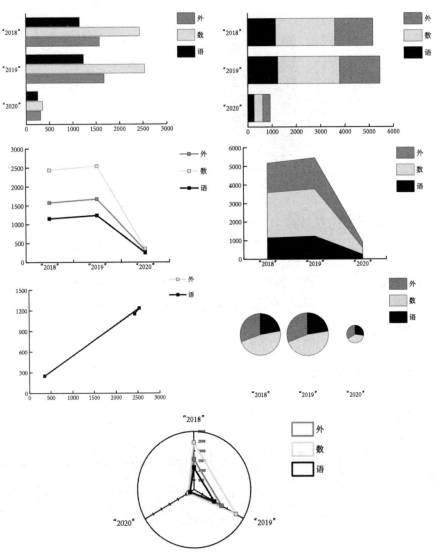

图 12-10　9 种图表类型的显示效果（续）

● "数值轴"下拉列表：用来控制数值轴的位置，包括"位于左侧""位于右侧""位于两侧"3 个选项。选择"位于左侧"选项，数值轴将出现在图表的左侧；选择"位于右侧"选项，数值轴将出现在图表的右侧；选择"位于两侧"选项，数值轴将出现在图表的两侧。不同选项的效果如图 12-11 所示。

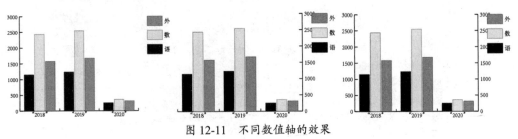

图 12-11　不同数值轴的效果

技巧：

对饼状图表来说该选项不能使用；对雷达图表来说，该列表框只有"位于每侧"选项。

● "样式"选项组：该选项组中有4个复选框。勾选"添加投影"复选框，可以为图表添加投影，如图 12-12 所示；勾选"在顶部添加图例"复选框，可以将图例添加到图表的顶部，而不是集中在图表的右侧，如图 12-13 所示；"第一行在前""第一列在前"复选框主要用来设置柱形图表的柱形叠放层次，需要和"选项"选项组中的"列宽""簇宽度"选项配合使用，只有当"列宽""簇宽度"的值大于 100%时，柱形图才能出现重叠现象，这时才可以使用"第一行在前""第一列在前"选项来调整柱形叠放层次。

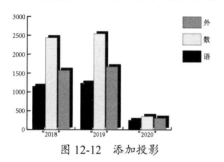

图 12-12 添加投影

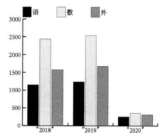

图 12-13 在顶部添加图例

● "选项"选项组：包括"列宽""簇宽度"两个选项。"列宽"表示柱形图各柱形的宽度；"簇宽度"表示柱形图各簇的宽度。将"列宽""簇宽度"设置为不同百分比时的显示效果如图 12-14 所示。

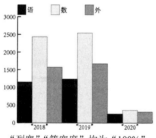

"列宽""簇宽度"均为"100%"

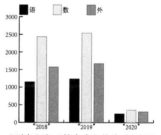

"列宽"和"簇宽度"均为"80%"

图 12-14 将"列宽""簇宽度"设置为不同百分比时的显示效果

柱形、堆积柱形、条形和堆积条形图表的参数设置非常相似，这里不再进行详细讲解，读者可以自己练习，但对于折线、散点、雷达图表，其"图表类型"对话框中的"选项"选项组是不同的，如图 12-15 所示。下面讲解不同的参数。

"图表类型"对话框中各选项的含义如下。

● "标记数据点"复选框：勾选该复选框，可以在数值位置出现标记点，以使用户更清楚地查看数值，效果如图 12-16 所示。

● "线段边到边跨 X 轴"复选框：勾选该复选框，可以将线段的边缘延伸到 X 轴上，否

图 12-15 "图表类型"对话框

则将远离 X 轴。勾选"线段边到边跨 X 轴"复选框后，效果如图 12-17 所示。

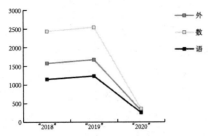

图 12-16　勾选"标记数据点"复选框的效果　　图 12-17　勾选"线段边到边跨 X 轴"复选框的效果

- "连接数据点"复选框：勾选该复选框，可以将数据点使用线连接起来，否则不连接数据点。连接数据点与不连接数据点的效果对比如图 12-18 所示。

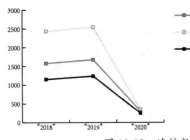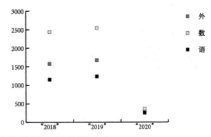

图 12-18　连接数据点与不连接数据点的效果对比

- "绘制填充线"复选框：只有勾选了"连接数据点"复选框，此选项才可以应用。勾选该复选框后，连接线将变成填充效果，可以在"线宽"右侧的文本框中输入数值，以指定线宽。将"线宽"设置为"5pt"，效果如图 12-19 所示。

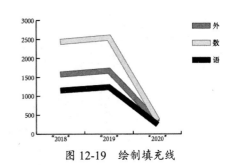

图 12-19　绘制填充线

> **温馨提示：**
>
> 　　对于散点图表和雷达图表，其"图表类型"对话框中"选项"选项组中的各个参数，读者可以根据调整柱形图表和折线图表的方法自行练习。

12.3.2　调整数据轴

在"图表类型"对话框中选择"数值轴"选项，此时会显示"数值轴"对应的参数，如图 12-20 所示。

此时"图表类型"对话框中各选项的含义如下。

- "刻度值"选项组：用来定义数据坐标轴的刻度值。在默认情况下，"忽略计算出的值"复选框并不被勾选，其下的 3 个选项处于不可用状态。勾选"忽略计算出的值"复选框，可以激活其下的 3 个选项。图 12-21 所示为"最小值"为"300"、"最大值"为"30 000"、"刻度"值为"10"的图表显示效果。

图 12-20　"图表类型"对话框

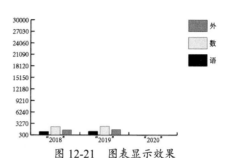

图 12-21　图表显示效果

> 　最小值：用来设置图表最小刻度值，即原点的数值。

> 　最大值：用来设置图表最大刻度值。

> 　刻度：用来设置在最大值与最小值之间分成几部分。需要注意的是，如果输入的数值不能被最大值减去最小值得到的数值整除，那么将出现小数。

● "刻度线"选项组：在"刻度线"选项组中，"长度"下拉列表中的选项用来控制刻度线的显示效果，包括"无""短""全宽"3 个选项。"无"选项表示在数值轴上没有刻度线；"短"选项表示在数值轴上显示短刻度线；"全宽"选项表示在数值轴上显示贯穿整个图表的刻度线。还可以在"绘制"选项右侧的文本框中输入一个数值，用来将数值主刻度分成若干刻度线。不同刻度线的设置效果如图 12-22 所示。

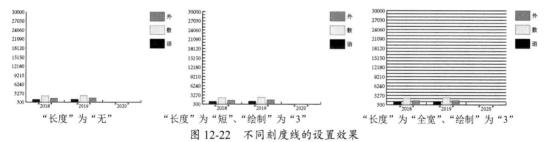

图 12-22　不同刻度线的设置效果

● "添加标签"选项组：通过在"前缀""后缀"文本框中输入文字，可以为数值轴上的数据添加前缀或后缀。添加前缀和后缀的效果如图 12-23 所示。

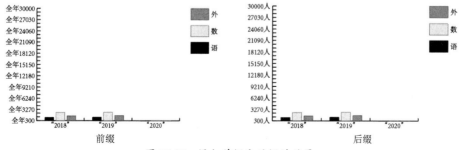

图 12-23　添加前缀和后缀的效果

12.3.3 调整类别轴

在"图表类型"下拉列表中还有"类别轴"选项，它与"数值轴"选项对应的"刻度线"选项组中的参数设置方法相同。

12.4 重新编辑图表数据

在 Illustrator 2022 中，可以对已经生成的图表中的数据进行编辑。选择需要更改数据的图表，选择"对象">"图表">"数据"菜单命令，或者在图表上单击鼠标右键，在弹出的快捷菜单中选择"数据"命令，打开"图表数据"输入框，对数据进行编辑、修改，如图12-24 所示。

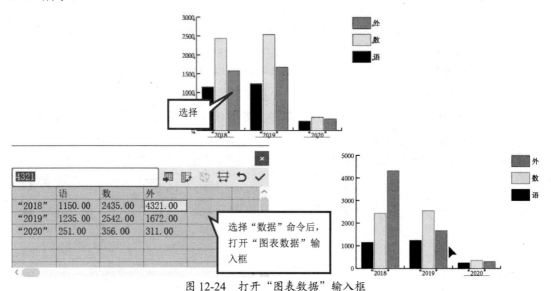

图 12-24　打开"图表数据"输入框

要输入新的数据，可以选取一个空白单元格，再在文本框中输入新的数据，按回车键，确定向单元格中输入数据并且下移一个单元。

如果要移动某个单元格中的数据，那么可以单击该单元格，按【Ctrl+X】组合键，将内容剪切，然后在需要的单元格中单击，并按【Ctrl +V】组合键，将内容粘贴过来。

如果要修改某个单元格中的数据，那么可以单击该单元格，然后在文本框中输入数据。

如果要从一个单元格中删除数据，那么可以单击该单元格，然后在文本框中删除数据。

如果要删除多个单元格中的数据，那么可以先用拖动的方法选取这些单元格，再选择"编辑"/"清除"菜单命令。

将表格数据修改完成后，单击"提交"按钮，可以将数据修改应用到图表中。

12.5　自定义图表

在 Illustrator 2022 中，对于图表中的图形，可以通过自定义的方式将图形放置到图表中。

精通目的：

掌握为创建的柱形图表自定义图形的方法。

技术要点：

● 打开文档

● 编辑图表

● 定义柱形图表

视频位置：（视频/第 12 章/12.5 自定义图表设计）扫描二维码快速观看视频

操作步骤

① 选择"文件"＞"打开"菜单命令或按【Ctrl+O】组合键，打开附赠的"素材\第 12 章\带颜色的招生统计表"素材，使用"矩形工具"　绘制一个橘色矩形，在矩形中输入文字"语文"，如图 12-25 所示。

图 12-25　绘制矩形并输入文字

② 选择矩形和文字，选择"对象"＞"图表"＞"设计"菜单命令，打开"图表设计"对话框，在该对话框中单击"新建设计"按钮，再单击"重命名"按钮，重新命名后，单击"确定"按钮，如图 12-26 所示。

图 12-26　图表设计

③ 设置完毕后，单击"确定"按钮，使用"编组选择工具"　选择图表中的橘色柱形，如图 12-27 所示。

④ 选择"对象"＞"图表"＞"柱形图"菜单命令，在打开的"图表列"对话框中设置相关参数，如图 12-28 所示。

⑤ 设置完毕后，单击"确定"按钮，效果如图 12-29 所示。

⑥ 使用同样的方法为另两个柱形进行设置，最终效果如图 12-30 所示。

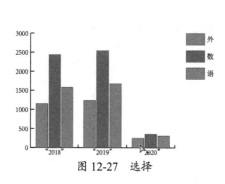

图 12-27　选择

图 12-28　"图表列"对话框

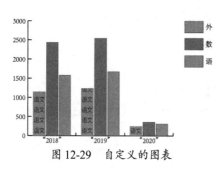

图 12-29　自定义的图表

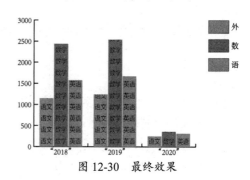

图 12-30　最终效果

12.6　综合实战：为图表设置背景

实战目的：

掌握为创建的图表设置背景图像的方法。

技术要点：

● 新建文档

● 置入素材

● 调整透明度

视频位置：（视频/第 12 章/12.6 综合实战：为图表设置背景）扫描二维码快速观看视频

操作步骤

① 选择"文件">"新建"菜单命令或按【Ctrl+N】组合键，新建一个空白文档。选择"文件">"置入"菜单命令，置入附赠的"素材\第 12 章\插画"素材，如图 12-31 所示。

② 选择"文件">"打开"菜单命令或按【Ctrl+O】组合键，打开附赠的"素材\第 12 章\自定义图表"素材，使用"选择工具" ▶ 选择打开的图表，按【Ctrl+C】组合键，转换

到新建文档中，按【Ctrl+V】组合键，将复制的图表粘贴到新建文档中，效果如图 12-32
所示。

图 12-31　置入素材

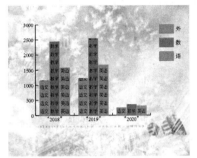

图 12-32　打开素材并复制图表

③　使用"选择工具" ▶ 选择后面的素材图像，在属性栏中单击"裁剪图形"按钮，调出裁剪框后拖动控制点，效果如图 12-33 所示。

④　按回车键，完成图像的裁剪，效果如图 12-34 所示。

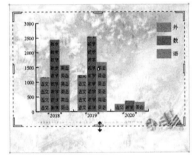

图 12-33　裁剪图形

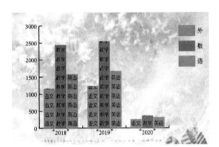

图 12-34　裁剪后的效果

⑤　选择后面的素材，在"透明度"面板中设置"不透明度"值为"45%"，如图 12-35 所示。

⑥　至此，本次综合实战案例制作完毕，最终效果如图 12-36 所示。

图 12-35　设置"不透明度"

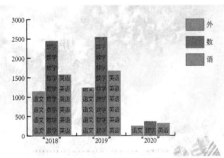

图 12-36　最终效果

CHAPTER 13

综合实战

本章导读

本章内容是对前面所学知识的综合运用，讲解制作 10 个综合案例的方法。

学习要点

- ☑ LOGO
- ☑ 名片
- ☑ 太阳伞
- ☑ 桌旗
- ☑ 一次性纸杯
- ☑ 药片包装
- ☑ 天气预报控件
- ☑ UI 按钮
- ☑ UI 超市小票

扫码看视频

13.1　LOGO

实战目的：

掌握制作米业 LOGO 的方法。

技术要点：

● 新建文档

● 使用"文字工具"输入文字

● 创建轮廓

● 绘制正圆并调整形状

● 绘制曲线并进行扩展

● 使用"形状生成器工具"生成形状

● 制作蒙版

● 剪切蒙版

● 调整顺序

视频位置："视频/第 13 章/13.1　LOGO"扫描二维码快速观看视频

 操作步骤

① 选择"文件">"新建"菜单命令或按【Ctrl+N】组合键，新建一个空白文档。使用"文字工具" 在页面中输入文字"米"，将"字体"设置为一种毛笔字体，并设置合适的大小，如图 13-1 所示。

② 选择"文字">"创建轮廓"菜单命令或按【Shift+Ctrl+O】组合键，将文字转换成图形，再为文字图形填充"绿色"，效果如图 13-2 所示。

③ 使用"钢笔工具" 在"米"字图形上面绘制一个封闭的图形，如图 13-3 所示。

图 13-1　输入文字　　　　图 13-2　创建轮廓并填充颜色　　　　图 13-3　绘制图形

④ 使用"选择工具" 将两个图形一同选取，在"透明度"面板中单击"制作蒙版"按钮，为两个图形创建蒙版，效果如图 13-4 所示。

⑤ 使用"椭圆工具" 绘制一个棕色正圆，使用"直接选择工具" 调整正圆形状，将其调整成叶子形状，如图 13-5 所示。

图 13-4　制作蒙版

图 13-5　绘制正圆并调整形状

⑥　复制出多个叶子，将其摆放好，再使用"钢笔工具" ✐绘制一条曲线，效果如图 13-6 所示。

⑦　选择曲线，选择"对象">"扩展"菜单命令，在打开的"扩展"对话框中设置相关参数后，单击"确定"按钮，效果如图 13-7 所示。

图 13-6　摆放叶子并绘制曲线　　　　　　　　图 13-7　扩展

⑧　将整个叶子区域一同选取后，将其移动到"米"字图形上面，然后将其旋转到合适的位置，效果如图 13-8 所示。

⑨　使用"椭圆工具" ◎绘制两个正圆，如图 13-9 所示。

图 13-8　移动叶子并旋转　　　　　　　图 13-9　绘制正圆

⑩ 框选两个正圆，在"路径查找器"面板中单击"减去顶层"按钮 ，效果如图 13-10 所示。

⑪ 使用"钢笔工具" 绘制两条曲线，效果如图 13-11 所示。

图 13-10 减去顶层

图 13-11 绘制曲线

⑫ 框选曲线和后面的图形，使用"形状生成器工具" 在右侧的图形上单击，将其单独生成一个形状，再将此区域填充为"棕色"，效果如图 13-12 所示。

⑬ 使用"选择工具" 选择曲线并将其删除，再将月牙移动到"米"字图形上，效果如图 13-13 所示。

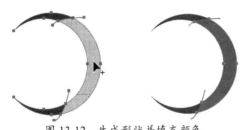

图 13-12 生成形状并填充颜色

图 13-13 移动月牙

⑭ 使用"选择工具" 选择曲线并将其删除，再将月牙移动到"米"字图形上，效果如图 13-14 所示。

⑮ 选择下面的文字图形，复制出一个副本，将其填充为"棕色"，使用"钢笔工具" 绘制一个封闭的图形，效果如图 13-15 所示。

图 13-14 输入文字并创建轮廓

图 13-15 绘制图形

⑯ 选择用"钢笔工具"绘制的图形和棕色文字图形，选择"对象">"剪切蒙版">"创建"菜单命令，效果如图 13-16 所示。

⑰ 复制稻穗，将其缩小后移动到合适的位置，按【Shift+Ctrl+[】组合键将稻穗放置到底层，在底部输入英文。至此，本次综合实战案例制作完毕，最终效果如图 13-17 所示。

图 13-16 剪切蒙版

图 13-17 最终效果

13.2 名片

实战目的：

掌握设计名片的方法。

技术要点：

- 新建文档
- 复制并粘贴到前面
- 添加锚点
- 调整形状
- 填充颜色
- 输入文字
- 调整圆角

视频位置："视频/第 13 章/13.2 名片"扫描二维码快速观看视频

名片的设计要求

名片是在现代社会中应用得较为广泛的一种交流工具，也是现代交际中不可或缺的展现个性风貌的必备工具，名片的标准尺寸为 90mm×55mm、90mm×50mm 和 90mm×45mm，加上上、下、左、右各 3mm 的出血，制作尺寸必须设定为 96mm×61mm、96mm×56mm、96mm×51mm。在设计名片时还要确定名片上要印刷的内容。名片的主体是名片提供的信息，名片上的信息主要包括姓名、工作单位、电话、手机、职称、地址、网址、E-mail、经营范围、企业的标志、图片、公司的企业语等。

1. 名片正面制作

操作步骤

① 选择"文件">"新建"菜单命令或按【Ctrl+N】组合键，新建一个空白文档。使用"矩形工具" ■ 在文档中绘制一个"宽度"为"96mm"、"高度"为"51mm"的矩形，如图 13-18 所示。

图 13-18　绘制矩形

技巧：
将名片的"宽度"设置为"96mm"、"高度"设置为"51mm"，即在边上都加了3mm的出血。

② 按【Ctrl+C】组合键，再按【Ctrl+F】组合键，复制出一个矩形副本，并将其粘贴在前面。使用"添加锚点工具" ✒ 在顶部添加一个锚点，使用"直接选择工具" ▷ 调整形状，为调整后的形状填充"绿色"，效果如图 13-19 所示。

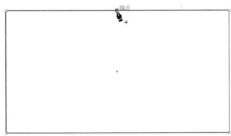
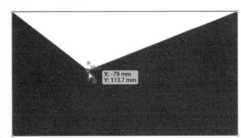

图 13-19　复制矩形，添加锚点并调整形状

③ 按【Ctrl+C】组合键，再按【Ctrl+F】组合键，复制出一个矩形副本，并将其粘贴在前面。使用"直接选择工具" ▷ 调整形状，为调整后的形状填充"棕色"，如图 13-20 所示。

④ 按【Ctrl+C】组合键，再按【Ctrl+F】组合键，复制出一个矩形副本，并将其粘贴在前面。使用"直接选择工具" ▷ 调整形状，为调整后的形状填充"灰色"，效果如图 13-21 所示。

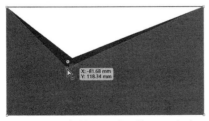

图 13-20　复制矩形并调整形状（1）　　　　图 13-21　复制矩形并调整形状（2）

⑤ 将之前制作的 LOGO 复制到当前文档中，移动并调整大小，效果如图 13-22 所示。

⑥ 选择 LOGO 上半部分，复制出一个副本，为其填充"黑色"，效果如图 13-23 所示。

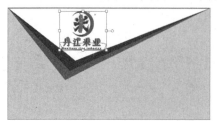

图 13-22　移入 LOGO

图 13-23　复制并填充

⑦ 设置"不透明度"值为"12%"，效果如图 13-24 所示。

图 13-24　设置"不透明度"

⑧ 复制出几个副本并调整其位置，效果如图 13-25 所示。

⑨ 使用"文字工具" T 在页面中输入名片中所需文字，名片正面制作完毕，效果如图 13-26 所示。

图 13-25　复制并调整

图 13-26　名片正面

2. 名片背面制作

操作步骤

① 复制出一个名片正面副本，将上面不需要的文字删除，如图 13-27 所示。

② 使用"直接选择工具" ▷ 分别调整绿色、棕色和灰色图形形状，效果如图 13-28 所示。

图 13-27　复制名片正面并删除文字

图 13-28　调整形状

③ 移动 LOGO 和文字，效果如图 13-29 所示。

④ 使用"直接选择工具" ⬚▷ 选择图形的角点，拖动
圆角控制点，将尖角调整成圆角，效果如图 13-30
所示。

⑤ 在"字符"面板中，设置"字距"为"500"，如
图 13-31 所示。

⑥ 至此，名片背面制作完毕，效果如图 13-32 所示。

图 13-29 移动 LOGO 和文字

图 13-30 调整尖角

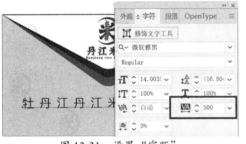

图 13-31 设置"字距"

图 13-32 名片背面

13.3 太阳伞

实战目的：

掌握太阳伞的绘制方法。

技术要点：

● 新建文档

● 使用"多边形工具"

● 使用"直线段工具"

● 使用"矩形工具"

● 使用"实时上色工具"

● 输入文本

● 使用"旋转工具"

视频位置："视频/第 13 章/13.3 太阳伞"扫描二维码快速观看视频

操作步骤

① 选择"文件">"新建"菜单命令或按【Ctrl+N】组合键，新建一个空白文档。使用"多边形工具" ⬡ 在文档中绘制一个八边形，如图 13-33 所示。

② 使用"直线段工具" ╱ 在八边形中绘制 4 条直线段，效果如图 13-34 所示。

③ 使用"矩形工具" ▢ 绘制一个矩形，使用"直接选择工具" ▷ 调整矩形形状，将其调整成梯形，如图 13-35 所示。

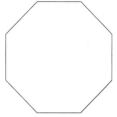

图 13-33　绘制八边形

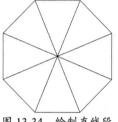

图 13-34　绘制直线段

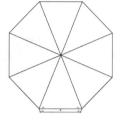

图 13-35　绘制矩形并调整形状

④ 按住【Alt】键，使用"旋转工具" ⟳ 单击直线段的交点，创建旋转中心点。在"旋转"对话框中单击"复制"按钮，效果如图 13-36 所示。

⑤ 按【Ctrl+D】组合键 6 次，将梯形旋转复制一周，效果如图 13-37 所示。

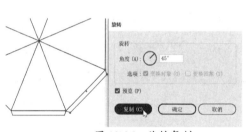

图 13-36　旋转复制

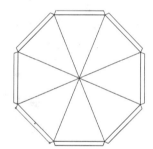

图 13-37　将梯形旋转复制一周

⑥ 框选所有对象，使用"实时上色工具" 🪣 为图形填充"绿色"，将轮廓设置为"灰色"，效果如图 13-38 所示。

⑦ 复制之前制作的 LOGO，将其进行旋转复制，效果如图 13-39 所示。

图 13-38　填充并设置轮廓颜色

图 13-39　复制 LOGO 并将其进行旋转复制

⑧ 使用"文字工具" T 输入文字，效果如图 13-40 所示。

⑨ 使用"旋转工具" ⟳ 将文字旋转复制一周，效果如图 13-41 所示。

图 13-40 输入文字

图 13-41 将文字旋转复制一周

⑩ 复制出一个太阳伞副本，将其填充为"橘色"，至此，本次综合实战案例制作完毕，最终效果如图 13-42 所示。

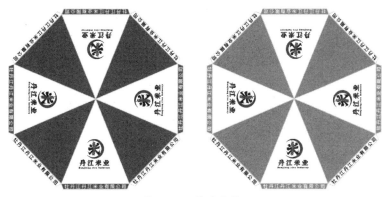

图 13-42 最终效果

13.4 桌旗

实战目的：

掌握桌旗的绘制方法。

技术要点：

● 新建文档

● 使用"矩形工具"

● 使用"椭圆工具"

● 使用"添加锚点工具"

● 使用"直接选择工具"

● 使用"直线段工具"

● 创建混合效果

● 移入 LOGO

视频位置："视频/第 13 章/13.4 桌旗"扫描二维码快速观看视频

操作步骤

① 选择"文件">"新建"菜单命令或按【Ctrl+N】组合键，新建一个空白文档。使用"矩形工具" ▢在文档中绘制 3 个矩形，如图 13-43 所示。

② 使用"渐变"面板，为绘制的矩形填充渐变色，效果如图 13-44 所示。

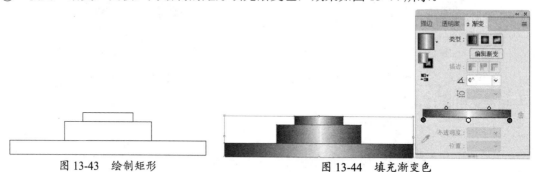

图 13-43　绘制矩形　　　　　　　　　图 13-44　填充渐变色

③ 使用"矩形工具" ▢绘制两个矩形，将其组成一个十字架效果，如图 13-45 所示。

④ 使用"渐变"面板，为绘制的矩形填充渐变色，效果如图 13-46 所示。

图 13-45　绘制矩形　　　　　　　　　图 13-46　填充渐变色

⑤ 使用"椭圆工具" ⬭绘制 3 个正圆，使用"渐变"面板，为绘制的正圆填充渐变色，效果如图 13-47 所示。

图 13-47　绘制正圆并填充渐变色

⑥ 复制出一个正圆，将其移动到十字架两个矩形相交的位置，使用"选择工具" ▶将其调整成椭圆，效果如图 13-48 所示。

⑦　使用"矩形工具" ▣ 绘制绿色和棕色矩形，效果如图 13-49 所示。

图 13-48　复制正圆并调整形状　　　　　　　　　图 13-49　绘制矩形

⑧　使用"添加锚点工具" ✏ 在矩形底部添加一个锚点，使用"直接选择工具" ▷ 调整形状，效果如图 13-50 所示。

⑨　使用"直线段工具" ╱ 绘制两条棕色的直线段，效果如图 13-51 所示。

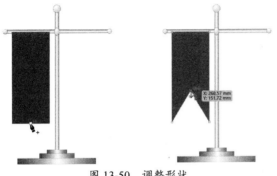

图 13-50　调整形状　　　　　　　　　　　　　图 13-51　绘制直线段

⑩　使用"混合工具" 🝙 在两条直线段上单击，为其创建混合效果，如图 13-52 所示。

⑪　复制混合后的副本，单击属性栏中的"水平轴翻转"按钮 ◁▷，将其水平翻转，然后移动到另一侧，效果如图 13-53 所示。

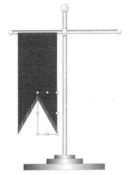

图 13-52　创建混合效果　　　　　　　　　　　图 13-53　水平翻转

⑫　将左侧的旗帜复制出一个副本，将副本移动到右侧，改变填充颜色，效果如图 13-54 所示。

⑬　复制之前制作的 LOGO，将其填充为单色。至此，本次综合实战案例制作完毕，最终效果如图 13-55 所示。

图 13-54　复制

图 13-55　最终效果

13.5　一次性纸杯

实战目的：

掌握一次性纸杯的绘制方法。

技术要点：

- 新建文档
- 绘制椭圆和直线段
- 应用"路径查找器"面板中的"分割"命令
- 应用"在所选锚点处剪切路径"命令
- 移入 LOGO
- 应用"用变形重置"命令
- 应用画笔描边路径
- 使用"渐变"面板设置渐变色
- 调整"不透明度"
- 应用"剪切蒙版"命令

视频位置："视频/第 13 章/13.5 一次性纸杯"扫描二维码快速观看视频

1. 纸杯展开效果制作

操作步骤

① 选择"文件">"新建"菜单命令或【Ctrl+N】组合键，打开"新建"对话框，新建一个空白文档。

② 使用"椭圆工具" ◯ 在文档中绘制两个椭圆，再使用"直线段工具" ╱ 绘制两条直线段，效果如图 13-56 所示。

③ 使用"选择工具" ▶ 框选绘制的所有图形，在"路径查找器"面板中单击"分割"按钮 ▣ ，效果如图 13-57 所示。

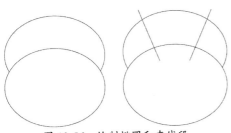

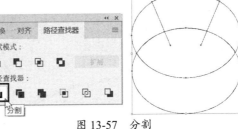

图 13-56 绘制椭圆和直线段　　　　　　　　图 13-57 分割

④ 选择"对象">"取消编组"菜单命令或按【Ctrl+Shift+G】组合键，选择多余的图形，按【Delete】键将其删除，效果如图 13-58 所示。

⑤ 按【Ctrl+C】组合键，再按【Ctrl+V】组合键，复制出一个副本，如图 13-59 所示。

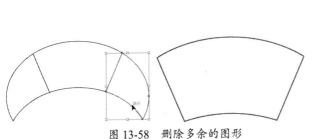

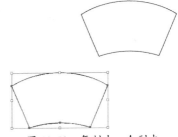

图 13-58 删除多余的图形　　　　　　　　图 13-59 复制出一个副本

⑥ 使用"直接选择工具" ▷ 在右上角的锚点上单击"在所选锚点处剪切路径"按钮 ，将封闭图形的路径进行拆分，效果如图 13-60 所示。

图 13-60 剪切路径

⑦ 使用同样的方法将左上角、右下角和左下角的路径剪切，效果如图 13-61 所示。

⑧ 删除两边的斜线，效果如图 13-62 所示。

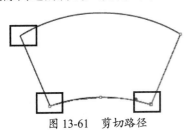

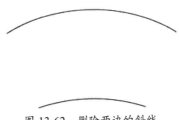

图 13-61 剪切路径　　　　　　　　图 13-62 删除两边的斜线

⑨ 将上面的弧线移动到另一个图形的上面，设置"描边粗细"为"5pt"、"描边颜色"为"C:40M:65Y:90K:35"，效果如图 13-63 所示。

⑩ 使用同样的方法将下面的弧线进行调整，设置"描边粗细"为"3pt"、"描边颜色"为"C:40M:65Y:90K:35"，效果如图 13-64 所示。

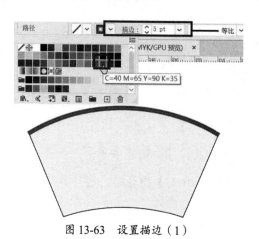

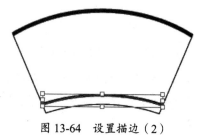

图 13-63　设置描边（1）

图 13-64　设置描边（2）

⑪　选择扇形区域，将其填充为"淡灰色"，效果如图 13-65 所示。

⑫　打开之前制作的 LOGO，将其复制到扇形区域，效果如图 13-66 所示。

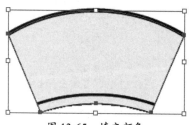

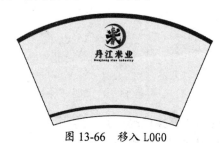

图 13-65　填充颜色

图 13-66　移入 LOGO

⑬　选择"对象">"封套扭曲">"用变形重置"菜单命令，在打开的"变形选项"对话框中设置"样式"为"弧形"，选中"水平"单选按钮，设置"弯曲"为"14%"，其他参数保持默认值，如图 13-67 所示。

⑭　设置完毕后，单击"确定"按钮，效果如图 13-68 所示。

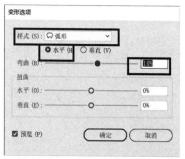

图 13-67　"变形选项"对话框

图 13-68　变形后的效果

⑮　打开之前制作的 LOGO，将其复制到扇形区域，之后再复制出一个副本，效果如图 13-69 所示。

⑯　使用"曲率工具" 绘制一条曲线，设置"描边粗细"为"0.25pt"，效果如图 13-70 所示。

⑰　选择"窗口">"画笔库">"装饰">"装饰-散布"菜单命令，在打开的"装饰-散布"面板中单击"点环"图标，为绘制的曲线描边，效果如图 13-71 所示。

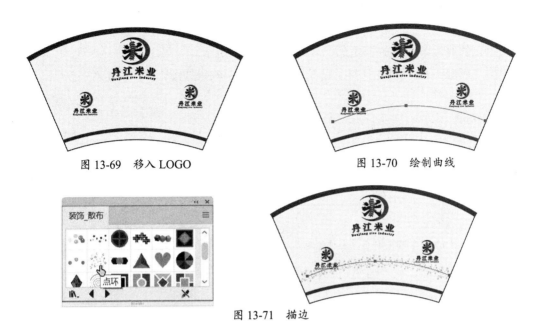

图 13-69　移入 LOGO

图 13-70　绘制曲线

图 13-71　描边

⑱　此时，纸杯展开效果制作完毕，如图 13-72 所示。

图 13-72　纸杯展开效果

2. 纸杯正视图的制作

① 使用"矩形工具"▣在文档中绘制一个矩形，再使用"直接选择工具"▷将矩形调整为梯形，如图 13-73 所示。

② 使用"添加锚点工具"在路径上单击添加锚点，再使用"直接选择工具"▷调整形状，效果如图 13-74 所示。

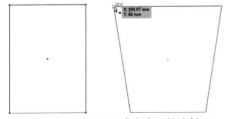

图 13-73　绘制矩形并将其调整为梯形

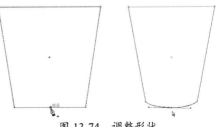

图 13-74　调整形状

③ 选择"窗口">"渐变"菜单命令，打开"渐变"面板，设置渐变色为"灰色—白色—灰色"的线性渐变，去掉轮廓，效果如图 13-75 所示。

④ 使用"椭圆工具"  在杯身上部绘制白色椭圆，效果如图 13-76 所示。

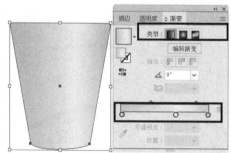

图 13-75　填充渐变并去掉轮廓

图 13-76　绘制椭圆

⑤ 选择"描边"后，在"渐变"面板中设置渐变色为"白色—灰色"的径向渐变，效果如图 13-77 所示。

⑥ 复制椭圆得到一个副本，将副本的"填充颜色"设置为"无"，将"描边颜色"设置为"C:40M:65Y:90K:35"，将"描边粗细"设置为"2pt"，效果如图 13-78 所示。

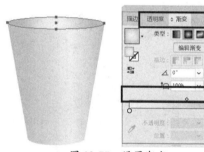

图 13-77　设置渐变

图 13-78　设置轮廓

⑦ 再复制出一个副本，将"描边颜色"设置为"C:25M:25Y:40K:0"，将"描边粗细"设置为"0.5pt"，效果如图 13-79 所示。

⑧ 选择"效果">"模糊">"高斯模糊"菜单命令，打开"高斯模糊"对话框，其中的参数设置如图 13-80 所示。

图 13-79　设置描边

图 13-80　"高斯模糊"对话框

⑨ 设置完毕后，单击"确定"按钮，效果如图 13-81 所示。

⑩ 使用"钢笔工具" 绘制一条曲线，将"描边颜色"设置为"C:40M:65Y:90K:35"，将"描边粗细"设置为"3pt"，效果如图 13-82 所示。

⑪ 选择"对象">"扩展"菜单命令，将绘制的曲线转换为图形，效果如图 13-83 所示。

图 13-81　杯口效果　　　　　　　　　　　图 13-82　绘制曲线

⑫　使用"直接选择工具" 调整锚点，将其与后面的图形对齐，效果如图 13-84 所示。

图 13-83　扩展　　　　　　　　　　　　图 13-84　调整

⑬　按【Ctrl+[】组合键两次，向后调整顺序，效果如图 13-85 所示。

⑭　打开之前制作的 LOGO，将其复制到杯子上，效果如图 13-86 所示。

⑮　在"透明度"面板中，设置"不透明度"值为"82%"，效果如图 13-87 所示。

图 13-85　调整顺序　　　　　图 13-86　移入 LOGO　　　　　图 13-87　设置"不透明度"

⑯　选择"对象">"封套扭曲">"用变形重置"菜单命令，在打开的"变形选项"对话框中设置"样式"为"弧形"，选中"水平"单选按钮，设置"弯曲"为"-6%"，其他参数保持默认值，如图 13-88 所示。

⑰　设置完毕后，单击"确定"按钮，效果如图 13-89 所示。

图 13-88　"变形选项"对话框　　　　　　　图 13-89　变形后的效果

⑱ 打开之前制作的 LOGO，将其复制到扇形区域，删除文字，之后再复制出一个副本，效果如图 13-90 所示。

⑲ 使用"曲率工具"  绘制一条曲线，设置"描边粗细"为"0.25pt"，效果如图 13-91 所示。

⑳ 在"装饰-散布"面板中单击"点环"图标，为绘制的曲线描边，效果如图 13-92 所示。

图 13-90　移入 LOGO　　　图 13-91　绘制曲线　　　　　　图 13-92　描边

㉑ 使用"钢笔工具" 绘制曲线，将"描边颜色"设置为"C:40M:65Y:90K:35"，将"描边粗细"设置为"2pt"，效果如图 13-93 所示。

㉒ 选择下面的两个 LOGO 和描边，设置"不透明度"值为"50%"，效果如图 13-94 所示。

㉓ 使用"钢笔工具" 绘制一个梯形，如图 13-95 所示。

图 13-93　绘制曲线　　　图 13-94　设置"不透明度"　　　图 13-95　绘制梯形

㉔ 将梯形、LOGO 和描边一同选取，选择"对象">"剪切蒙版">"建立"菜单命令，创建剪切蒙版。至此，本例制作完毕，最终效果如图 13-96 所示。

图 13-96　最终效果

13.6　药片包装

实战目的：

掌握药片包装的绘制方法。

技术要点：

● 新建文档

● 绘制圆角矩形和正圆

● 应用"路径查找器"面板中的"联集"命令

● 应用"路径查找器"面板中的"减去顶层"命令

● 应用"路径查找器"面板中的"交集"命令

● 应用"剪切蒙版"命令

● 应用"外发光"命令

● 应用"内发光"命令

● 应用"投影"命令

● 使用"渐变"面板设置渐变色

● 调整"不透明度"

● 复制出副本并调整排列顺序

视频位置："视频/第 13 章/13.6 药片包装"扫描二维码快速观看视频

操作步骤

① 选择"文件">"新建"菜单命令或按【Ctrl+N】组合键，打开"新建"对话框，新建一个空白文档。使用"圆角矩形工具" ▢ 绘制一个圆角矩形，如图 13-97 所示。

② 选择"效果">"素描">"便条纸"菜单命令，在打开的"便条纸"对话框中将"图像平衡"设置为"17"，将"粒度"设置为"11"，将"凸现"设置为"12"，如图 13-98 所示。

图 13-97　绘制圆角矩形

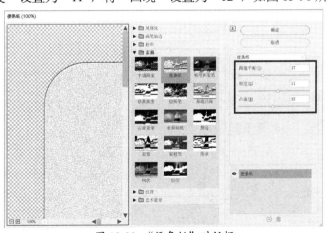

图 13-98　"便条纸"对话框

③ 设置完毕后，单击"确定"按钮，效果如图 13-99 所示。

④ 在圆角矩形边上，使用"圆角矩形工具" 和"椭圆工具" 分别绘制一个圆角矩形和一个正圆，为了便于查看，将其填充为"绿色"，如图 13-100 所示。

图 13-99　"便条纸"效果　　　　　　　　图 13-100　绘制圆角矩形和正圆

⑤ 使用"选择工具" 将绘制的圆角矩形和正圆一同选取，在"路径查找器"面板中单击"联集"按钮 ，将两个图形合并，如图 13-101 所示。

图 13-101　联集

⑥ 将联集后的对象拖动到应用"便条纸"效果后的图形上，将其与后面的图形一同选取，单击"路径查找器"面板中的"减去顶层"按钮 ，效果如图 13-102 所示。

图 13-102　减去顶层

⑦ 选择"窗口">"符号库">"自然"菜单命令，打开"自然"符号面板，在其中选择"植物 1"符号，将其拖动到页面中并调整其大小和位置，效果如图 13-103 所示。

⑧ 选择后面的图形，复制出一个副本，按【Shift+Ctrl+]】组合键，将其放置到顶层，效果如图 13-104 所示。

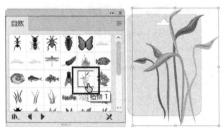

图 13-103　使用符号　　　　　　　　　　图 13-104　复制图形并将其放置到顶层

⑨ 将副本与符号一同选取，选择"对象"＞"剪切蒙版"＞"建立"菜单命令，为其创建剪切蒙版，效果如图 13-105 所示。

⑩ 在"透明度"面板中，设置"不透明度"值为"27%"，效果如图 13-106 所示。

图 13-105　剪切蒙版　　　　　　　　图 13-106　设置"不透明度"

⑪ 使用"圆角矩形工具" ▢ 绘制一个白色圆角矩形，在"透明度"面板中，设置"不透明度"值为"39%"，效果如图 13-107 所示。

⑫ 选择"效果"＞"风格化"＞"外发光"菜单命令，打开"外发光"对话框，其中的参数设置如图 13-108 所示。

图 13-107　绘制圆角矩形并设置"不透明度"　　　图 13-108　"外发光"对话框

⑬ 设置完毕后，单击"确定"按钮，效果如图 13-109 所示。

⑭ 使用"圆角矩形工具" ▢ 绘制一个白色圆角矩形，在"渐变"面板中设置渐变色，其中的参数设置如图 13-110 所示。

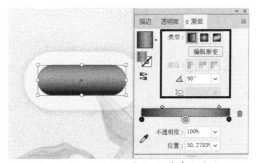

图 13-109　"外发光"效果　　　　　　图 13-110　绘制圆角矩形并填充渐变

⑮ 复制出一个副本，再使用"矩形工具" ▢ 绘制一个矩形。将副本与矩形一同选取，在"路径查找器"面板中单击"交集"按钮 ▣，效果如图 13-111 所示。

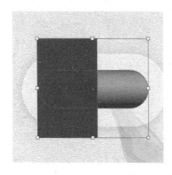

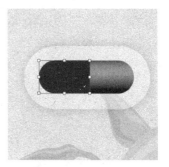

图 13-111　交集

⑯　在"渐变"面板中设置渐变色，其中的参数设置如图 13-112 所示。

⑰　使用"选择工具" ▶ 将两个渐变图形一同选取，按【Ctrl+G】组合键将其群组，再选择"效果">"风格化">"投影"菜单命令，打开"投影"对话框，其中的参数设置如图13-113 所示。

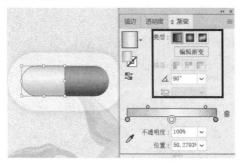

图 13-112　设置渐变色

图 13-113　"投影"对话框

⑱　设置完毕后，单击"确定"按钮，效果如图 13-114 所示。

⑲　选择添加外发光的圆角矩形并将其缩小，按【Shift+Ctrl+]】组合键将其放置到顶层，效果如图 13-115 所示。

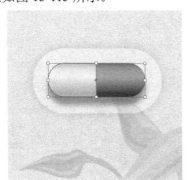

图 13-114　"投影"效果

图 13-115　选择圆角矩形并将其缩小

⑳　选择"效果">"风格化">"内发光"菜单命令，打开"内发光"对话框，其中的参数设置如图 13-116 所示。

㉑　设置完毕后，单击"确定"按钮，效果如图 13-117 所示。

㉒　复制几个药丸区域的对象，将副本移动到合适的位置。至此，本次综合实战案例制作完毕，效果如图 13-118 所示。

图 13-116   "内发光"对话框

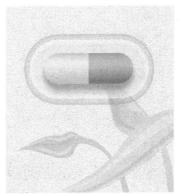

图 13-117   "内发光"效果

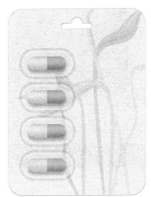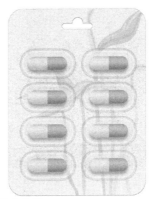

图 13-118   最终效果

13.7   天气预报控件

实战目的：

掌握天气预报控件的绘制方法。

技术要点：

- 新建文档
- 使用"矩形工具"绘制矩形
- 使用"文字工具"输入文字
- 使用"椭圆工具""直线段工具"绘制图形
- 添加投影
- 使用"路径查找器"面板中的"联集"命令
- 使用"旋转工具"进行旋转复制

视频位置："视频/第 13 章/13.7 天气预报控件"扫描二维码快速观看视频

🎛️ **操作步骤**

① 选择"文件">"新建"菜单命令或按【Ctrl+N】组合键，新建一个空白文档。使用"矩形工具" ▣ 在页面中绘制一个黑色矩形，在上面再使用"圆角矩形工具" ▣ 绘制一个白色圆角矩形，效果如图 13-119 所示。

② 选择白色圆角矩形，按【Ctrl+C】组合键，再按【Ctrl+F】组合键，将副本粘贴到前面，将副本调矮并填充"青色"，效果如图 13-120 所示。

图 13-119　绘制矩形和圆角矩形

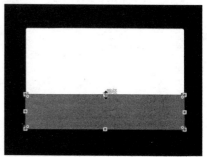

图 13-120　复制圆角矩形，调整高度并填充颜色

③ 使用"文字工具" T 输入文字，分别填充"黑色""白色""灰色"，效果如图 13-121 所示。

图 13-121　输入文字并填充颜色

④ 按住【Shift】键，使用"椭圆工具" ⬭ 绘制一个小正圆，再使用"直线段工具" ╱ 绘制一条直线，如图 13-122 所示。

⑤ 选择直线后，按住【Alt】键，使用"旋转工具" ↻ 将旋转中心点拖动到正圆的中心处，如图 13-123 所示。

图 13-122　绘制正圆和直线

图 13-123　调整旋转中心点

⑥ 单击后松开【Alt】键，打开"旋转"对话框，设置"角度"为"-15°"，如图 13-124 所示。

⑦ 设置完毕后，单击"复制"按钮 4 次，复制出 4 个副本，将其作为太阳光线，效果如图 13-125 所示。

⑧ 使用"椭圆工具" ⬭ 绘制 4 个小正圆，再使用"矩形工具" ▣ 绘制一个矩形，效果如图 13-126 所示。

图 13-124　设置"角度"

图 13-125　复制

图 13-126　绘制正圆和矩形

⑨ 将 4 个小正圆和矩形一同选取，选择"窗口">"路径查找器"菜单命令，打开"路径查找器"面板，单击"联集"按钮，将轮廓设置为"青色"，将其作为云朵，效果如图 13-127 所示。

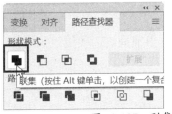
图 13-127　联集

⑩ 将云朵移动到太阳上面，将太阳的描边设置为"青色"，再将其一同选取并移动到青色矩形上面，效果如图 13-128 所示。

⑪ 下面再制作表。使用"椭圆工具"⚪绘制一个正圆，设置填充颜色为"蓝色"、"描边颜色"为"白色"、"描边粗细"为"5pt"，效果如图 13-129 所示。

图 13-128　设置"描边"

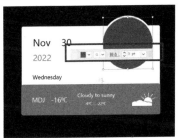
图 13-129　绘制正圆

⑫ 按【Ctrl+C】组合键，再按【Ctrl+F】键，将副本粘贴到前面，去掉副本的描边，为其填充"青色"，效果如图 13-130 所示。

⑬ 使用"直接选择工具"▷将上面的锚点向下拖动，调整正圆形状，效果如图 13-131 所示。

图 13-130　复制

图 13-131　调整正圆形状

⑭ 选择后面的正圆，选择"效果">"风格化">"投影"菜单命令，打开"投影"对话框，其中的参数设置如图 13-132 所示。

⑮ 设置完毕后，单击"确定"按钮，效果如图 13-133 所示。

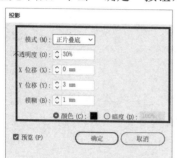

图 13-132 "投影"对话框

图 13-133 添加投影

⑯ 按【Ctrl+R】组合键调出标尺后，拖出辅助线，使用"直线段工具" /绘制两条直线，效果如图 13-134 所示。

⑰ 选择两条直线后，按住【Alt】键，使用"旋转工具" 将旋转中心点拖动到辅助线交点处，单击后松开【Alt】键，打开"旋转"对话框，设置"角度"为"90°"，如图 13-135 所示。

图 13-134 绘制直线

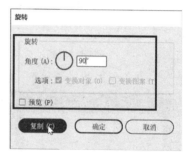

图 13-135 "旋转"对话框

⑱ 设置完毕后，单击"复制"按钮 3 次，复制出 3 个副本，效果如图 13-136 所示。

⑲ 使用同样的方法制作 30° 角的直线，删除辅助线和上、下、左、右 4 条直线，效果如图 13-137 所示。

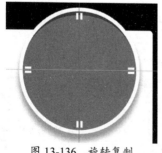

图 13-136 旋转复制

图 13-137 绘制直线并旋转复制

⑳ 使用"椭圆工具" 在表的中心位置绘制一个白色正圆，效果如图 13-138 所示。

㉑ 使用"直线段工具" /绘制 3 条长短不同的直线，分别调整粗细和填充颜色，效果如图 13-139 所示。

图 13-138 绘制正圆

图 13-139 绘制直线并调整

㉒ 使用"椭圆工具" ◎ 在表的中心轴处绘制一个红色正圆，效果如图 13-140 所示。

㉓ 至此，本例制作完毕，效果如图 13-141 所示。

图 13-140 绘制正圆

图 13-141 最终效果

13.8 UI 按钮

实战目的：

掌握 UI 按钮的绘制方法。

技术要点：

- 新建文档
- 使用"矩形工具""椭圆工具""钢笔工具""直线段工具"绘制图形
- 填充渐变色
- 添加投影
- 使用"路径查找器"面板中的"交集"命令
- 输入文字

视频位置："视频/第 13 章/13.8 UI 按钮"扫描二维码快速观看视频

操作步骤

① 选择"文件">"新建"菜单命令或按【Ctrl+N】组合键，新建一个空白文档。使用"矩形工具" ▢ 在页面中绘制一个矩形，如图 13-142 所示。

② 在"渐变"面板中设置渐变色，其中的参数设置如图 13-143 所示。

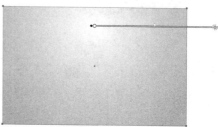

图 13-142 绘制矩形　　　　　　　　　图 13-143 填充渐变色

③ 按住【Shift】键，使用"椭圆工具" ⬭ 绘制一个白色正圆，效果如图 13-144 所示。

④ 在"渐变"面板中设置渐变色，填充效果如图 13-145 所示。

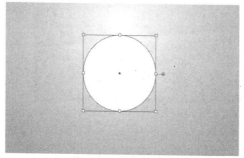
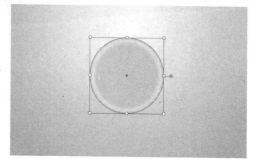

图 13-144 绘制正圆　　　　　　　　　图 13-145 填充渐变色

⑤ 按【Ctrl+C】组合键，再按【Ctrl+F】组合键，复制出一个正圆副本，使用"钢笔工具" ✐ 在正圆上绘制一个青色的封闭图形，如图 13-146 所示。

⑥ 将绘制的图形和正圆副本一同选取，再在"路径查找器"面板中单击"交集"按钮 ▣，效果如图 13-147 所示。

图 13-146 绘制图形　　　　　　　　　图 13-147 交集

⑦ 在"透明度"面板中设置"混合模式"为"变暗"、"不透明度"值为"53%"，效果如图 13-148 所示。

⑧ 按住【Shift】键，使用"椭圆工具" ◉ 绘制一个白色正圆，效果如图 13-149 所示。

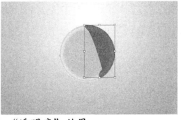

图 13-148 "透明度"效果　　　　图 13-149 绘制正圆

⑨ 在"渐变"面板中设置渐变色，其中的参数设置如图 13-150 所示。

⑩ 选择"效果">"风格化">"投影"菜单命令，打开"投影"对话框，其中的参数设置如图 13-151 所示。

图 13-150 填充渐变色　　　　图 13-151 "投影"对话框

⑪ 设置完毕后，单击"确定"按钮，效果如图 13-152 所示。

⑫ 按住【Shift】键，使用"椭圆工具"绘制一个白色正圆，将"描边颜色"设置为"白色"，将"描边粗细"设置为"0.25pt"，效果如图 13-153 所示。

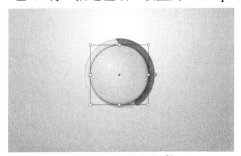
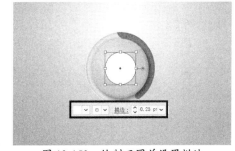

图 13-152 添加投影　　　　图 13-153 绘制正圆并设置描边

⑬ 在"渐变"面板中设置渐变色，其中的参数设置如图 13-154 所示。

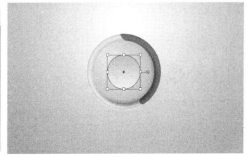

图 13-154 填充渐变色

⑭ 使用"矩形工具" 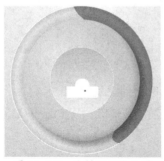 和"椭圆工具"  分别绘制一个矩形和一个正圆,如图 13-155 所示。

⑮ 将矩形和正圆一同选取,在"路径查找器"面板中单击"减去顶层"按钮 ,效果如图 13-156 所示。

图 13-155　绘制矩形和正圆　　　　　　　　　图 13-156　减去顶层

⑯ 使用"直线段工具"  绘制一条白色直线,添加一个箭头,效果如图 13-157 所示。

⑰ 复制箭头并减去顶层的图形,为副本填充"灰色",效果如图 13-158 所示。

图 13-157　绘制直线并添加箭头　　　　　　　图 13-158　复制图形并填充颜色

⑱ 至此,综合实战制作完毕,效果如图 13-159 所示。

图 13-159　最终效果

13.9　UI 超市小票

实战目的:

掌握 UI 超市小票的绘制方法。

技术要点：

● 新建文档

● 使用"矩形工具"绘制矩形并设置圆角值

● 填充图案

● 设置"混合模式""不透明度"

● 使用"椭圆工具"绘制正圆

● 使用"直线段工具"绘制虚线

● 填充渐变色

● 添加投影

● 使用"路径查找器"面板中的"联集"命令

● 输入文字

视频位置："视频/第 13 章/13.9 UI 超市小票"扫描二维码快速观看视频

操作步骤

① 选择"文件">"新建"菜单命令或按【Ctrl+N】组合键，新建一个空白文档。使用"矩形工具" 在页面中绘制一个绿色矩形，如图 13-160 所示。

② 按【Ctrl+C】组合键，再按【Ctrl+F】组合键，复制矩形，选择"窗口">"色板库">"图案">"Vonster 图案"菜单命令，打开"Vonster 图案"面板，在其中选择"部落"图案，效果如图 13-161 所示。

图 13-160　绘制矩形

图 13-161　复制矩形并填充图案

③ 在"透明度"面板中，设置"混合模式"为"叠加"、""不透明度"值为"9%"，效果如图 13-162 所示。

图 13-162　设置"混合模式"和"不透明度"

④ 使用"矩形工具" 绘制一个矩形，设置 4 个角的圆角值为"2mm"。在"渐变"面板中设置渐变色，其中的参数设置如图 13-163 所示。

图 13-163　绘制矩形，设置圆角值并填充渐变色

⑤　选择"效果"＞"3D"＞"凸出和斜角"菜单命令，打开"3D 凸出和斜角选项"对话框，其中的参数设置如图 13-164 所示。

⑥　设置完毕后，单击"确定"按钮，效果如图 13-165 所示。

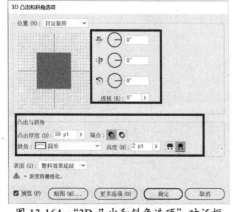

图 13-164　"3D 凸出和斜角选项"对话框

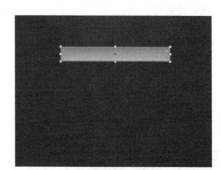

图 13-165　"凸出和斜角"效果

⑦　选择"效果"＞"风格化"＞"投影"菜单命令，打开"投影"对话框，其中的参数设置如图 13-166 所示。

⑧　设置完毕后，单击"确定"按钮，效果如图 13-167 所示。

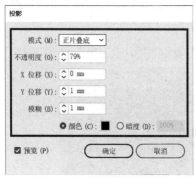

图 13-166　"投影"对话框

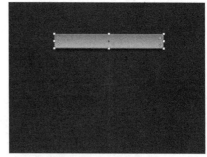

图 13-167　添加投影

⑨　使用"圆角矩形工具" 绘制一个黑色的圆角矩形，如图 13-168 所示。

⑩　使用"矩形工具" 绘制一个矩形，在"渐变"面板中设置渐变色，其中的参数设置如图 13-169 所示。

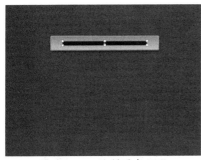
图 13-168　绘制圆角矩形

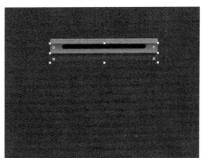
图 13-169　绘制矩形并填充渐变色

⑪ 按【Ctrl+[】组合键两次，将渐变矩形向后移动两层，效果如图 13-170 所示。

⑫ 使用"矩形工具" 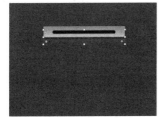 和"椭圆工具" ⬭ 分别绘制一个矩形和一个小正圆，如图 13-171 所示。

图 13-170　调整顺序

图 13-171　绘制矩形和正圆

⑬ 复制多个小正圆，将其全部放置到矩形底部，如图 13-172 所示。

⑭ 将小正圆和矩形一同选取，在"路径查找器"面板中单击"联集"按钮 ⬛，效果如图 13-173 所示。

图 13-172　复制正圆

图 13-173　联集

⑮ 在"渐变"面板中设置渐变色，具体设置如图 13-174 所示。

⑯ 选择"效果">"风格化">"投影"菜单命令，打开"投影"对话框，具体设置如图 13-175 所示。

图 13-174　填充渐变色

图 13-175　"投影"对话框

⑰ 设置完毕后，单击"确定"按钮，效果如图 13-176 所示。

⑱ 使用"直线段工具"  绘制一条虚线，效果如图 13-177 所示。

图 13-176 添加投影

图 13-177 绘制虚线

⑲ 复制虚线并移动到合适的位置，使用"文字工具" T 输入文字。至此，本例制作完毕，最终效果如图 13-178 所示。

图 13-178 最终效果

反侵权盗版声明

    电子工业出版社依法对本作品享有专有出版权。任何未经权利人书面许可，复制、销售或通过信息网络传播本作品的行为；歪曲、篡改、剽窃本作品的行为，均违反《中华人民共和国著作权法》，其行为人应承担相应的民事责任和行政责任，构成犯罪的，将被依法追究刑事责任。

    为了维护市场秩序，保护权利人的合法权益，我社将依法查处和打击侵权盗版的单位和个人。欢迎社会各界人士积极举报侵权盗版行为，本社将奖励举报有功人员，并保证举报人的信息不被泄露。

举报电话：（010）88254396；（010）88258888
传　　真：（010）88254397
E-mail：dbqq@phei.com.cn
通信地址：北京市万寿路173信箱
　　　　　电子工业出版社总编办公室
邮　　编：100036